G. Schnell / K. Hoyer

Interfaces und Datennetze

Gerhard Schnell
Konrad Hoyer

Interfaces und Datennetze

Friedr. Vieweg & Sohn   Braunschweig / Wiesbaden

Die Kapitel 1 bis 12 erschienen 1984 und 1986 in zwei Auflagen als Mikrocomputer-Interfacefibel.

Der Verlag Vieweg ist ein Unternehmen der Verlagsgruppe Bertelsmann

Satz: Vieweg, Braunschweig

ISBN 978-3-528-24248-0
DOI 10.1007/978-3-322-90494-2

ISBN 978-3-322-90494-2 (eBook)

Vorwort

Dieses Ihnen vorliegende Buch hat einen Vorgänger, dessen erste und auch zweite Auflage unter dem Titel „Mikrocomputer-Interface-Fibel" erschienen ist. Interfaces dienen der Datenübertragung zwischen dem Mikrocomputer und seiner Peripherie. Es ist nur ein kleiner Schritt von der von uns behandelten Interface-Technik zu den Datenübertragungsnetzen, die in stetig steigendem Maße zum Einsatz kommen.

Wir haben uns deshalb entschlossen, diesem Trend Rechnung zu tragen und die dritte Auflage des Buches wesentlich in Richtung Datennetze (LANs und WANs) zu erweitern. Diese dritte Auflage legen wir hiermit der Fachwelt unter dem neuen Titel: „Interfaces und Datennetze" vor.

Die übernommenen Kapitel sind weiterhin aktuell; ja, die von uns benützte, besonders leicht verständliche Assemblersprache CALM nach Prof. Nicoud ist mittlerweile zur DIN-Norm geworden.

Es würde uns freuen, wenn auch diese aktualisierte, dritte Auflage ihre bewährte Funktion als Arbeitshilfe in Hochschule und Industrie beibehalten würde.

Frankfurt am Main, Frühjahr 1989

Inhaltsverzeichnis

1 Einführung

Bei der Übertragung von Daten kann es sich um analoge oder digitale Daten handeln. Im Rahmen dieses Buches wird stets angenommen, daß eventuelle analoge Daten bereits in digitale umgewandelt wurden. Das gleiche gilt für die Rückübersetzung. Die dazu benötigten A/D-Wandler bzw. D/A-Wandler werden in einem eigenen Kapitel beschrieben.

Die Informationseinheit der digitalen Daten ist das Bit. Dies kann zwei Zustände annehmen, nämlich true (wahr) und false (falsch). Programmtechnisch werden diese Zustände mit ‚1' und ‚0' bezeichnet, während im Rahmen der Hardware-Schaltungen Begriffspaare wie aktiv/inaktiv und high/low üblich sind.

1.1 Arten der Datenübertragung

Fragt man nach der Art der Datenübertragung, so läßt sich eine Aufschlüsselung gemäß **Bild 1.1** vornehmen. Dabei bedeutet eine einkanalige Übertragung eine Zweidrahtverbindung (Signalleitung und Masseleitung), wogegen eine mehrkanalige Übertragung aus mehreren Signalleitungen und i.allg. einer Masseleitung besteht. Bei einem Kanal kann es grundsätzlich nur eine bitserielle Übertragung geben, während bei mehreren Kanälen eine bitparallele, d.h. byte- bzw. wortweise Übertragung oder auch eine Mischform, wie z.B. byteserielle Übertragung, möglich ist.

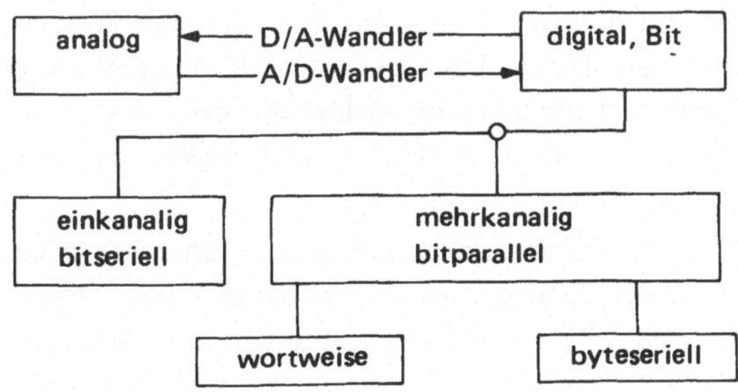

Bild 1.1 Art der Datenübertragung

1.2 Verkehrsarten

Fragt man nach den Verkehrsarten zwischen einem Computer und einem angeschlossenen Peripheriegerät, so kann man (**Bild 1.2**) die Geräte in ‚unintelligente' und ‚intelligente' aufteilen. Zu den unintelligenten Geräten gehören rein passive Geräte, wie z.B. Lampen und Leuchtanzeigen oder auch Tastaturen, die nur aus Kontakten aufgebaut sind. Außerdem ist ein Fernschreiber als Empfänger ein rein passives Gerät.

Auch rein aktive Geräte müssen als unintelligent qualifiziert werden. Zu ihnen gehören der Fernschreiber als Sender sowie einfache Meßwertgeber. Diese Geräte liefern ohne

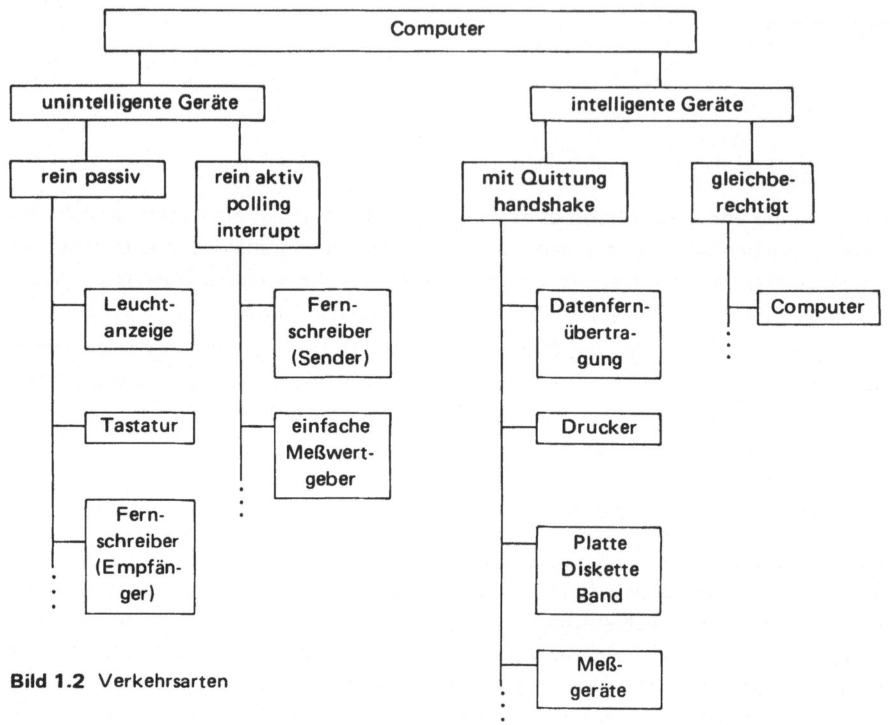

Bild 1.2 Verkehrsarten

Rücksicht auf die Aufnahmefähigkeit des Computers Informationen auf die Übertragungs-
strecke. Es ist dann Sache des Computers, diese Daten richtig aufzunehmen. Eine bewährte Möglichkeit ist das sogenannte ‚polling', bei dem der Computer die Informationsüber-
tragungsleitung abfragt, ob dort Daten anstehen. Dieser Vorgang muß zeitlich gesehen so
häufig vorkommen, daß keine Informationen auf der Leitung verlorengehen. Dies heißt,
daß der Abfragetakt des Polling schneller sein muß, als es der Sendehäufigkeit der sendenden Geräte entspricht.

Zu den intelligenten Geräten gehören jene, mit denen der Computer einen mehr oder
weniger umfangreichen Dialog führen kann. Dieser Dialog wird als ‚handshake' bezeichnet.
Hier handelt es sich um Geräte, die eine ‚Bedienung' anfordern können und/oder die
empfangenen Daten durch Quittierungssignale bestätigen. Zu diesen Geräten gehört die
Datenfernübertragung, gehören Drucker mit Rückmeldungen und insbesondere die Gruppe
der Platten-, Disketten- und Bandstationen. Dazu gehören auch IEC-busfähige Geräte.

Bei den bisher besprochenen Geräten ist stets der Computer der ‚Tonangebende' (master),
während die Geräte (slave) sich seinen Befehlen unterordnen müssen. Demgegenüber
stehen Verkehrsnetze mit gleichberechtigten Computern.

1.3 Was ist ein Interface?

Will man einen funktionalen Zusammenhang zwischen einem Anwenderprogramm im
Computer einerseits und einem von diesem Programm angesprochenen Peripheriegerät
andererseits, so muß zwischen Anwenderprogramm und Gerät ein Bindeglied (Anpassungs-

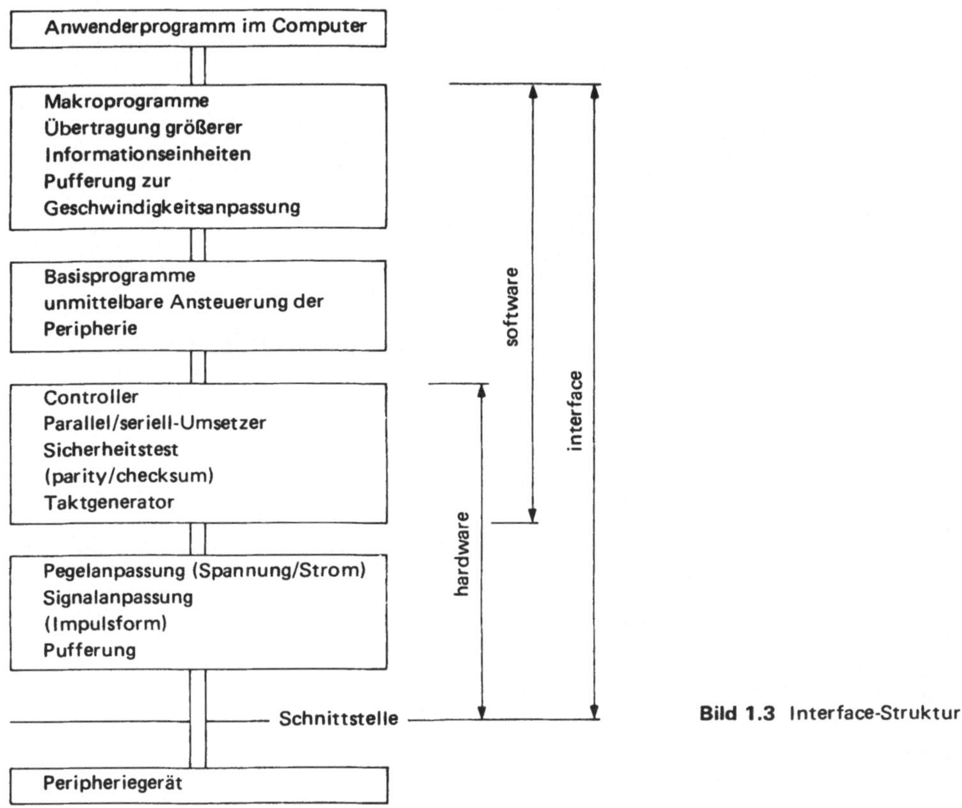

Bild 1.3 Interface-Struktur

glied), ‚interface‘ genannt, eingefügt werden. Da es sich bei einem Program um ‚software‘, beim Gerät um ‚hardware‘ handelt, muß das Interface insbesondere die Nahtstelle zwischen Software und Hardware beinhalten. Versteht man diese Nahtstelle als Zentralpunkt des Interface, so hat das Interface zwei Gesichter, das ‚software-interface‘ und das ‚hardware-interface‘ (**Bild 1.3**).

Das Anwenderprogramm greift zunächst auf Makroprogramme zu, die die Übertragung größerer Informationseinheiten verwalten können. Hier kann auch gegebenenfalls eine Pufferung von Daten zwecks Geschwindigkeitsanpassung vorgenommen werden.

Diese Makroprogramme greifen auf Basisprogramme zu, die eine unmittelbare Ansteuerung der Peripherie vornehmen.

Es folgt ein Überwacher (Controller), der die Informationen weiter aufbereitet. Hierhin gehören z.B. Parallel/seriell-Umsetzer, Sicherungen der Datenübertragung durch Paritybit und Checksum sowie das Generieren und Interpretieren von Taktinformationen, die für eine Synchronisierung der Übertragung sorgen müssen. Diese Controller sind meist reine Hardware-Geräte, ein Teil ihrer Funktionen kann aber auch durch Software übernommen werden. Bild 1.3 will dies durch die Überlappung von Hardware und Software im Bereich dieses Controllers andeuten.

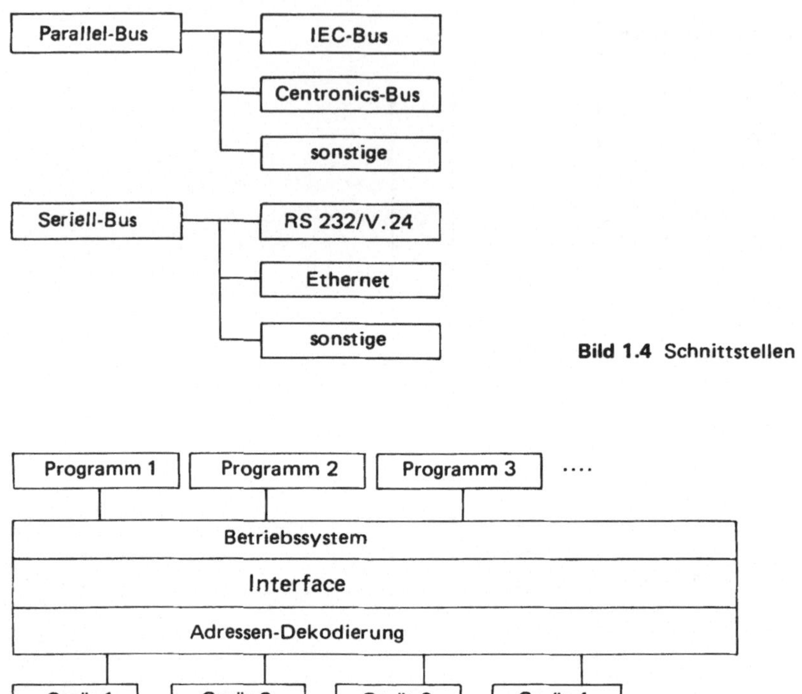

Bild 1.4 Schnittstellen

Bild 1.5 Mehrfachbedienung

Es folgen reine Hardware-Glieder, die z.B. der Pegelanpassung nach Spannung und Strom dienen sowie zur Signalanpassung benötigt werden. Hier geht es um die Impulsform und die Impulsfolge, die mit der Einheit ‚Baud' (Bit pro Sek.) gemessen wird.

Es folgt die sogenannte (Hardware)-Schnittstelle, die den endgültigen Übergang zum Peripheriegerät vermittelt. Diese Schnittstelle ist spezifisch für jedes Gerät.

Um bei der Komplexität des gesamten Interfaces nicht für jedes Gerät einen ‚Maßanzug' anfertigen zu müssen, kommt es immer mehr zu einer Normierung dieser Schnittstellen (**Bild 1.4**). Als Beispiele für einen Parallelbus-Betrieb sind hier der IEC-Bus und der Centronics-Bus zu erwähnen. Ein Beispiel für seriellen Betrieb ist die RS232- bzw. V.24-Schnittstelle.

Eine weitere Komplizierung ergibt sich (**Bild 1.5**) noch dadurch, daß in einem Computer mehrere Anwenderprogramme gleichzeitig laufen können und auf der anderen Seite mehrere Peripheriegeräte bedient werden müssen. Das Interface muß also zusätzlich noch die Bedienung der verschiedenen Programme sowie die Adressierung der verschiedenen Geräte vornehmen. Software-seitig spricht man hier vom Betriebssystem bzw. Operating-System, während hardware-seitig Adressendekodierungen zwischengeschaltet werden müssen.

2 Die Nahtstelle zwischen Hardware und Software

Wir untersuchen in diesem Kapitel das Zentrum des Interface, d.h. die Nahtstelle zwischen der Software und der Hardware. Die Software-Seite wird repräsentiert durch die programmierbaren Befehle des Prozessors, während die Hardware-Seite durch die Leitungen des Bus-Systems vertreten wird.

2.1 Modellmikroprozessor

Der Bus untergliedert sich in den Adressenbus mit den Leitungen AD0 bis AD15 (**Bild 2.1**), den Datenbus mit den Leitungen DA0 bis DA7 und den Steuerbus mit einer Reihe von Signalleitungen, die noch im einzelnen zu besprechen sind. Diese Signalleitungen sind bei den auf dem Markt befindlichen Mikroprozessoren verschieden benannt und arbeiten z.T. auch unterschiedlich. Wir beziehen uns daher auf einen Modellmikroprozessor (vgl. [2.1]). Der Z80 ist, abgesehen von den Bezeichnungen (**Bild 2.2**) und mit Ausnahme der Signalleitung INTACK, identisch mit unserem Modellmikroprozessor.

2.2 Das Bus-System

Der Bus ist ein Informationstransportmittel mit vielen angeschlossenen Benutzern.

2.2.1 Lesen vom Bus

Sofern die Benutzer nur Informationen auf den Busleitungen lesen, entstehen keine Probleme. Es muß lediglich darauf geachtet werden, daß die Belastung durch die Zahl der Benutzer nicht zu groß wird. Hier können jedoch notfalls Verstärkerstufen Abhilfe schaffen.

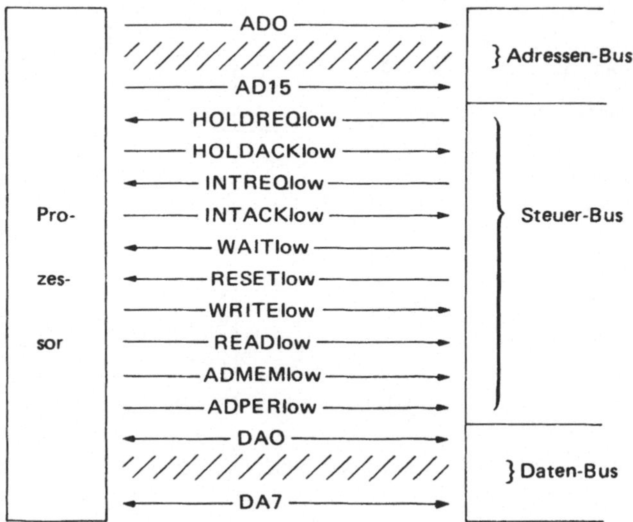

Bild 2.1 Modellmikroprozessor

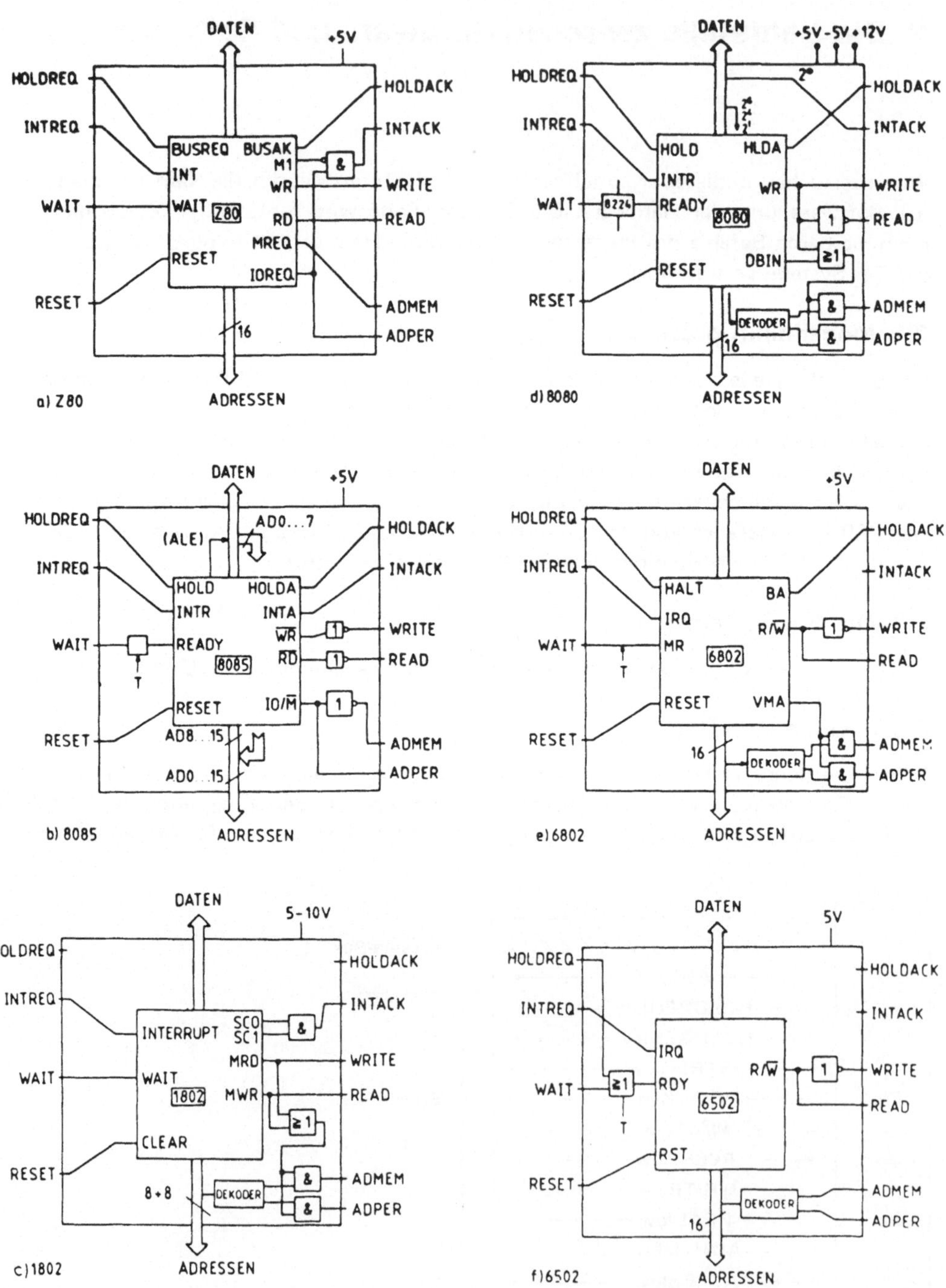

Bild 2.2 Vergleich Modellmikroprozessor mit Z80, 8085, 1802, 8080, 6802, 6502 [2.1]

2.2.2 Schreiben auf den Bus, Pegelphilosophie

Anders sieht es jedoch aus, wenn mehrere Benutzer Signale auf dieselbe Leitung schicken wollen. Hier gibt es zwei grundsätzliche Wege, das Miteinander der Datensender zu organisieren.

Entweder fordert man, daß eine Busleitung nur dann aktiv ist, wenn *alle* angeschlossenen Benutzer ein aktiv-Signal senden (logische UND-Verknüpfung), oder es genügt für ein aktiv-Signal, wenn *wenigstens* ein Benutzer die Leitung aktiviert (ODER-Verknüpfung).

Die UND-Verknüpfung erhält man, wenn man ‚aktiv' durch ‚logisch 1' (HIGH) und ‚inaktiv' durch ‚logisch 0' (LOW) darstellt (**Bild 2.3**); die ODER-Verknüpfung dagegen erhält man, wenn man umgekehrt dem ‚aktiv' das LOW und dem ‚inaktiv' das HIGH zuordnet.

Je nach dieser Zuordnung spricht man von der Signalart ‚aktiv-,,1''' oder ‚aktiv-,,0''.

Bei ‚aktiv-,,0'''-geschalteten Leitungen fügen wir der Bezeichnung die Endung ‚low' hinzu. Wir nehmen bei unserem Modellprozessor an, daß der Adressen- und der Datenbus mit ‚aktiv-,,1'''-Signalen arbeiten, während die Leitungen des Steuerbusses als ‚aktiv-,,0''' benutzt werden (vgl. Bild 2.1).

Pegel	Signalart	
	aktiv-high	aktiv-low
U < 0,8 V = ,,low'' = logisch 0	inaktiv	aktiv
U > 2,4 V = ,,high'' = logisch 1	aktiv	inaktiv
Verknüpfung	UND	ODER

Bild 2.3 Pegelverhältnisse

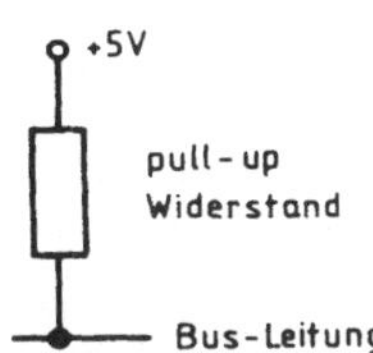

Bild 2.4 pull-up Widerstand

Dies bedeutet z.B., daß es genügt, wenn auch nur ein Peripheriegerät einen Interrupt-request sendet, um einen Interrupt am Prozessor auszulösen.

Der Bus arbeitet also mit gemischter Pegel-,,Philosophie''. Wir werden, soweit möglich, nur von ‚aktiv' und ‚inaktiv' sprechen und nicht jedesmal erwähnen, wenn eine Anpassung der Signalart durch einen zwischengeschalteten Inverter notwendig wird.

2.2.3 Leerlauf

Um stets wohldefinierte Zustände auf den Busleitungen zu haben, werden sie zumeist durch ‚pull-up'-Widerstände (siehe **Bild 2.4**) auf HIGH gelegt. Je nach der verwendeten Signalart sind die Leitungen also im ,,Leerlauf'' auf ‚aktiv' oder ‚inaktiv' vorgespannt. Insbesondere sind alle Steuerbusleitungen inaktiv.

2.3 Die Übergabeprozedur

Der Verlauf des Datenaustausches zwischen Mikroprozessor und Peripheriegerät sieht verschieden aus, je nachdem, ob die Peripherie oder ob der Prozessor der aktive Partner ist.

2.3.1 Peripherie als aktiver Partner

Betrachten wir zunächst den Fall, daß die Peripherie aktiv ist. In diesem Fall ruft die Peripherie dem Prozessor ein „Bitte Bedienung" zu. Zwei Signalleitungen dienen — jede auf ihre Weise — dieser Anforderung: RESET und INTREQ (**Bild 2.5a**).

2.3.1.1 Rücksetzen (RESET)

Ist RESET aktiv, so werden gewisse Zustandsregister im Prozessor gelöscht, d.h. auf einen Anfangszustand gesetzt, und dann wird der Befehl JUMP 0000 (oder ein gleichwertiger anderer) durchgeführt.

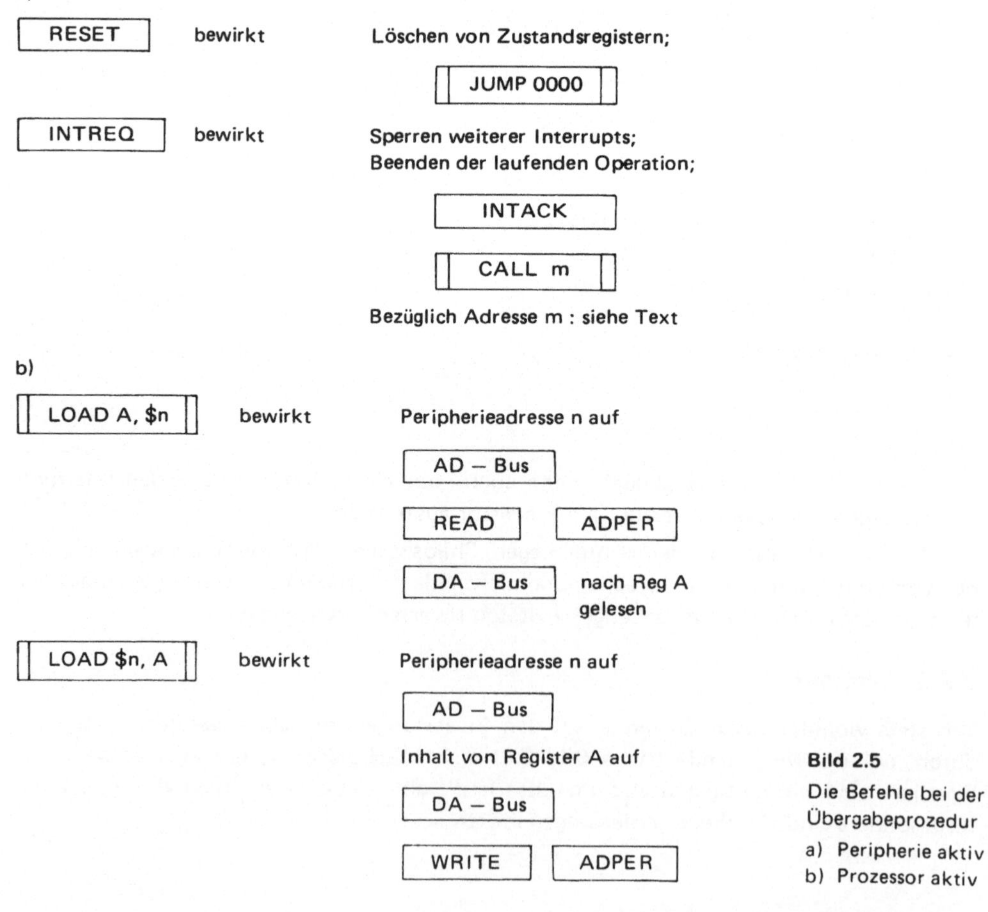

Bild 2.5

Die Befehle bei der Übergabeprozedur
a) Peripherie aktiv
b) Prozessor aktiv

Diese RESET-Anforderung wird i.allg. durch den Operateur der Computeranlage benötigt, um den Prozessor in einen wohldefinierten Anfangszustand zu setzen. Insbesondere bedeutet dies, daß die Computerbenutzung mit der Instruktionsadresse 0000 (bzw. Äquivalent) beginnt.

2.3.1.2 Interruptanforderung (INTREQ)

Ist die Signalleitung INTREQ (interrupt request) aktiv, so verhindert der Prozessor durch das Setzen von Bits im Zustandsregister das Durchkommen eines weiteren Interruptrequestes. Wenn die derzeit laufende Operation (Befehlsausführung) beendet ist, führt der Prozessor einen Unterprogrammaufruf CALL m aus. Er unterbricht also das gerade laufende Programm so, daß es später wieder an der Unterbrechungsstelle aufgenommen werden kann.

Die Adresse m kann dem Prozessor auf verschiedene Weise mitgeteilt werden. Entweder ist die Adresse fest vorgegeben, d.h. jedes Interrupt-Unterprogramm beginnt am gleichen Platz, oder aber die Adresse wird von der Peripherie über den Datenbus dem Prozessor mitgeteilt. Damit es dabei nicht zu Störungen der gerade laufenden Operation kommt, liefert der Prozessor ein Signal INTACK, wenn er bereit ist, diese Sprungadresse auf dem Datenbus zu empfangen.

Eine Abart der letzten Möglichkeit liegt vor, wenn über den Datenbus nicht die Adresse selbst mitgeteilt wird, sondern nur die Adresse eines sog. ‚Interruptvektors‘, in dem sich erst die eigentliche Sprungadresse befindet. In diesem Fall handelt es sich also um einen indirekten Sprung.

Der Z80 sieht alle drei Möglichkeiten für die Beschaffung der Adresse vor. Der Programmierer kann durch Befehle die von ihm gewünschte Adressierungsart auswählen.

2.3.2 Prozessor als aktiver Partner

Anders stellt sich die Nahtstelle dar, wenn der Prozessor aktiv ist (**Bild 2.5b**). In diesem Fall liegt also ein Befehl vor, der zu Signalen auf dem Bus führen muß. Im wesentlichen gibt es zwei Befehle, je nachdem, ob Daten von einem Register über den Bus zu einer Peripherie gesandt werden sollen, oder ob umgekehrt von der Peripherie bereitgestellte Daten in ein Register geladen werden sollen. Darüber im folgenden mehr.

2.3.2.1 Input

Der Input-Befehl LOAD A, $n, oder ein gleichwertiger Befehl, setzt zunächst die Peripherieadresse n auf den Adressenbus. Dann werden die Signalleitungen READ und ADPER aktiviert. Sie dienen dazu, die von der Peripherie gelieferten Daten auf den Datenbus zu bringen. Einige Zeit später übernimmt dann der Prozessor den Inhalt des Datenbusses in das interne Register A.

2.3.2.2 Output

Beim Output-Befehl LOAD $n, A wird ähnlich vorgegangen. Zunächst wird wieder die Peripherieadresse n auf den Adressenbus gelegt, dann der Inhalt des Registers A auf den Datenbus. Danach wird die Signalleitung WRITE aktiviert und schließlich wird das Signal ADPER ausgesandt, das seitens der Peripherie zur Übernahme der Daten benutzt wird.

Dies ADPER-Signal hat beim Z80 eine Länge von etwa 500 ns. Nur für diese kurze Zeit können daher die Daten von der Peripherie aufgenommen werden, da anschließend der Prozessor in seiner Befehlsfolge fortfährt.

2.3.2.3 Zeitablauf bei Input und Output

Der Zeitablauf der oben beschriebenen Ein- und Ausgabevorgänge ist in **Bild 2.6** graphisch dargestellt. Die Diagramme entsprechen denen des Z80 (gegenüber dessen IORQ-Signal ist hier ADPER um 100 ns verzögert). Durch die kurze Dauer der Impulse ergibt sich zwingend, daß der Bus eine gewisse Länge nicht überschreiten darf, da sonst Laufzeitprobleme ein ordnungsgemäßes Arbeiten zwischen Prozessor und Peripherie unmöglich machen. Peripheriegeräte, die sich nur in größerer Entfernung vom Prozessor installieren lassen, benötigen daher am Bus Zwischenglieder, die die kurzen Prozessorsignale in länger dauernde Signale umsetzen. Diese Umsetzer können durch Flipflops oder andere Register mit statischem Ausgang dargestellt werden.

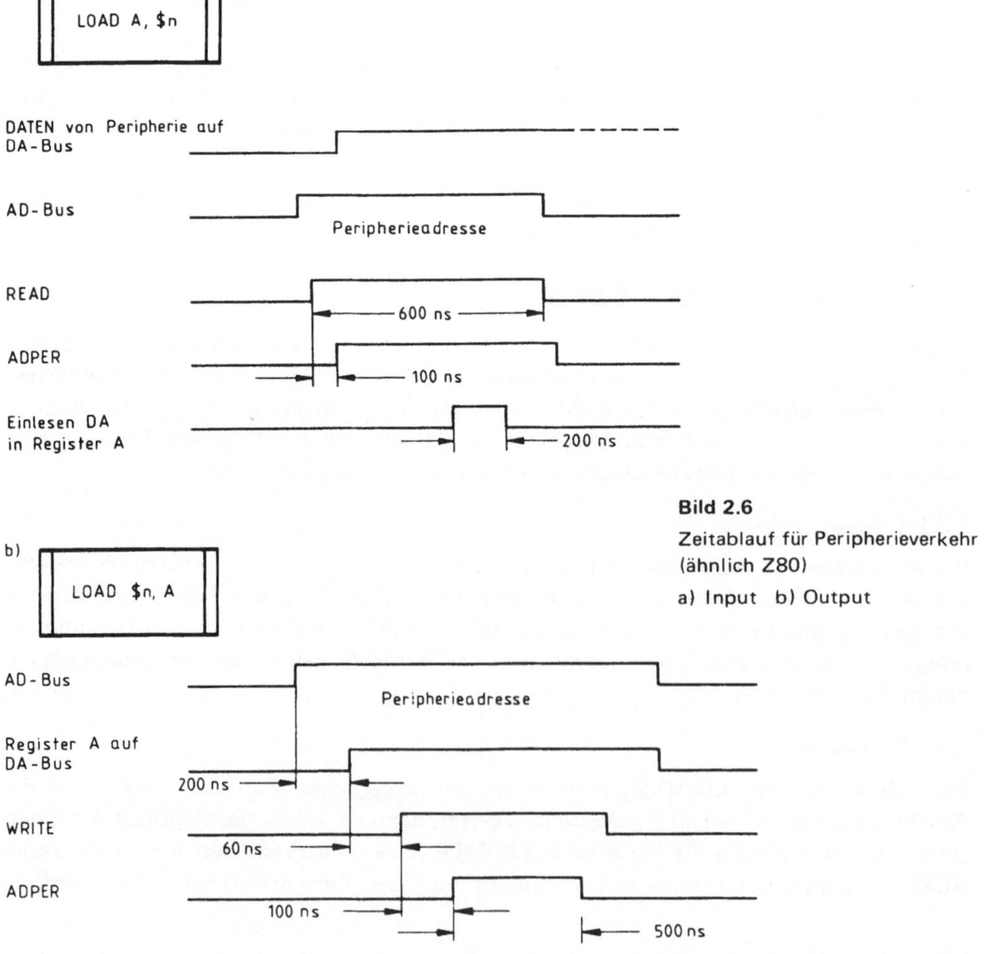

Bild 2.6
Zeitablauf für Peripherieverkehr (ähnlich Z80)
a) Input b) Output

2.3.2.4 Peripherieadresse

Die durch die oben besprochenen Befehle gelieferte Peripherieadresse n umfaßt i. allg.
8 Bits (1 Byte) und wird auf die wertniedrigsten Leitungen des Adressenbusses, d.h. auf
AD0 bis AD7 gelegt. Die höherwertigen Leitungen des Adressenbusses werden durch die
verschiedenen Prozessoren unterschiedlich belegt und sollen uns hier nicht weiter in-
teressieren. Insgesamt können also 256 (dezimal) verschiedene Peripheriegeräte ausgewählt
werden.

2.4 Adressendekodierung

Das Peripheriegerät muß nun erkennen, ob die auf dem Adressenbus liegende Adresse die
seinige ist. Dies geschieht durch die Adreßdekodierung. Grundsätzlich läßt sich dies durch
UND- und ODER-Bausteine verwirklichen, bequemer ist es aber, sog. Dekoder einzusetzen. Viel benutzt ist ein 3 zu 8-Dekoder (**Bild 2.7**), der die über drei Eingangsleitungen
EIN0, EIN1 und EIN2 gelieferte Dualzahl (oktal 0 bis 7) so verarbeitet, daß ausgangs-
seitig nur die eine dieser Zahl entsprechende Leitung aktiviert wird. Diese Aktivierung erfolgt jedoch nur dann, wenn das Signal am ENABLE-Eingang aktiv ist. Mit einem solchen
Dekoder kann man also jeweils acht Peripheriegeräte auswählen.

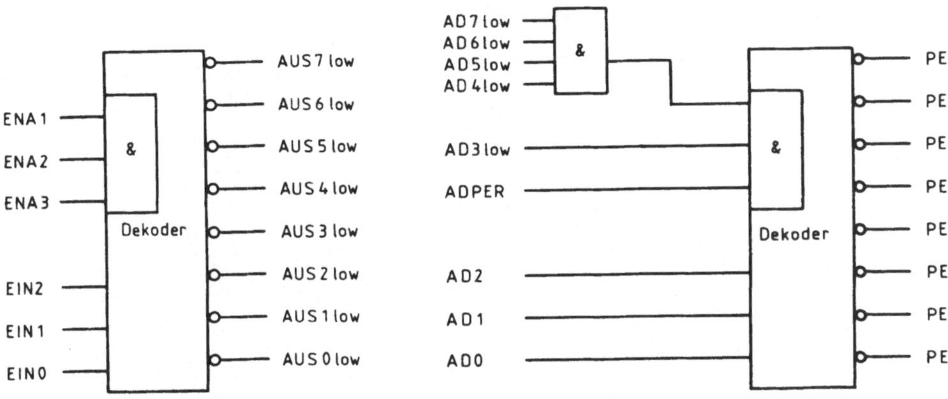

Bild 2.7 3-zu-8-Dekodierer
(ähnlich 74138)

Bild 2.8 Peripherieadressendekodierung für die
Adressen 000 bis 007

2.4.1 Adressenzuordnung

Wir verbinden z.B. (**Bild 2.8**) die Leitungen AD0, AD1 und AD2 des Adressenbusses
mit den Eingängen EIN0, EIN1 und EIN2 des Dekoders und fassen andererseits die
negierten Leitungen AD3 bis AD7 und die Leitung ADPER durch die UND-Schaltung
des ENABLE-Eingangs zusammen. Dann liefert der Dekoder ein Ausgangssignal, wenn
auf dem Adressenbus eine der Adressen zwischen 0 und 7 anliegt und das ADPER-
Signal aktiviert ist. (Würde man die Leitungen AD3 bis AD7 nicht negieren, so würde der
Dekoder auf die Adressen 370 bis 377 oktal ansprechen.).

Mit dieser Schaltung kann der Mikroprozessor also acht Peripheriegeräte anwählen. Dabei hat er allerdings keinen Einfluß darauf, ob die angewählte Peripherie als Datensender oder als Datenempfänger tätig wird.

2.4.2 Adressenzuordnung mit READ-Signal

Will man vom Mikroprozessor aus schon entscheiden, ob das Peripheriegerät als Datensender oder Datenempfänger tätig sein soll, so verwendet man noch das Kontrollsignal READ/WRITElow. Dies ist im Beispiel des **Bildes 2.9** gezeigt für die Peripherieadressen 000 bis 003.

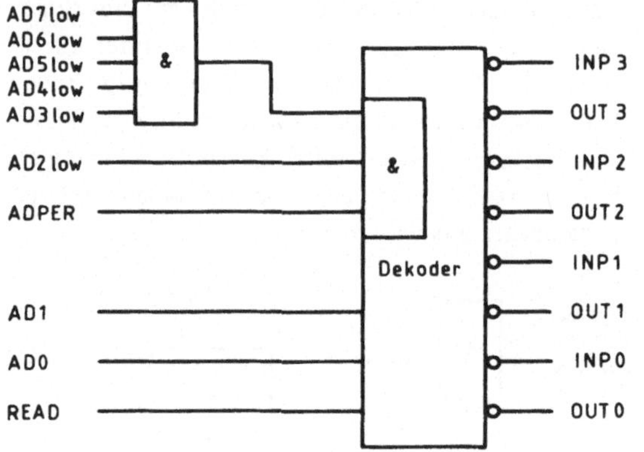

Bild 2.9

Peripherieadressen 000 bis 003 abhängig von READ/WRITE

3 Passive Datenempfänger

Wir untersuchen in diesem Kapitel solche Peripheriegeräte, die nur rein passiv Informationen aufnehmen können. Es gibt keine Rückmeldung, insbesondere auch nicht darüber, ob der Empfänger die übermittelten Informationen vollständig und richtig übernommen hat.

3.1 Ausgabe ohne Impulsumsetzung

Wie wir gesehen haben, liefert der Output-Befehl lediglich einen kurzen Impuls von ca. 500 ns Dauer. Wie sieht nun das Interface aus, wenn wir ein Peripheriegerät nur mit diesem kurzen Impuls betreiben wollen?

Hardwareseitig wollen wir lediglich Pegelanpassungsglieder einsetzen, während wir softwareseitig zu Wiederholungen des Ausgabebefehls kommen müssen, wenn die Wirkung an der Peripherie nachhaltig sein soll.

Als Anwendungsbeispiel wählen wir die Leuchtdiode und die Siebensegment-Leuchtanzeige.

3.1.1 Leuchtdiode

Einen Ausgang des Adressendekoders verbinden wir über einen Widerstand mit der Basis eines pnp-Transistors der uns zur Pegelanpassung dient (**Bild 3.1**). In die Kollektorleitung fügen wir eine Leuchtdiode und einen Schutzwiderstand ein. Da der Adressendekoder ein aktiv-,,0'' Signal liefert, leuchtet die Leuchtdiode auf, wenn die Peripherieadresse durch den Output-Befehl aktiviert wird. Wegen der Kürze dieses Impulses können wir nur von einer ,,Blitzlampe'' sprechen.

Die Leuchtwirkung kann man verstär en, wenn man die Diode mit Überspannung betreibt. (Dieser Weg wird beispielsweise beim Mikrocomputer-Modul TM990/189 von Texas Instruments angewandt, j doch vorsichtshalber mit einer Sicherung gegen Überlastung beim Stillstand des Prozessors.)

Eine andere Möglichkeit besteht darin, daß der Ausgang des Adressendekoders zusätzlich dazu benutzt wird, den Eingang HOLDREQ des Prozessors für ca. 1 ms zu aktivieren, und

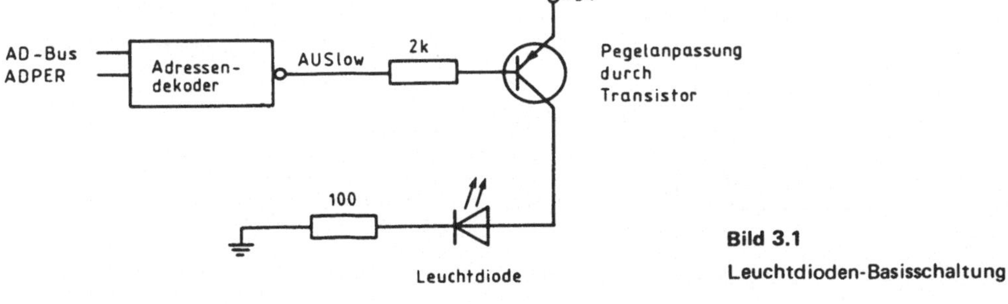

Bild 3.1
Leuchtdioden-Basisschaltung

somit die Leuchtdauer auf diese Zeit zu verlängern. Dieser Weg läßt sich aber genau genommen nur bei statischen Prozessoren verwirklichen. Das zugehörige Basisprogramm ist einfach: Im Register C ist die Peripherieadresse der LED abgespeichert. Mit LOAD $ (C), A wird der Inhalt von Register A in die Peripherie der Adresse C abgesetzt.

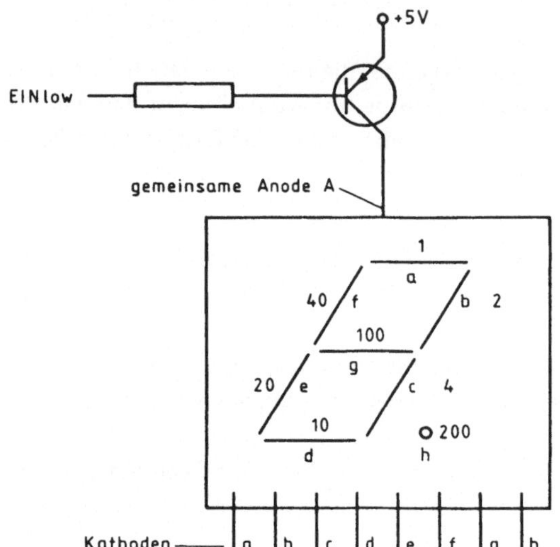

Bild 3.2
Siebensegmentanzeige mit Treiberstufe

3.1.2 Siebensegmentanzeige mit Treiberstufe

Die Siebensegmentanzeige besteht aus 8 Leuchtdioden (daher der Name), die geometrisch so angeordnet sind, daß sich Ziffern und eine Reihe anderer Zeichen darstellen lassen (**Bild 3.2**). Zur Pegelanpassung fassen wir die Anoden dieser Leuchtdioden zusammen und verbinden sie mit dem Kollektor des Transistors. Wird die Basis dieses Transistors auf LOW gelegt, so leuchten diejenigen Dioden auf, deren Kathoden auf LOW gelegt werden. Die 8 Dioden werden mit den Buchstaben a bis h bezeichnet. Die Schaltung nach Bild 3.2 bezeichnen wir in Zukunft kurz mit „7-Segment". Sie hat 9 Anschlüsse: EINlow und a bis h.

3.1.3 Ansteuerung des 7-Segmentes

Wir verbinden den Anschluß EINlow des 7-Segmentes mit einem Ausgang des Adressendekoders und die Anschlüsse a bis h mit dem Datenbus DA0 bis DA7. Da der Datenbus aktiv-„1" ist, die Dioden aber nur leuchten, wenn die Kathoden auf LOW gehen, schalten wir in jede Anschlußleitung einen Inverter mit Schutzwiderstand (**Bild 3.3**). Dieser Basisschaltung der Hardware-Seite entspricht nun ein Basisprogramm auf der Software-Seite.

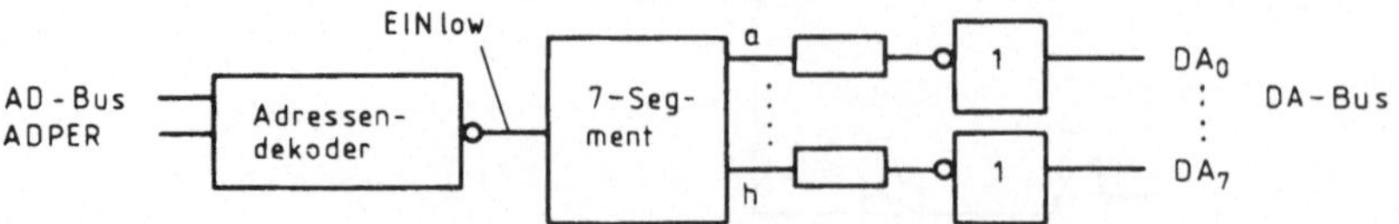

Bild 3.3 Ansteuerung der Siebensegmentanzeige

```
;Eingang:          C: Peripherieadresse Anzeige
;                  A: Zeichen im BCD-Code
;Ausgang:          A: Ansteuerungscode

;                  Tabelle mit Ansteuerungscode 0 ... 9
STCODE: .B         077, 006, 133, 117, 146
        .B         155, 175, 007, 177, 157

SEGMENT:PUSH       HL
        LOAD       HL,#STCODE        ;Berechne Tabellenplatz
        ADD        A,L
        LOAD       L,A
        LOAD       A,(HL)            ;Lade Ansteuerungscode
        LOAD       $(C),A            ;Output
        POP        HL
        RET
```

Bild 3.4 Basisprogramm zur Siebensegment-Schaltung

Derartige Programme werden grundsätzlich als Unterprogramm geschrieben, damit sie beliebig von übergeordneten Programmen aufgerufen werden können. Der aufrufende Benutzer muß wissen, was das Programm leistet, welche Eingabewerte es verlangt und welche Änderungen, speziell an den Registern des Prozessors, vorgenommen werden. Am Anfang eines jeden Programmes geben wir daher unter den Stichworten „Eingang" bzw. „Ausgang" die notwendigen Informationen an.

In diesem Fall (siehe **Bild 3.4**) geben wir im Register C die Peripherieadresse der Siebensegmentanzeige an (vgl. Abschnitt 2.4.1 Adressenzuordnung). In Register A stellen wir das anzuzeigende Zeichen rechtsbündig im BCD-Code zur Verfügung.

Die Tabelle STCODE stellt den Ansteuerungscode für die Siebensegmentanzeige zur Verfügung (man vergleiche mit den Zahlenzuordnungen zu den Segmenten in Bild 3.2; beispielsweise setzt sich die 1 aus b und c zusammen: 2 + 4 = 6, also Kode 006 (oktal)). Aufgerufen wird die Tabelle mit ihrem Namen STCODE (das .B ist assemblerspezifisch und bedeutet hier, daß Speicherplätze unter dem „Etikett" STCODE reserviert und mit den folgenden Werten geladen werden). Wir haben uns in Bild 3.4 auf die Dezimalziffern 0 bis 9 beschränkt, jedoch könnte man durch Erweiterung der Tabelle STCODE mit dem Ansteuerungskode auch andere Zeichen zulassen.

Das Unterprogramm SEGMENT rettet zunächst einen eventuellen Inhalt des Doppelregisters HL in den Stapelspeicher (stack). Dies bedeutet im einzelnen:

PUSH HL: Der Inhalt von HL (oder AF, BC, DE beim Z80) wird in die durch den Stapelzeiger (stack pointer) angezeigte Speicherposition gebracht und gleichzeitig wird der Stapelzeiger um 2 erniedrigt. Ein nachfolgendes PUSH AF würde z.B. AF in den nächst niederen Stapelplatz laden. Der Benutzer braucht nicht zu wissen, wo diese Speicherplätze liegen, das Betriebssystem setzt üblicherweise von sich aus den Anfangswert des Stapels fest.

POP HL: Der zuletzt abgespeicherte Wert (hier: alter Wert von HL) wird wieder zurück nach HL geladen. Das Speicherprinzip des Stack ist FILO (first in last out), vgl. Bild 5.10.

Um das Anwenden von Unterprogrammen in den übergeordneten Programmen zu erleichtern, wollen wir grundsätzlich durch PUSH- und POP-Befehle die intern im Unterprogramm benutzten Register retten und wiederherstellen.

Das eigentliche Basisprogramm SEGMENT beginnt damit, daß es nach HL die Adresse des Tabellenkopfes lädt. Dann wird in   A   zu der anzuzeigenden Ziffer (z.B. der Drei) das niederwertige Byte der Adresse (in L) hinzuaddiert. Das Ergebnis kommt wieder nach L und sei y genannt.

Nunmehr wird A mit dem Ansteuerungskodewort geladen, das auf der Adresse y sitzt und z.B. 117 lautet. Dieser Kode wird von A auf die in C abgelegte Peripherieadresse ausgegeben.

3.1.4 Gruppe von Siebensegmentanzeigen

Wir schalten gemäß **Bild 3.5** vier 7-Segmente mit ihren Kathoden parallel an den Datenbus und legen ihre Eingänge auf die Ausgänge OUT0 bis OUT3 des Adressendekoders, den wir entsprechend Bild 2.9 beschaltet annehmen. Die vier Leuchtanzeigen haben somit von links nach rechts die Adressen $0 bis $3.

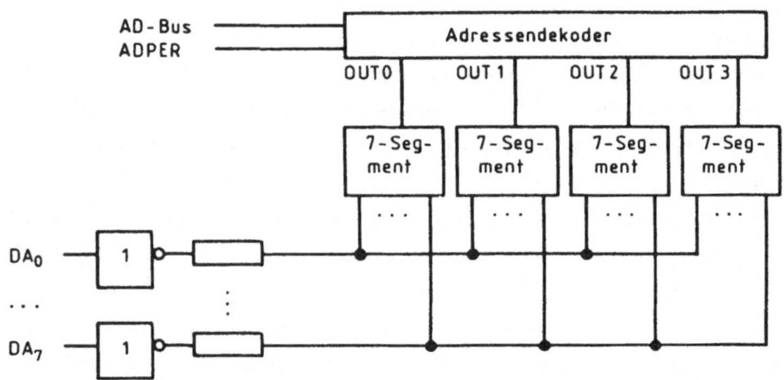

Bild 3.5 Gruppe von Siebensegmenten

Wir schreiben ein Makroprogramm (**Bild 3.6a**), das das Basisprogramm SEGMENT benutzt. Die oben angegebene Zuordnung der Peripherieadressen wollen wir jedoch erst in dem noch zu schreibenden Hauptprogramm ausnutzen. Das Makroprogramm soll bezüglich der Adresse noch frei sein. Wir verlangen lediglich, daß die Segmente aufsteigend numeriert werden. Die Peripherieadresse des linken Segmentes erwartet das Makroprogramm im Register C, die RAM-Adresse der im linken Segment anzuzeigenden Ziffer im Indexregister IX. Außerdem muß im Register B die Anzahl der anzuzeigenden Ziffern angegeben werden.

Das Programm ANZEIGE rettet zunächst die Register AF und nimmt dann im Abschnitt 1$ folgende Operationen vor: Mit Hilfe des Indexregisters wird die Ziffer ins Register A geladen, so daß jetzt die Eingangsbedingungen für das Basisprogramm SEGMENT vorhanden sind. Dies Programm wird aufgerufen und der Ansteuerungskode wird zur Peripherie gebracht. Danach wird im Register C die nächste Anzeigeadresse und im Register IX der nächste RAM-Speicherplatz berechnet. Anschließend wird das Register B dekrementiert und es wird nach 1$ gesprungen, wenn noch weitere Segmentanzeigen zu bedienen sind.

```
a)        ;Eingang:         C: Adresse linke Anzeige
          ;                    aufsteigend numeriert
          ;                 IX: RAM-Adresse linke Ziffer
          ;                       fortlaufend gespeichert
          ;                 B: Anzahl der Ziffern

          ;Ausgang:         B = 0
          ;                 C: Adresse rechte Anzeige + 1
          ;                 IX: Adresse rechte Ziffer + 1

          ANZEIGE: PUSH    AF
          1$:      LOAD    A,(IX)      ;Lade Ziffer
                   CALL    SEGMENT
                   INC     C           ;nächste Anzeige
                   INC     IX          ;nächstes Zeichen
                   DECJ,NE B,1$        ;weitere Zeichen?
                   POP     AF
                   RET



b)        ZEICHEN: .B      1 , 9. , 8. , 2 ;anzuzeigende Zeichen

          START:   LOAD    C,#0         ; Adresse linke Anzeige
                   LOAD    IX,#ZEICHEN  ; Adresse linke Ziffer
                   LOAD    B,#4
                   CALL    ANZEIGE
                   JUMP    START
```

```
Angezeigt wird:          /   ___   ___   ___
                        /   |_ /  |_ /    _/
                        /    __/  |_ /   |__

auf Peripherie       $0      $1      $2      $3
```

Bild 3.6 Ansteuerung der Siebensegmente a) Makroprogramm b) Hauptprogramm

Das Makroprogramm endet mit der Wiederherstellung der Register AF. Die Register B, C und IX wurden verändert, wie unter „Ausgang" angegeben.

Dieses Makroprogramm läßt also einmal die Gruppe der Siebensegmentanzeigen aufleuchten. Zur Demonstration benötigen wir noch ein Hauptprogramm (**Bild 3.6b**).

Ab Speicheradresse ZEICHEN werden die anzuzeigenden Ziffern eingegeben. Das Programm lädt zunächst die Adresse der linken Leuchtanzeige (0), dann die Adresse der ersten anzuzeigenden Ziffer sowie die Anzahl der Ziffern (4). Nach dem Aufruf des Makroprogramms ANZEIGE erfolgt ein Rücksprung zu START, damit durch die dauernde Wiederholung der Ansteuerung ein wahrnehmbarer Leuchteffekt erzielt wird.

3.2 Ausgabe mit Impulsumsetzung

Genügt das sehr kurze Ansprechen der Peripherie nicht, so muß man den Output-Impuls benutzen, um die vom Prozessor an die Peripherie abgegebene Information zwischenzuspeichern. In den Zwischenspeichern soll sie verfügbar bleiben, bis sie vom Prozessor durch eine neue Information ersetzt wird. Für ein derartiges Zwischenspeichern eignen sich Flipflops, die je nach Anwendung geeignet ausgesucht werden müssen.

3.2.1 Lautsprecher am JK-Flipflop

Es kommt des öfteren vor, daß mit dem Mikrocomputer Töne erzeugt werden sollen. Der kurze ADPER-Impuls genügt nicht, um eine Lautsprechermembrane merklich zu bewegen. Man geht deshalb so vor:

An den Ausgang LAUTSPR des Adressendekoders (**Bild 3.7**) schließen wir den Takteingang eines JK-Flipflops, dessen Eingänge J und K wir auf HIGH legen. Dieses Flipflop arbeitet dann als Frequenzteiler (T-Flipflop [3.1]). An den Ausgang des Flipflops schließen wir einen Lautsprecher an, dessen Membran je nach dem Pegel von Q angezogen oder abgestoßen wird. Lassen wir zwischen dem wiederholten Ansprechen der Peripherie LAUTSPR jeweils die Zeit einer halben Periodenlänge eines Tones verstreichen, so wird der Lautsprecher mit einer Rechteckschwingung angeregt. Ein Maß für die halbe Periodenlänge, im Basis-Programm mit „Tonhöhe" bezeichnet, steht im Register C, während im Doppelregister HL die Tonlänge in Vielfachen der halben Periodenlänge gezählt wird.

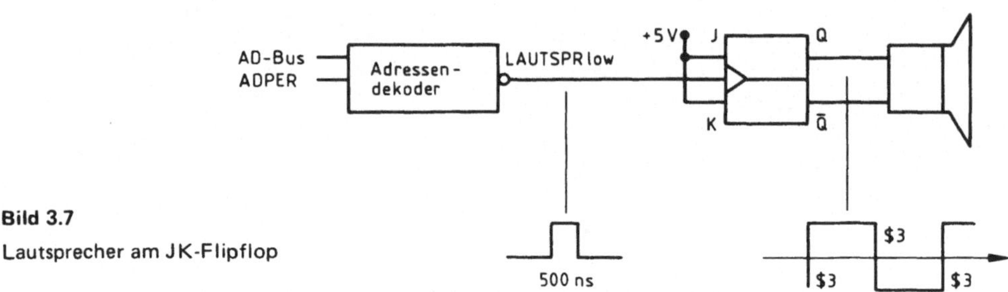

Bild 3.7
Lautsprecher am JK-Flipflop

Ordnen wir etwa dem Lautsprecher die Peripherieadresse 3 zu, so ergibt sich das in **Bild 3.8** angegebene Programm. Wir erregen den Takteingang des Lautsprecher-Flipflops, indem wir den (beliebigen) Inhalt des Registers A auf die Peripherie geben und in der Zeitschleife das Register B abwärts zählen auf 0. Das entspricht einer halben Periodendauer. Dann dekrementieren wir den Tonlängen-Zähler HL und testen, ob er noch von 0 verschieden ist.

```
;Eingang:         HL: Tonlänge
                  C:  Tonhöhe
Ausgang:          HL = 0

        LAUTSPR = 3         ;Periph-Adresse Lautsprecher
TON:    PUSH    AF
        PUSH    BC
1$:     LOAD    B,C        ;Zähler für Tonhöhe
        LOAD    $LAUTSPR,A
2$:     DECJ,NE B,2$       ;Zeitschleife
        DEC     HL         ;Tonlänge zählen
        LOAD    A,L        ;HL auf 0 testen
        OR      A,H
        JUMP,NE 1$
        POP     BC
        POP     AF
        RET
```

Bild 3.8
Basisprogramm für Lautsprecher am JK-Flipflop

Dies geschieht dadurch, daß wir das niederwertige Byte L von HL nach A laden und dann mit dem höherwertigen Byte H ODER-verknüpfen. Nur wenn H und L beide null sind, ergibt ODER eine Null und das Programm ist beendet, ansonsten erfolgt der Rücksprung nach 1$ für die nächste Halbperiode.

Dieses Basisprogramm ist ein sogenanntes Echtzeitprogramm, bei dem die Befehlsverarbeitungszeit des Mikroprozessors direkt verknüpft ist mit der vom Ohr wahrnehmbaren Tonhöhe. Wer an dieser Stelle weitere Informationen wünscht, der sei auf [2.1] verwiesen, wo für alle gebräuchlichen Mikroprozessoren Formeln und Zahlenwerte zu finden sind.

3.2.2 Lampenfeld

Wollen wir eine Leuchtdiode oder Lampe nicht nur für die Dauer des Output-Impulses betreiben, so müssen wir die Information: „Lampe an" bzw. „Lampe aus" speichern. Hierzu benutzen wir ein D-Flipflop, das wir gemäß **Bild 3.9** schalten. Der Takteingang wird vom Ausgang des Adressendekoders bedient, während der D-Eingang an irgendeine Leitung des Datenbusses angeschlossen wird. Der Ausgang Q speichert dann den Zustand, der an der Busleitung zum Zeitpunkt der Taktung herrschte. Will man mehrere Lampen betreiben, so muß man an jede Leitung des Datenbusses ein D-Flipflop schalten. Vereinfacht wird dies durch den in **Bild 3.10** dargestellten Speicherbaustein 74273, der aus acht D-Flipflops aufgebaut ist. Die Ausgänge PAR0 bis PAR7 geben den Zustand des Datenbusses zum Zeitpunkt des Output-Befehls wieder. Dieses Element bezeichnet man als statischen Parallelausgang (PIPO).

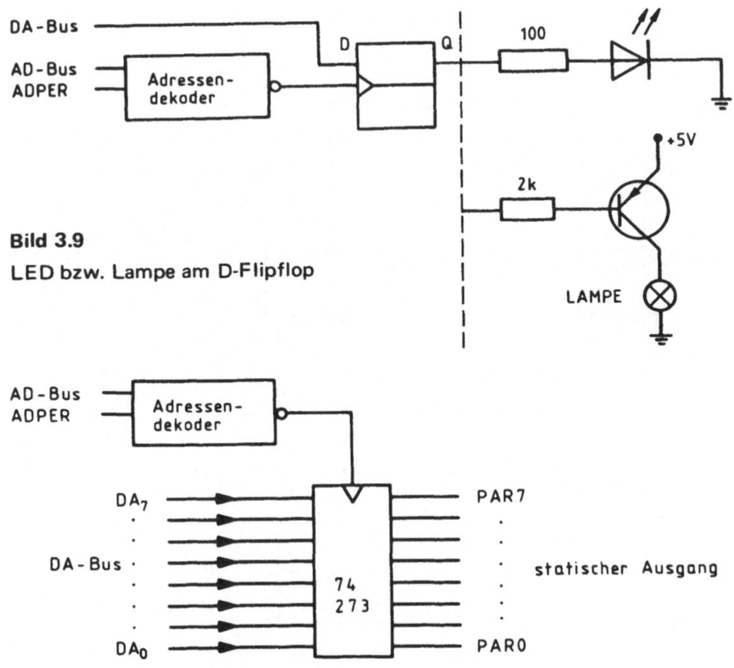

Bild 3.9
LED bzw. Lampe am D-Flipflop

Bild 3.10 Statischer Parallelausgang mit D-Flipflops (PIPO)

Je nach dem Bitmuster, das wir mit dem Output-Befehl auf den Datenbus senden, werden anschließend gewisse Lampen leuchten oder dunkel bleiben.

3.2.3 Gruppe von Siebensegmentanzeigen an D-Flipflops

Wir setzen zwei statische Parallelausgänge ein, um eine Gruppe von acht Siebensegment-leuchtanzeigen anzusteuern. Wir benutzen (**Bild 3.11**) die Peripherieadresse ANZ zur Ansteuerung des Parallelausgangs, der die Leuchtanzeigen ANZ0 bis ANZ7 auswählen soll. Eine zweite Peripherieadresse SEG verbinden wir mit dem zweiten Parallelausgang, der über invertierende Treiber und Schutzwiderstände die parallel geschalteten Kathoden-eingänge der Siebensegmentanzeigen versorgt.

Da die Eingänge der 7-Segmente aktiv-,,0'' sind, werden die Anzeigen programmtechnisch durch 0, die einzelnen Leuchtsegmente jedoch durch 1 angewählt.

In den folgenden Programmen sind u.a. Bausteine verwendet, die wir schon in Abschnitt 3.1 kennengelernt haben.

Wir schreiben zunächst ein Basisprogramm (**Bild 3.12a**) und verlangen die Nummer der Anzeige im ,,1 aus 8''-Kode im Register C. Diesen Kode wählen wir, weil wir ihn ohnehin später wieder benötigen. Zum anderen gibt er die Möglichkeit, mehrere Leuchtanzeigen mit gleichem Inhalt gleichzeitig anzusteuern. Den Ansteuerungskode erwarten wir im Register A. Das Unterprogramm SEGMENT schickt zunächst den Ansteuerungskode auf den Parallelausgang SEG und dann die inzwischen invertierte Nummer der Anzeige auf den Parallelausgang ANZ.

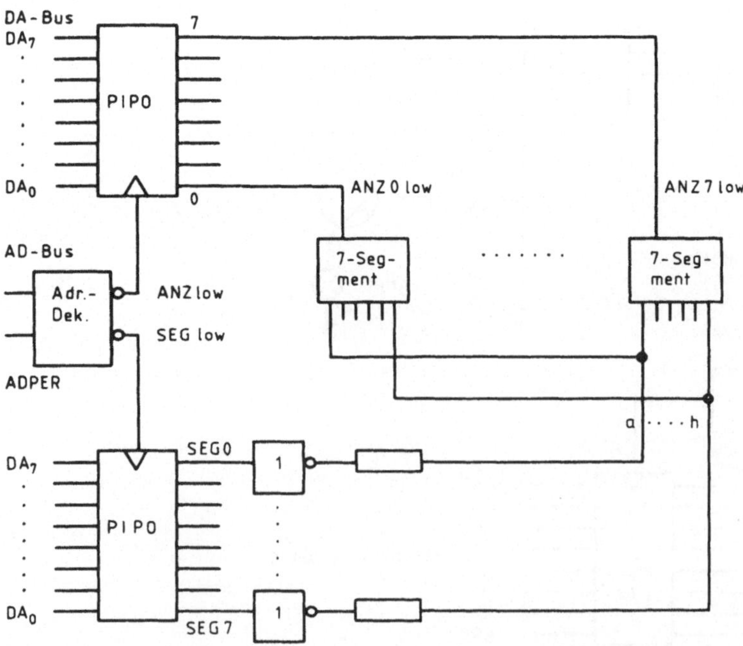

Bild 3.11 Gruppe von Siebensegmentanzeigen mit PIPO-Registern

```
a)            ;Eingang:        C: Nummer der Anzeige ( 1 aus 8 Code )
              ;                A: Ansteuerungscode
              ;Ausgang:        A: Nummer der Anzeige invertiert

                      ANZ = .....       ;Periph-Adr Anzeigeauswahl
                      SEG = .....       ;Periph-Adr Segmentauswahl
              SEGMENT:LOAD    $SEG,A    ;Segmentansteuerung
                      LOAD    A,C       ;Nummer der Anzeige invertiert
                      CPL.    A         ; wegen Negativlogik
                      LOAD    $ANZ,A    ;Anzeigeansteuerung
                      RET


b)    ; Alle Segment-Anzeigen löschen

              ;Ausgang:        A = 0

              LOESCHEN:LOAD   C,#377    ;alle Anzeigen
                      LOAD    A,#0
                      CALL    SEGMENT
                      RET


   ;Ziffernanzeige

              ;Eingang:        C: Nummer der Anzeige ( 1 aus 8 Code )
              ;                A: Ziffer ( BCD-Code)
              ;Ausgang:        A: Nummer der Anzeige invertiert

              STCODE: .B      077, 006, 133, 117, 146 ;Ansteuerungs-
                      .B      155, 175, 007, 177, 157 ; code 0 .. 9
              ZIFFANZ:PUSH    HL
                      LOAD    HL,#STCODE         ;Berechne Tabellenplatz
                      ADD     A,L
                      LOAD    L,A
                      LOAD    A,(HL)             ;Lade Ansteuerungscode
                      CALL    SEGMENT
                      POP     HL
                      RET


   ;Ziffernfeld anzeigen

              ;Eingang:        IX: RAM-Adresse linke Ziffer
              ;                    fortlaufend gespeichert
              ;                B: Anzahl der Ziffern

              ANZEIGE:PUSH    AF
                      PUSH    BC
                      LOAD    C,#1      ;Nummer der linken Anzeige
              1$:     LOAD    A,(IX)    ;Lade Zeichen
                      CALL    ZIFFANZ
                      RL      C         ;nächste Anzeige
                      INC     IX        ;nächstes Zeichen
                      DECJ,NE B,1$      ;weitere Zeichen?
                      POP     BC
                      POP     AF
                      RET
```

Bild 3.12 Ansteuerungsprogramm für Gruppe von Leuchtanzeigen an D-Flipflops

a) Basisprogramm   b) Makroprogramme

Die in **Bild 3.12b** angegebenen Makroprogramme leisten folgende Aufgaben:

LOESCHEN schickt auf sämtliche Anzeigen den Ansteuerungskode 000, d.h. alle Leuchtanzeigen erlöschen.

ZIFFANZ erwartet in C wieder die Nummer der Anzeige im „1 aus 8"-Kode. Die linke Anzeige muß wegen dieses Kodes im Gegensatz zu Bild 3.5 mit 1 und nicht mit 0 angesteuert werden. In A wird die Ziffer, diesmal im BCD-Kode, eingespeichert. Wie in Bild 3.6 wird dann die Ziffer in den Ansteuerungskode umgesetzt. Das Basisprogramm SEGMENT tut den Rest.

Wollen wir wieder ein Ziffernfeld anzeigen, so verlangen wir im Indexregister IX die RAM-Adresse der linken anzuzeigenden Ziffer und in B die Anzahl der Ziffern. Das Makroprogramm ANZEIGE setzt dann das Register C auf 001, d.h. ein 1-bit in die Bit-Position 0. Das aus dem RAM-Speicher eingelesene Zeichen wird mit dem Programm ZIFFANZ angezeigt. Durch Linksrotieren im Register C bringen wir das 1-bit eine Position weiter und wählen damit die nächste Anzeige aus. Der Rest läuft analog zu Bild 3.6 ab.

3.3 Bitserielle Ausgabe

3.3.1 Normierung des Busses

Für eine serielle Ausgabe, wo also ein Bit dem anderen im Gänsemarsch folgt, genügen, so sollte man meinen, zwei Leitungen: Eine „heiße" Leitung und Masse. Obwohl dies im Prinzip richtig ist, hat man für die serielle Übertragung einen 25-poligen Bus genormt (**Bild 3.13**), und zwar gleich vierfach:

DIN: Norm 66020;
CCITT: V.24 (Comité Consultatif International Télégraphique et Téléphonique);
ISO: Norm 2110 (International Organization for Standardisation);
EIA: RS 232 (Electronics Industry Association, USA).

Glücklicherweise stimmen die Normen untereinander praktisch überein.

Der V.24-Bus, wie wir ihn kurz nennen wollen, ist vor allem für die Aussteuerung lang-samerer Peripheriegeräte über längere Abstände, z.B. Fernschreiber, vorgesehen. Eine nor-male Fernschreibmaschine schreibt etwa 10 Zeichen pro Sekunde. Nehmen wir an, das zu sendende Zeichen sei 11 Bit lang (wir sehen anschließend warum), so wird der Fernschrei-ber 110 Baud (= bit/s) verarbeiten. Dies nennt man eine Standardübertragungsrate. Wei-tere Standardraten sind: 150 und 300 Baud für schnelle Fernschreiber und Cassetten-speicher; 600, 1200, 2400, 4800, 9600 und 19200 Baud für schnellere Peripheriegeräte.

In **Bild 3.13** ist die gesamte Steckerbelegung nach DIN 66020 gezeigt [3.2]. Für RS 232C haben wir nur die hier in Betracht kommenden Anschlüsse aufgeführt [3.3]. Als Beispiel für ein existierendes Gerät finden wir die Anschlüsse der Typenradschreibmaschine ESW100 von Olympia. Die Minimalkonfiguration für das Senden und Empfangen zeigt die letzte Spalte von Bild 3.13.

3.3.2 Einfache Ausgabeschaltung ohne Rückmeldung

Bei dieser Übertragungsart reduziert sich der V.24-Bus auf die Leitung TxD und die Masse. Die Schaltung dazu zeigt Bild 3.9. Der Ausgang des D-Flipflops liefert TTL-Pegel. Damit kann man eine Leuchtdiode als Kontrolle direkt anschließen. Für den Anschluß an ein nach V.24 genormtes Gerät muß eine Pegelumsetzung erfolgen, da V.24 eine eigene Pegelphilosophie besitzt (**Bild 3.14a**). Die Umsetzung kann entweder mit integrierten Bausteinen (SN75150, MC1488) erfolgen oder mit einer einfachen Operationsverstärker-schaltung [3.1], wie **Bild 3.14b** zeigt. Die Schaltung stellt einen Subtrahierverstärker dar,

Stift	DIN 66020 (V. 24/ISO 2110)		RS232C (Auswahl)		ESW100	Senden/ Empfangen
1	Schutzerde		Chassis ground			
2	Sendedaten		TxD	(Transmit Data)	TxD	TxD
3	Empfangsdaten		RxD	(Receive Data)	RxD	RxD
4	Sendeteil einschalten		RTS	(Request To Send)	RTS	
5	Sendebereitschaft		CTS	(Clear To Send)	CTS	
6	Betriebsbereitschaft		DSR	(Data Set Ready)		
7	Betriebserde		GND	(Signal ground)	GND	GND
8	Empfangssignalpegel		DCD	(Data Carrier Detect)		
9	–					
10	–					
11	Hohe Sendefrequenzlage einschalten					
12	Hilfskanal					
13	Hilfskanal					
14	Hilfskanal					
15	Sendeschrittakt von der Datenübertragungseinrichtung					
16	Hilfskanal					
17	Empfangsschrittakt von der Datenübertragungseinrichtung					
18	–					
19	Hilfskanal					
20	Datenendeinrichtung betriebsbereit		DTR (Data Terminal Ready)			
21	–					
22	Ankommender Ruf					
23	Hohe Übertragungsgeschwindigkeit einschalten					
24	Sendeschrittakt zur Datenübertragungseinrichtung					
25	–					

a)

b) 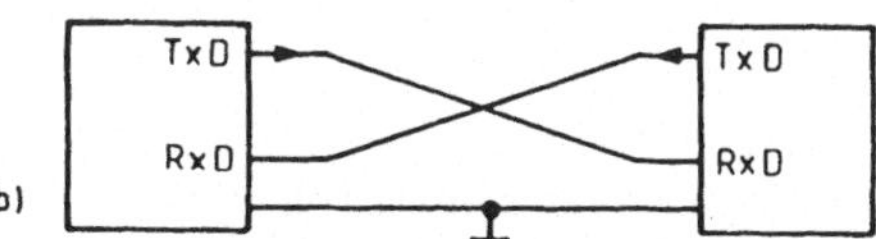

Bild 3.13 Serielle Schnittstelle
a) Stiftbelegung
b) Geräteverbindung

der leicht auch auf andere Pegel umgerechnet werden kann. Die +/−15 V Spannungsversorgung ist (wie üblich) nicht eingezeichnet.

3.3.3 Datenkodierung

Zur Übertragung müssen Ziffern, Buchstaben, Satzzeichen und auch Kommandozeichen auf irgendeine Weise kodiert werden. Dazu verwendet man normalerweise den ASCII-Kode (American Standard Code for Information Interchange), (**Bild 3.15**). Er ist auch genormt als ISO-7Bit-Kode. Danach wird ein „R" beispielsweise repräsentiert durch 1010010. Die 33 Kommandozeichen zeigt **Bild 3.16** im Klartext. Einige davon finden sich direkt auf den Tastaturen von Fernschreibern und Terminals.

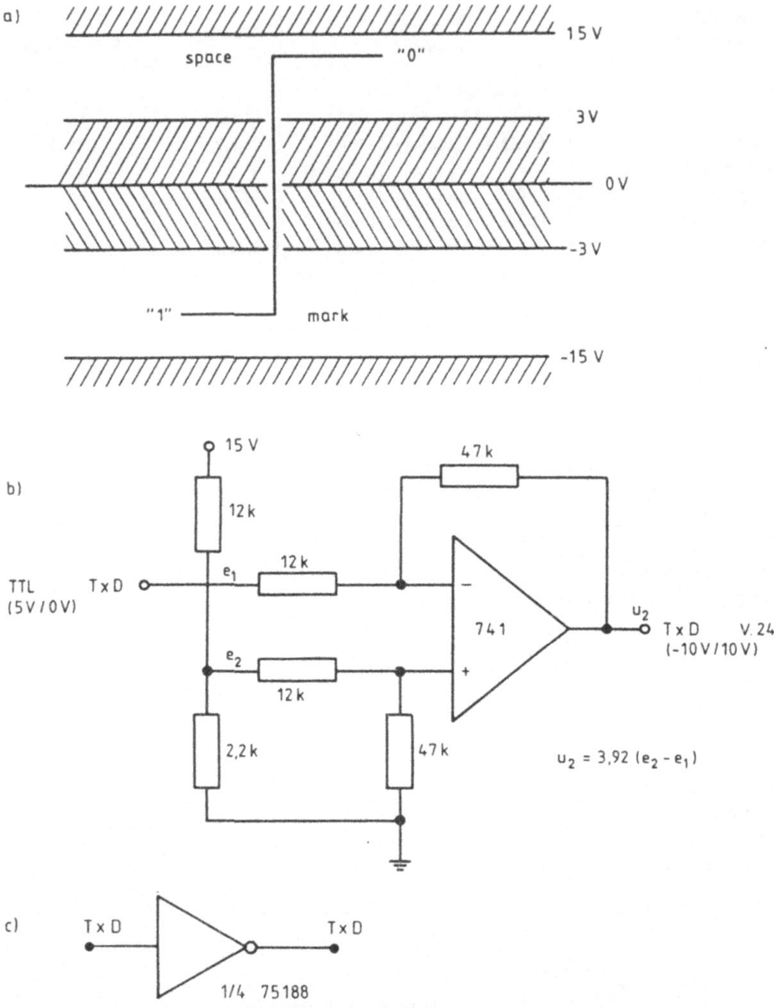

Bild 3.14 Pegelverhältnisse bei V.24
a) Pegeldiagramm b) Anpassungsschaltung TTL/V.24 c) integrierte Anpassung TTL/V.24

3.3.4 Datenformate

Wichtig ist, daß der Empfänger die übersandten Bits (Impulse) richtig interpretiert. Außer den eigentlichen Dateninformationen müssen ihm daher Synchronisationsinformationen übermittelt werden. Es bieten sich zwei Synchronisationsarten als sinnvoll an:

Asynchron: Es wird jeweils ein Datenbyte übertragen mit vorlaufenden Start- und nachlaufenden Stopzeichen.

Synchron: Man faßt mehrere Datenbytes zu einem Block zusammen und schickt ihm Synchronisationsbytes voran und Abschlußbytes hinterher. Die Datenbits des Blockes werden ohne weitere Synchronisationszeichen übertragen.

	0 0 0	0 0 1	0 1 0	0 1 1	1 0 0	1 0 1	1 1 0	1 1 1
0 0 0 0	NUL	DLE	SP	0	@	P	`	p
0 0 0 1	SOM	DC1	!	1	A	Q	a	q
0 0 1 0	STX	DC2	"	2	B	R	b	r
0 0 1 1	ETX	DC3	#	3	C	S	c	s
0 1 0 0	EOT	DC4	$	4	D	T	d	t
0 1 0 1	ENQ	NAK	%	5	E	U	e	u
0 1 1 0	ACK	SYN	&	6	F	V	f	v
0 1 1 1	BEL	ETB	'	7	G	W	g	w
1 0 0 0	BS	CAN	(	8	H	X	h	x
1 0 0 1	HT	EM	)	9	I	Y	i	y
1 0 1 0	LF	SS	*	:	J	Z	j	z
1 0 1 1	VT	ESC	+	;	K	[	k	{
1 1 0 0	FF	FS	,	<	L	\	l	|
1 1 0 1	CR	GS	−	=	M	]	m	}
1 1 1 0	SO	RS	.	>	N	^	n	~
1 1 1 1	SI	US	/	?	O	□	o	DEL

Bild 3.15 ASCII-Tabelle

(American Standard Code for Information Interchange)

NUL	null	DC1	device control 1
SOM	start of message	DC2	device control 2
STX	start of text	DC3	device control 3
ETX	end of text	DC4	device control 4
EOT	end of transmission	NAK	negative acknowledge
ENQ	enquiry	SYN	synchronous idle
ACK	acknowledge	ETB	end of transmission block
BEL	bell	CAN	cancel
BS	backspace	EM	end of medium
HT	horizontal tabulation	SS	start of special sequence
LF	line feed	ESC	escape
VT	vertical tabulation	FS	file separator
FF	form feed	GS	group separator
CR	carriage return	RS	record separator
SO	shift out	US	unit separator
SI	shift in	SP	space
DLE	data link escape	DEL	delete

Bild 3.16 Die Kommandozeichen des ASCII-Kodes [3.2]

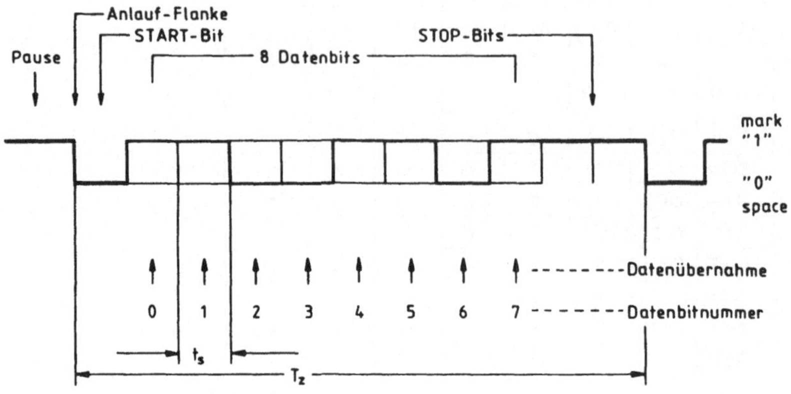

Bild 3.17 Serielles Zeichen (asynchrones Format)

Betrachten wir das genormte serielle Zeichen für asynchronen Betrieb genauer (**Bild 3.17**). Allgemein gilt:

1. Das Bit Nr. 0 (lsb, least significant bit) wird zuerst gesendet. Bei „R" = 1010010 also die 0.
2. Nach dem Bit Nr. 6 (msb, most significant bit) kann ein Prüfbit folgen, das sogenannte Paritybit. Dieses dient zur Fehlererkennung: Der Sender bildet zunächst die Quersumme des gesendeten Zeichens („R": 3). Vereinbart man Fehlererkennung durch gerade Quersumme, so fügt der Sender bei jeder ungeradzahligen Quersumme eine 1 als Bit Nr. 7 hinzu. (Beispiel „R": Bei Vereinbarung gerader Quersummen wird als Bit Nr. 7 eine 1, bei Vereinbarung ungerader Quersummen eine 0 gesendet.) Der Empfänger bildet seinerseits die Quersumme und prüft, ob sie der Vereinbarung (gerade bzw. ungerade) entspricht. Wenn nicht, liegt ein Übertragungsfehler vor.
3. Dem Zeichen geht ein Startbit voraus.
4. Den Abschluß des Zeichens bildet ein Stopbit der doppelten Schrittdauer. Die gesamte Dauer des Zeichens beträgt also

$$T_z = 1 + 8 + 2 = 11 \text{ Schritte.}$$

Nach dem Stopbit könnte sofort wieder ein Startbit folgen, es kann aber auch einfach als Pause fortgeführt werden.

3.3.5 Programm für serielles Senden

Wir schreiben ein Programm SSENDER, mit dem wir ein Zeichen nach Bild 3.17 seriell auf einen statischen Ausgang (D-Flipflop) geben können.

Wir wollen dabei sogleich folgende Variationsmöglichkeiten berücksichtigen:

1. Das Zeichen darf aus maximal 8 Datenbits bestehen, jedoch wird kein Paritybit berechnet. Umfaßt es weniger als 8 Bits, so soll es rechtsbündig im Register A bereitgestellt werden.
2. Die Zahl der Datenbits soll im Register B vorgegeben werden, während im Register C die Adresse der Peripherie mit dem D-Flipflop bzw. statischem Parallelausgang angegeben wird.

3. Auch die Länge der Schrittdauer soll variabel sein. Wir benutzen ein Doppelregister, um einen großen Variationsbereich bezüglich der Übertragungsgeschwindigkeit zu haben. Der für eine bestimmte Baud-Rate, d.h. die Anzahl der Bit pro Sekunde, benötigte Wert im Register DE läßt sich, wie im folgenden gezeigt, berechnen. Unser Programm gestattet es, den Bereich von 10 kBaud bis herunter zu 2 Baud zu überstreichen.

3.3.5.1 Programmlogik

Im Abschnitt 3.2.1 (Lautsprecher) haben wir bereits gesehen, wie man softwareseitig eine bestimmte Zeitspanne einhalten kann. Die Ausgabe eines Informationsbit erfolgt nun dadurch, daß wir eine „0" bzw. eine „1" auf den statischen Ausgang legen und erst wieder nach dem Ablauf der Schrittdauer t_s durch eine neue Information ersetzen.

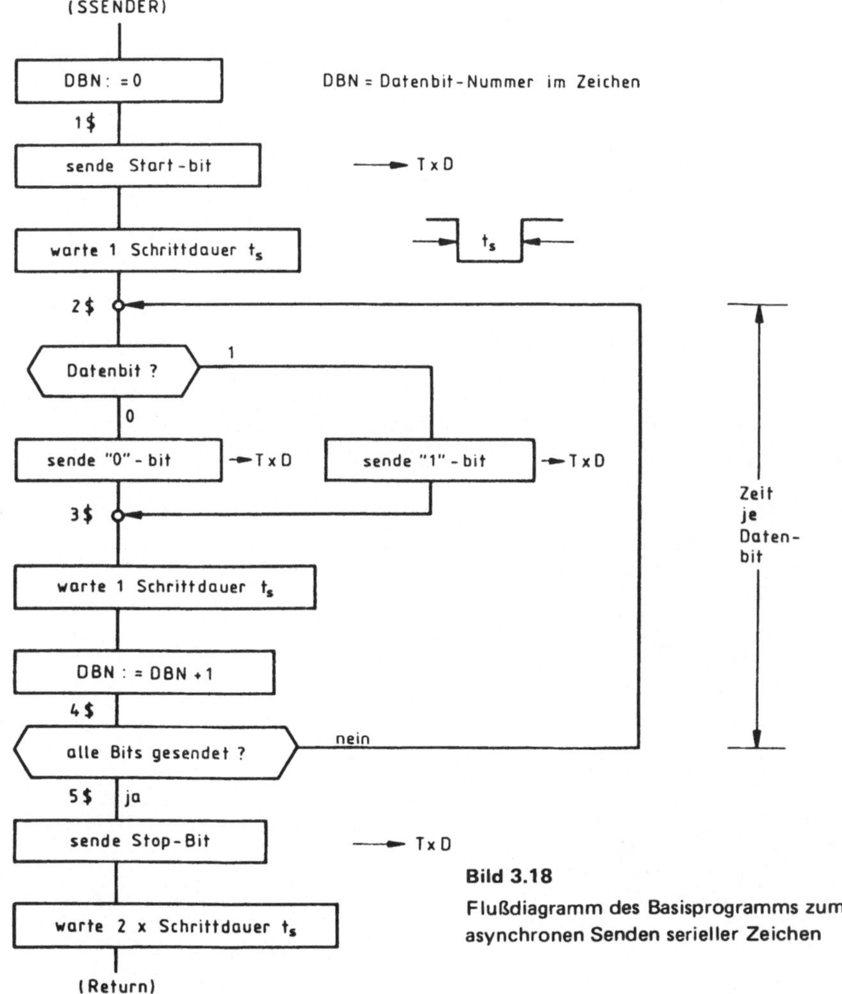

Bild 3.18

Flußdiagramm des Basisprogramms zum asynchronen Senden serieller Zeichen

Unser Program ist im wesentlichen ein Parallel/seriell-Umsetzer, wie das Flußdiagram in **Bild 3.18** zeigt. Am Punkt 1$ senden wir zunächst ein Startbit und lassen eine Schleife folgen, in der folgendes geschieht:

1. Das Datenbit wird gesendet,
2. eine Schrittdauer t_s wird gewartet,
3. die Datenbitnummer (DBN) wird um eins weitergezählt,
4. durch Vergleich wird geprüft, ob das nächste Datenbit folgen muß oder die Schleife verlassen wird.

Führt der Test bei 5$ aus der Schleife heraus, so wird das Stopbit hinzugefügt. Wir warten noch zwei Schritte, bevor wir das Programm verlassen, um sicherzustellen, daß frühestens nach dieser Zeit ein neuer Aufruf des Programms SSENDER erfolgen kann.

```
;Eingang:          A: Zeichen, rechtsbündig
;                  B: Zahl der Daten-bits
;                  C: Adresse der Peripherie
;                  DE: Schrittdauer

;Registerzuordnung:
;                  L: Zeichen
;                  IX: Zähler für Verzögerung

;Ausgang:          A = Pegel des STOP-bit
;                  B = 0

        PEGEL = 377        ; 'aktiv-high'
                           ; bzw. 000 bei 'aktiv-low'


TS:     .W     0         ;Speicher Anfangswert für Zähler

SSENDER: PUSH  HL
         PUSH  IX
         LOAD  TS,DE    ;Schrittdauer speichern
         LOAD  L,A      ;Zeichen speichern, DBN:=0
1$:      LOAD  A,#PEGEL         ;START-bit := "0"
         CPL   A
         CALL  SCHRITT
                        ; Beginn Schleife für Datenbit
2$:      LOAD  A,#PEGEL         ;Datenbit := "1"
         SRC   L        ;DBN := DBN+1 , Carry ?
         JUMP.,CS 3$
         CPL   A        ;Datenbit := "0"
3$:      CALL  SCHRITT
4$:      DECJ,NE B,2$   ;alle bits gesendet ?
                        ; Ende Schleife für Datenbit
5$:      LOAD  A,#PEGEL         ;STOP-bit := "1"
         CALL  SCHRITT
         CALL  SCHRITT
         POP   IX
         POP   HL
         RET

SCHRITT: LOAD  $(C),A  ; Senden Bit : Output
         LOAD  IX,TS   ;Verzögerung um ts
6$:      ADD   IX,DE
         JUMP.,CC 6$
         RET
```

Bild 3.19 Basisprogramm zum asynchronen Senden von seriellen Zeichen

3.3.5.2 Programmiertechnik

Das Programm zeigt **Bild 3.19**. Am Punkt 1\$ werden zunächst bei aktiv-high lauter Einsen geladen, dann wird komplementiert, um das Startbit 0 zu erhalten. Anschließend wird das Unterprogramm SCHRITT aufgerufen. Dieses enthält einerseits den Output-Befehl, andererseits eine Schleife, die zur Zeitverzögerung benutzt wird:

Als Anfangswert für das Register IX nehmen wir die kodierte Schrittdauer. (Da es den Befehl LOAD IX,DE beim Z80 nicht gibt, mußten wir den Umweg über den Hilfsspeicher TS machen.) Je Schleifenumlauf am Punkt 6\$ addieren wir den 16-bit-Wert t_s von Register DE zum 16-bit-Wert von Register IX. Dieser Befehl setzt das Carry-Register, das wir zur Abfrage über das Schleifenende ausnutzen. Solange der Wert 2^{16} noch nicht erreicht wurde, haben wir den Zustand carry-clear und wir kehren zurück zum Punkt 6\$.

Die Anzahl W der Schleifendurchgänge ergibt sich als kleinste ganze Zahl mit

$$W = 2^{16}/DE - 1. \tag{1}$$

Dies sei mit dem kleinen Beispiel in **Bild 3.20** mit 3-bit-Register und Carry erläutert. Dort gilt nach (1):

$$W = 2^3/DE - 1 = 3.$$

Die Zeit t_s, die je Datenbit zur Verfügung steht, ist beim Z80:

$$t_s = (93,5 + 27 \cdot W) \cdot 400 \text{ ns.} \tag{2}$$

Dabei ist 27 die Anzahl der Taktschritte für die Schleife 6\$ und 93,5 die mittlere Anzahl der Taktschritte für die Schleife 2\$ − 4\$. Ein Taktschritt ist 400 ns lang.

Aus (1) und (2) kann bei gegebenem t_s der Inhalt von DE berechnet werden. Der Kehrwert von t_s ist die Baudrate.

Am Punkt 2\$ legen wir zunächst eine „1" in das Register A, indem wir den Wert PEGEL laden. Wir behandeln alle 8 Bits in A gleichmäßig. Anschließend schieben wir das Zeichen im Register L nach rechts und haben, wenn jetzt carry-set vorliegt, bereits den richtigen Pegel im Register A. Im anderen Fall bilden wir das 1-Komplement vom Register A. Dann wird durch SCHRITT gesendet (Punkt 3\$). Durch diese Programmierung haben wir die Möglichkeit vorgesehen, wahlweise auf der Leitung mit aktiv-„1" (Pegel = „1", 377) bzw. mit aktiv-„0" (Pegel = „0", 000) zu arbeiten.

Am Punkt 4\$ wird Register B, das die Zahl der Datenbits enthält, um 1 herabgezählt und, sofern 0 noch nicht erreicht ist, nach 2\$ zurückgesprungen. Diese Schleife 2\$ − 4\$ muß so kurz wie möglich sein, damit eine möglichst hohe Übertragungsrate erreicht wird. Am Punkt 5\$ laden wir wieder PEGEL nach A. Dann senden wir ihn zweimal mit dem Unterprogramm SCHRITT zur Leitung.

Befehl	Register	Carry	Inhalt	Bem.
	DE	0	0 1 0	Anfangswert
	IX	0	0 1 0	
ADD IX, DE	IX	0	1 0 0	1. Schleife
ADD IX, DE	IX	0	1 1 0	2. Schleife
ADD IX, DE	IX	1	0 0 0	3. Schleife
RET				

Bild 3.20

(3-bit)-Modell der Schleife 6\$ im UP SCHRITT

3.4 Datenkodierung für die Übertragung

Die Art der Kodierung des seriellen Datenstromes für die Übertragung auf einer Leitung wird bestimmt durch die Länge der Leitung (braucht man Verstärker?), durch die geforderte Datensicherheit (soll man den Takt mit übertragen?) und durch die gewünschte Übertragungsrate (obere Grenzfrequenz der Leitung?). Wir stellen im folgenden einige Übertragungskodes vor.

3.4.1 NRZ-Verfahren

Das NRZ-Verfahren (non return to zero) stellt die normalerweise übliche Kodierung dar (**Bild 3.21a**). Es wird dann angewendet, wenn

a) kein Leitungsverstärker und
b) keine Taktrückgewinnung notwendig sind.

Leitungsverstärker sind zur Vermeidung von Drifteffekten normalerweise wechselspannungsgekoppelt. Werden beim NRZ-Verfahren viele „1" hintereinander gesendet, so gehen diese am Eingang des wechselspannungsgekoppelten Verstärkers verloren. Ist die Leitung kurz, so ist kein Verstärker notwendig und das Problem tritt nicht auf.

Bei kurzen Leitungen ist auch eine zusätzliche Taktleitung, wenn erforderlich, ohne großen zusätzlichen Aufwand möglich.

Die obere Grenzfrequenz der Übertragungsleitung entspricht der Datenübertragungsrate und ist gleich der halben Taktfrequenz. (Dies ist eine Mindestangabe, die die Oberwellen nicht berücksichtigt.)

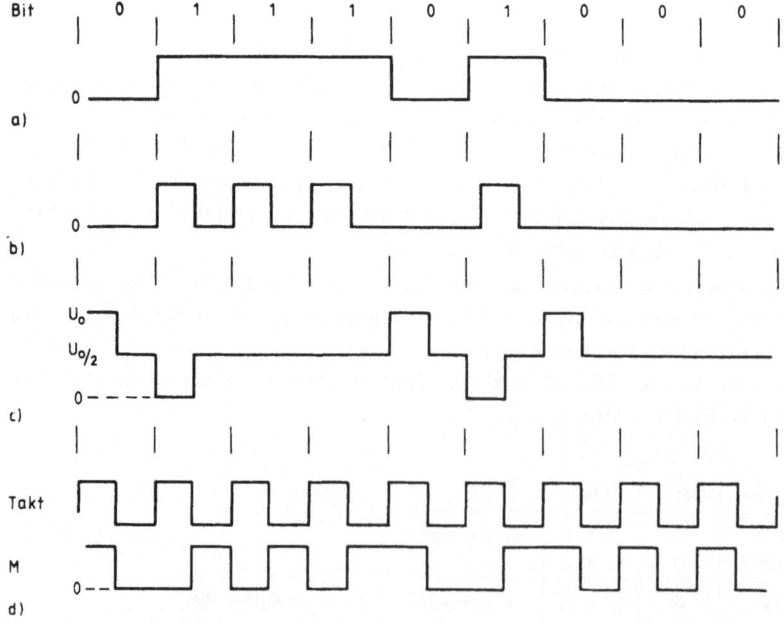

Bild 3.21 Kodieren serieller Daten
a) NRZ b) RZT c) bipolar d) Manchester II

3.4.2 RTZ-Verfahren

Kann man auf lange Leitungen und damit auf Leitungsverstärker nicht verzichten, so bietet sich das RTZ-Verfahren (return to zero) an. Hier wird jede „1" mit einem 1/0-Übergang dargestellt (**Bild 3.21b**). Damit kann auch eine Reihe von „1" fehlerfrei übertragen werden. Bei gleichem Datenstrom ist allerdings die doppelte obere Grenzfrequenz des Übertragungssystems wie bei NRZ notwendig.

Auch hier ist die Übertragung des Taktes nicht gewährleistet: Bei einer Reihe von „0" geht er verloren.

3.4.3 Bipolare Verfahren

Sowohl dem NRZ-Verfahren als auch dem RTZ-Verfahren haftet noch ein Nachteil an, der dann zum Tragen kommt, wenn Leitungsverstärker mit automatischer Verstärkungsregelung eingesetzt werden: Bei einer langen Reihe von „0" wird die Verstärkung hochgeregelt. Kommt dann eine „1", so kann Übersteuerung stattfinden. Ist solches zu befürchten, so verwendet man eine bipolare Kodierung, beispielsweise die in **Bild 3.21c** gezeigte: Bei „0" wird aus der Mittellage auf maximales Potential geschaltet und bei „1" auf Potential 0. Beachtenswert ist, daß bei längeren „1"- oder „0"-Ketten um des Potentialgleichgewichts willen in unserem Beispiel nur das erste Bit gesendet wird. Die nachfolgenden Bits müssen über den Takt regeneriert werden.

Auch bei den bipolaren Verfahren braucht man bei gleicher Übertragungsrate wie bei NRZ eine Leitung mit doppelt so hoher Grenzfrequenz wie dort.

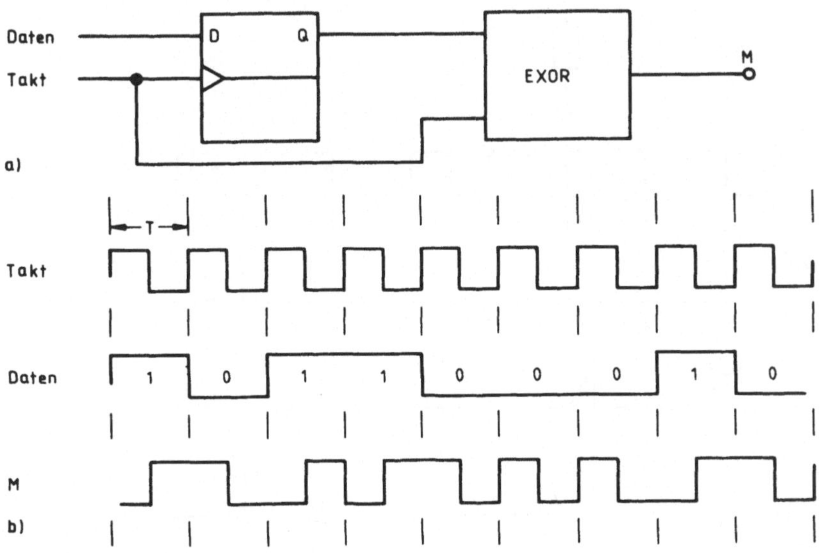

Bild 3.22 Manchester II-Kodierung
a) Prinzipschaltung b) Signaldiagramm

3.4.4 Manchester-Kodierung

Ein elegantes Verfahren zur gleichzeitigen Übertragung von Daten und Takt ist die Manchester-Kodierung (**Bild 3.21d**). Sie entsteht aus Takt und Daten durch eine EXOR-Verknüpfung. **Bild 3.22** zeigt ein Beispiel für den Kodierer. Das D-Flipflop vor dem EXOR-Gatter sorgt hier für die Synchronisation der Flanken. Bei gleicher Übertragungsrate wie bei NRZ ist die doppelte Leitungsfrequenz wie dort erforderlich.

Die Dekodierung ist einfach, wenn man auf die Wiederherstellung des Taktes verzichtet, wie **Bild 3.23** zeigt: Die beiden nachtriggerbaren Monoflops müssen eine Verzögerungszeit t_m haben, für die gilt:

$$T < t_m < 3/2 \cdot T.$$

Damit ist sichergestellt, daß die Impulse für das D-Flipflop zum richtigen Zeitpunkt auftreten. Die beiden gleichen RC-Glieder erzeugen die Übernahmeimpulse für das D-Flipflop und haben eine Zeitkonstante

$$T_{rc} < T/2.$$

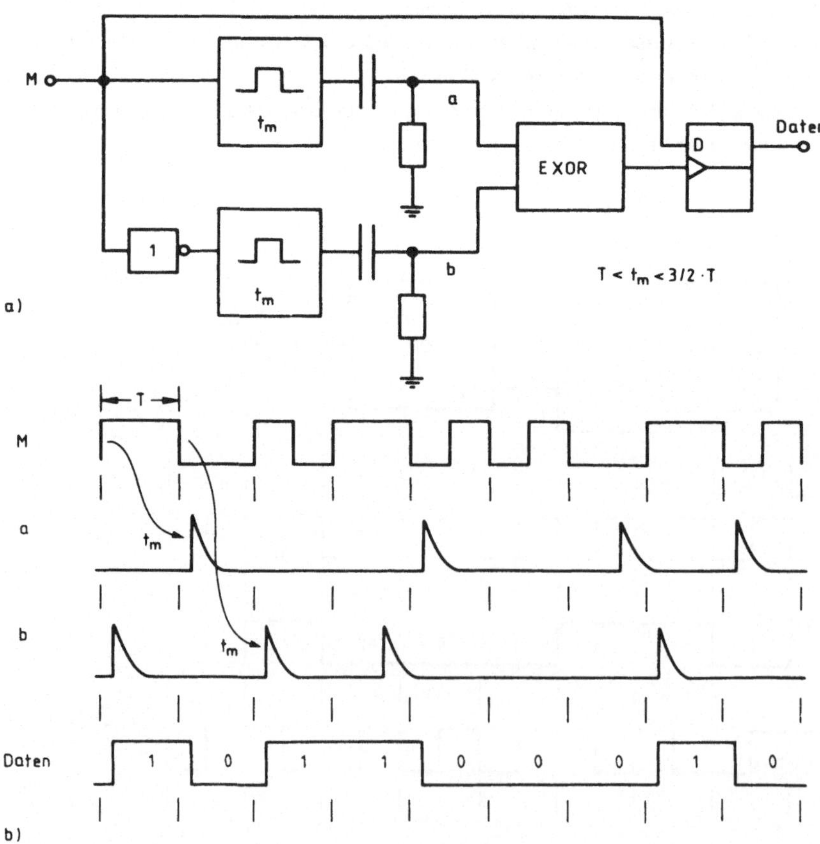

Bild 3.23 Manchester II-Dekodierung   a) Prinzipschaltung   b) Signaldiagramm

Will man den Takt ebenfalls haben, so wird die Schaltung umfangreicher. Eine Möglichkeit zur Taktrückgewinnung ist die digitale phase-lock-loop-Schaltung. Eine nach diesem Prinzip arbeitende Schaltung ist der Manchester-Kodierer/Dekodierer HD-6409 [3.4] (**Bild 3.24**). Dieser Baustein erlaubt eine maximale Datenrate von 1 Mbaud.

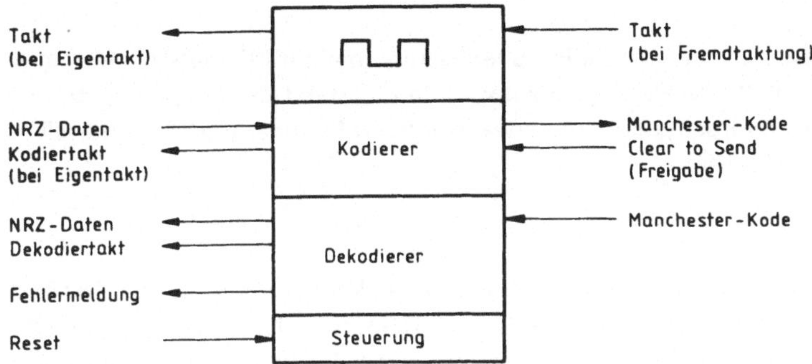

Bild 3.24 Vereinfachtes Blockbild eines integrierten Manchester-Kodierers/Dekodierers

3.5 Arten der Geräteverbindung

Unabhängig von den beschriebenen Techniken gibt es drei Möglichkeiten, Sender S und Empfänger E galvanisch miteinander zu verbinden. **Bild 3.25** zeigt dies.

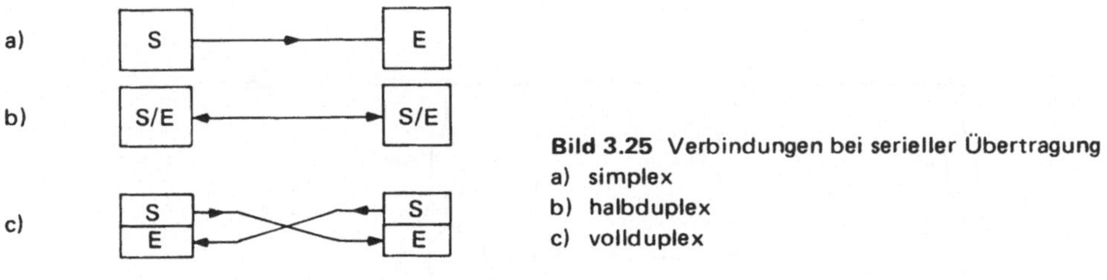

Bild 3.25 Verbindungen bei serieller Übertragung
a) simplex
b) halbduplex
c) vollduplex

4 Passive Datengeber

Wir untersuchen in diesem Kapitel solche Peripheriegeräte, die nur rein passiv Informationen abgeben können. Der Prozessor fragt sozusagen den Zustand der Peripherie ab, und zwar nur dann, wenn es ihm paßt und nicht etwa, wenn das Peripheriegerät irgendwelche ,Neuigkeiten' loswerden möchte.

4.1 Gatter

Damit der Prozessor die gewünschten Informationen lesen kann, müssen sie vom Peripheriegerät auf den Bus, speziell den DA-Bus, gelegt worden sein. Nun darf aber ein Teilnehmer nur dann Informationen auf den Bus legen, wenn der Prozessor hierfür ,grünes Licht' gibt. Die Ausgabeseite der Peripheriegeräte muß daher vom Bus abgetrennt werden können. Da mechanische Schalter aus Geschwindigkeitsgründen nicht in Frage kommen, muß dies durch elektronische Schalter bewirkt werden.

Normalerweise haben TTL-Gatter totempole-Ausgänge (**Bild 4.1**). Die gezeigte Schaltung (eingangsseitig vereinfacht [4.1]) verhält sich wie in **Bild 4.2** gezeigt. Dies ist leicht nachzuprüfen. Der totempole-Ausgang belastet den Bus mit seinen 130 Ω unzulässig und kommt für die Ansteuerung von Mikrocomputer-Bussen deshalb nicht in Betracht.

Läßt man diese 130 Ω und den zugehörigen Transistor T3 weg, so erhält man den open-collector-Ausgang (gestrichelt in Bild 4.1). Der fehlende Widerstand wird von außen zu-

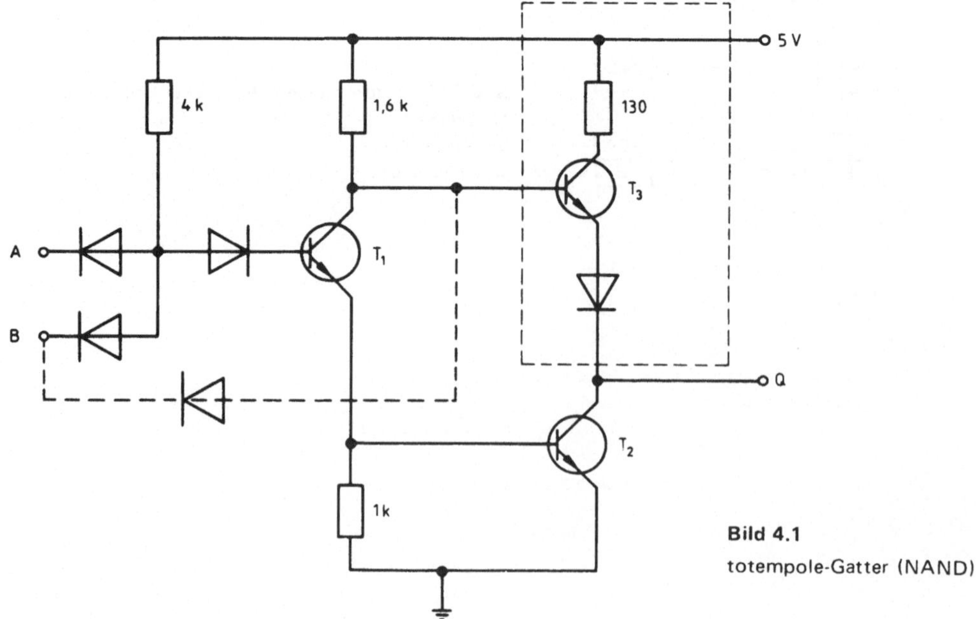

Bild 4.1

totempole-Gatter (NAND)

A B	totempole und open collector				tristate			
	T_1	T_2	T_3	Q	T_1	T_2	T_3	Q
1 1	+	+	−	0	+	+	−	0
1 0	−	−	+	1	−	−	−	∞
0 1	−	−	+	1	−	−	+	1
0 0	−	−	+	1	−	−	−	∞
	$Q = \overline{A \cdot B}$				B = 0 : $\qquad$ Q = ∞ B = 1 : $\qquad$ $Q = \overline{A}$			

+ : T leitet
− : T sperrt

Bild 4.2 Funktionstabelle verschiedener NAND-Gatter

Ausgangsart	Symbol	Eingang	Enable	Ausgang
totempole		1		0 niederohmig
		0		1 niederohmig
open collector		1		0 niederohmig
		0		1 hochohmig
tristate		1	1	0 niederohmig
		0	1	1 niederohmig
		x	0	∞ hochohmig

Bild 4.3 Die Symbole der verschiedenen Bustreiber

gefügt z.B. in Form des pull-up-Widerstandes der Busleitung. Da der Ausgang bei 0 nicht mehr als 16 mA aufnehmen darf, muß der wirksame Widerstand größer als etwa 330 Ω sein.

Eine weitere Möglichkeit ist die von der Firma National Semiconductor eingeführte tristate-Schaltung. Wie Bild 4.1 zeigt, kann sie aus der totempole-Schaltung mit der zusätzlichen Diodenverbindung von der Basis von T3 nach B abgeleitet werden. Ihre Funktion wird durch die zweite Hälfte der Tabelle in Bild 4.2 dargestellt. Man bemerkt, daß der Eingang B jetzt eine enable-Funktion erfüllt: ist B = 0, so wird der Ausgang, unabhängig von A, hochohmig, d.h. der Bus wird frei. Dieser tristate-Ausgang hat sich für integrierte Schaltungen, die auf den Mikroprozessorbus gehen, durchgesetzt.

In **Bild 4.3** haben wir für den einfachsten Fall des invertierenden Treibers die drei Schaltungsvarianten einander gegenübergestellt.

4.2 Kontakte

Eine einfache Anwendung liegt vor, wenn das Peripheriegerät aus einem Kontakt (Taste) besteht, der entweder geschlossen oder offen sein kann. Wir beschalten die Taste so mit

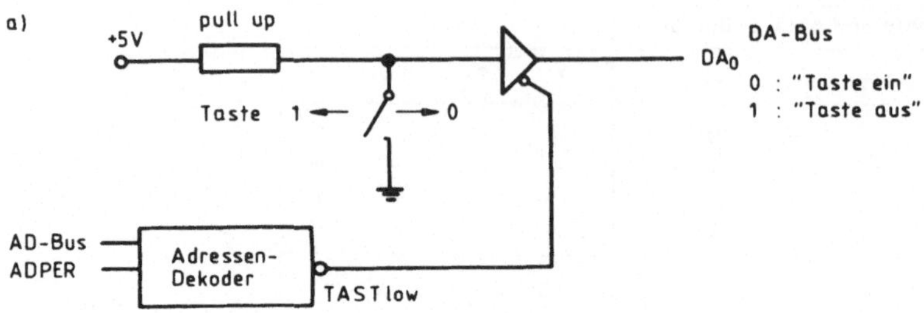


```
b)    TASTE:   LOAD     A,$TAST ;   Einlesen insbesondere DA0
               AND      A,#1    ;   Maske für DA0
               JUMP,EQ TASTEIN ;   wegen 0='ein'
      TASTAUS: ........        ;  Programm, wenn Taste 'aus'
      ......
      TASTEIN: ........        ;  Programm, wenn Taste 'ein'
      .......
```

Bild 4.4 Anschluß einer Taste (Kontakt)
a) Schaltung   b) Basisprogramm

einem pull-up-Widerstand (**Bild 4.4**), daß der Eingang des tristate-Gatters den Leerlauf-pegel des Datenbusses führt. Verbindet man den ENABLE-Eingang mit dem Ausgang des Adressendekoders, so öffnet der Input-Befehl LOAD A, $TAST dieses Gatter und der Zustand der Taste liegt auf dem Datenbus und kann vom Prozessor übernommen werden.

Es handelt sich um eine 1-Bit-Information. Der Input-Befehl liefert aber 8 Bit, so daß software-seitig durch eine Maske das gewünschte Bit isoliert werden muß.

Schließt man mehrere derartige Kombinationen aus pull-up-Widerstand, Taste und tristate-Gatter an verschiedene Leitungen des Datenbusses an, so lassen sich bei Parallelschaltung der ENABLE-Eingänge bis zu 8 Tasteninformationen mit einem Input-Befehl in das Prozessorregister laden und im Programm verarbeiten.

Statt acht getrennte Gatter einzusetzen, kann man auch einen integrierten Baustein be-nutzen, bei dem die ENABLE-Eingänge der acht tristate-Gatter gemeinsam herausgeführt sind. Einen Baustein dieser Art (z.B. 81LS97) benutzen wir beim Aufbau einer Voll-tastatur, die wir im folgenden besprechen.

4.3 Einfache, unkodierte Tastatur

4.3.1 Hardware-Konzeption

Wir schließen die 64 Tasten einer Volltastatur (**Bild 4.5**) so zusammen, daß sie — elek-trisch — in acht Zeilen mit acht Spalten angeordnet sind. Man spricht daher von einer Matrixanordnung.

Die Abfrage der Tastatur erfolgt nun dadurch, daß der Prozessor jeweils eine der Spalten auf LOW legt und dann die acht, über pull-up-Widerstände auf HIGH gelegten, Zeilen-leitungen einliest. Wurde eine Taste gedrückt, so liegt auf der zugeordneten Datenbus-leitung eine ‚0‘ statt der Leerlauf-‚1‘ an. Da der Datenbus gleichzeitig nur einmal benutzt werden kann, müssen wir den vom Prozessor ausgesandten Spaltenauswahlkode durch ein Register (z.B. 74273) in ein statisches Signal umwandeln.

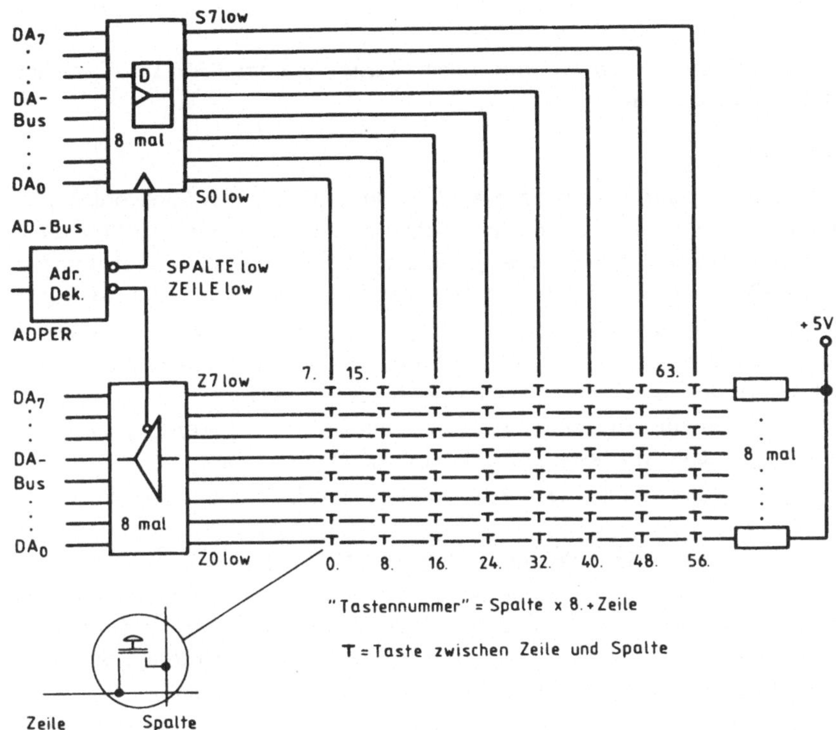

Bild 4.5 Unkodierte Tastatur

Die Peripherieadressen für die Spaltenauswahl bzw. für das Zeileneinlesen bezeichnen wir mit $SPALTE bzw. $ZEILE. Wir haben unser Peripheriegerät ‚Tastatur' bewußt sehr einfach gehalten. Außer den busseitig installierten 8 Gattern und 8 D-Flipflops für Eingabe und Ausgabe besteht das Gerät nur aus acht Widerständen und 64 Tasten. Erkauft haben wir uns diese primitive Hardware jedoch dadurch, daß wir softwareseitig einen höheren Aufwand treiben müssen.

4.3.2 Software-Konzeption

Durch das Programm müssen wir folgende Aufgaben lösen:

1. Den einzelnen Tasten muß eine Tastennummer zugeordnet werden, die dezimal von 0 bis 63 bzw. oktal von 0 bis 77 laufen soll.
2. Beim Schließen und Öffnen der Kontakte entstehen undefinierte Übergangszustände, die zu einer Fehlinterpretation der Tastenbetätigung führen können. Dies Prellen können wir softwareseitig dadurch in den Griff bekommen, daß wir eine Taste nach etwa 10 ms erneut abfragen. Nur wenn die Informationen der zwei Input-Befehle identisch sind, akzeptieren wir das Ergebnis.
3. Wir müssen sicherstellen, daß wir eine für längere Zeit gedrückte Taste nur einmal als gedrückt registrieren. Dies kann man dadurch lösen, daß bis zum Loslassen der Taste gewartet wird.

4.3.3 Programm zum Lesen einer Taste

Die beiden ersten Aufgaben lösen wir mit einem Basisprogramm TASTLESE, dessen Logik wir am Ablaufschaubild erklären.

4.3.3.1 Programmlogik

Das Folgende bezieht sich auf das Flußdiagramm in **Bild 4.6**. Für den Suchvorgang, ob eine Taste gedrückt ist, benötigen wir zuerst eine Schleife über die Spalten. Das Programm TASTLESE setzt zunächst den Spaltenzähler auf 8 (dezimal) = 10 (oktal) und kehrt immer wieder zum Punkt 1$ zurück, bis der Spaltenzähler heruntergezählt wurde und am Punkt 5$ das Ergebnis ‚keine Taste gedrückt' vorliegt.

Je Spalte schicken wir den Spaltenkode, der im Peripheriegerät die richtige Spalte aktiviert, auf den Bus und lesen dann den Zustand über die Zeile ein. Die acht Bit des Zeilenwertes untersuchen wir Bit für Bit, indem wir jeweils ein Bit in das Carry-Register schieben und durch Abfragen des carry testen, ob eine Taste gedrückt wurde.

Die Zeilenschleife kehrt zum Punkt 2$ zurück, während im Erfolgsfalle zum Punkt 3$ verzweigt wird.

Hardwareseitig muß die ausgewählte Spalte low-Potential führen. Da wir uns acht Inverter gespart haben, müssen wir den Zustand aktiv-‚,0'' der Spalten in der Programmierung berücksichtigen. Der Spaltenkode muß daher jeweils ein ‚0'-Bit und sieben ‚1'-Bit enthalten. Auch beim Einlesen müssen wir die Information: aktiv-‚,0'' richtig interpretieren. Sie bedeutet, daß eine Taste gedrückt ist bei eingelesener 0, d.h. bei ‚carry-clear'.

Am Punkt 3$ fügen wir eine Zeitschleife ein, indem wir den Zähler Delay herunterzählen. Dann lesen wir erneut die Zeile ein. Da die Auswahl der Spalte bis hierher nicht abgeändert wurde, vergleichen wir den jetzt eingelesenen Zeilenwert mit dem beim ersten Lesevorgang gespeicherten Wert.

Sind diese Werte verschieden, so interpretieren wir die Taste als ‚nicht gedrückt' und gehen zu 5$.

Im anderen Fall müssen wir aus der Position der Spalte und der Zeile die Tastennummer errechnen.

Vor Beendigung des Programms setzen wir einen Schalter ‚Nichttaste', der im übergeordneten Programm abgefragt werden kann.

Was geschieht nun, wenn gleichzeitig zwei oder mehr Tasten gedrückt werden? Die Logik unseres Programms führt dazu, daß wir nur eine Tastennummer ausweisen können. Da wir beide Zähler abwärts laufenlassen, finden wir zuerst die Taste mit der höchsten Spaltennummer und dem untergeordnet diejenige mit der höchsten Zeilennummer. Wegen der benutzten Rechenformel heißt dies also, daß wir grundsätzlich die Taste mit der höchsten Tastennummer finden.

4.3.3.2 Programmiertechnik

Einige Bemerkungen zum Basis-Programm TASTLESE in **Bild 4.7**: Beim Ausgang aus dem Programm gibt das carry-Bit an, ob eine Taste gefunden wurde. Wie allgemein üblich, soll das gesetzte carry den fehlerhaften (erfolglosen) Suchvorgang signalisieren. Nur wenn ‚carry-clear' gilt, wird im Register A die Tastennummer bereitgestellt.

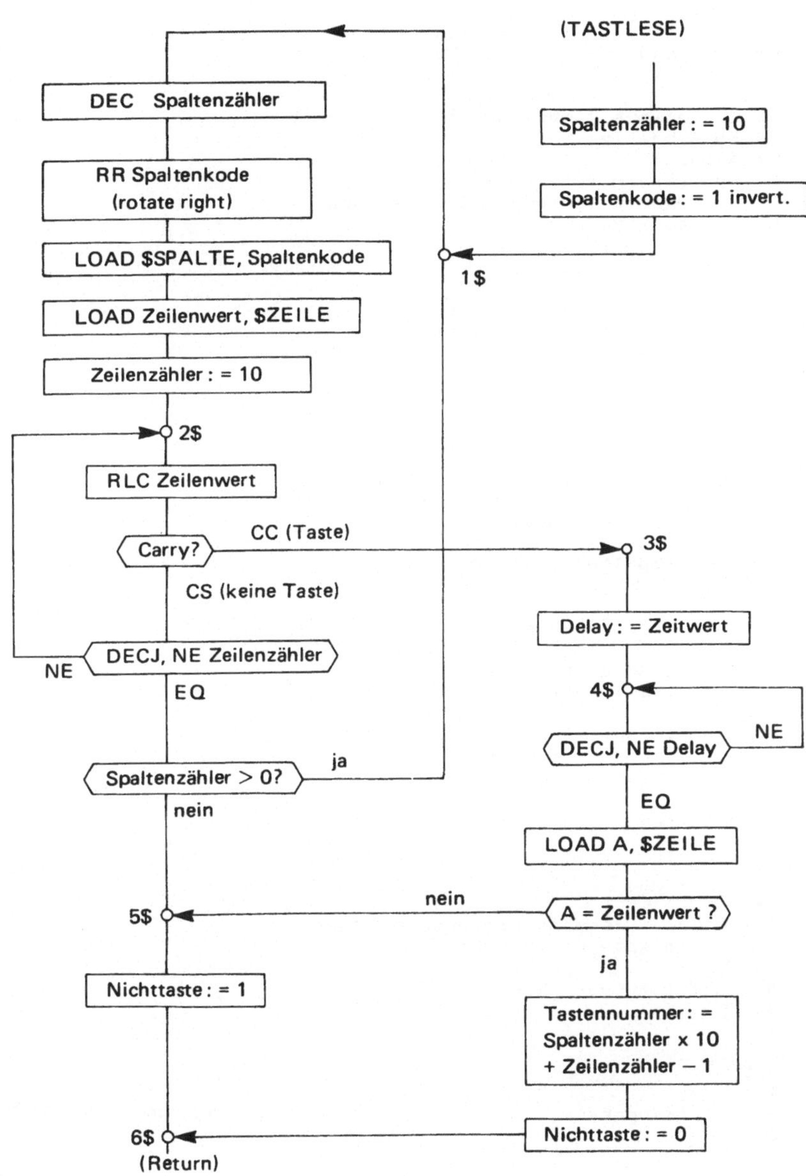

Bild 4.6 Flußdiagramm des Abfrageprogramms für die Tastatur

```
;Ausgang:          CC: Taste gefunden, CS: keine Taste
;                  A:  Tastennummer ( O bis 77 )

;Registerzuordnung:
;                  A: Zeilenwert (Arbeitswert)
;                  B: Zeilenzähler
;                  C: $Spalte
;                  D: Spaltenzähler
;                  E: Zeilenwert (ursprünglich geladen)
;                  H: Spaltenkode
;                  HL: Delay-Zähler
;                  Carry: Nichttaste

          ZEILE =  ....    ; Peripherieadresse
          SPALTE = ....    ; Peripherieadresse
          ZEITWERT =1000.  ; Verzögerungszeit ca 10 msek

TASTLESE: PUSH    BC
          PUSH    DE
          PUSH    HL
          LOAD    C,#SPALTE        ;Peripherie
          LOAD    D,#10    ;Spaltenzähler
          LOAD    H,#376   ;Spaltcode: 00000001 invertiert
1$:       DEC     D        ;nächste Spalte
          RR      H
          LOAD    $(C),H   ;Spalte Tastenfeld aktiv
          LOAD    A,$ZEILE         ;Zeile Tastenfeld
          LOAD    E,A
          LOAD    B,#10    ;Zeilenzähler
2$:       RLC     A
          JUMP,CC 3$       ;Taste gedrückt ?
          DECJ,NE B,2$     ;weitere Zeilen ?
          LOAD    A,D
          OR      A,A      ;Flags setzen
          JUMP,NE 1$       ;weitere Spalten ?
5$:       SETC             ;Nichttaste := 1
          JUMP    6$
3$:       LOAD    HL,#ZEITWERT     ;Prellschutz
4$:       DEC     HL
          LOAD    A,H
          OR      A,L
          JUMP,NE 4$
          LOAD    A,$ZEILE         ;erneut Peripherie lesen
          COMP    A,E      ;Taste gleich geblieben ?
          JUMP,NE 5$
          LOAD    A,D      ;Tastennummer berechnen
          SLC     A
          SLC     A
          SLC     A
          ADD     A,B
          SUB     A,#1
6$:       POP     HL       ;Programm Ende
          POP     DE
          POP     BC
          RET
```

Bild 4.7

Basisprogramm TASTLESE

Zum leichteren Verständnis haben wir unter dem Stichwort ‚Registerzuordnung‘ die Bedeutung der einzelnen Register angegeben. Das Register H kann — zeitlich hintereinander — zwei Aufgaben dienen.

Den Spaltenkode am Punkt 1$ verändern wir dadurch, daß wir die eine ‚0‘ im Register H rechts herum rotieren lassen. Beim ersten Durchlauf der Schleife steht die ‚0‘ daher an der werthöchsten Stelle.

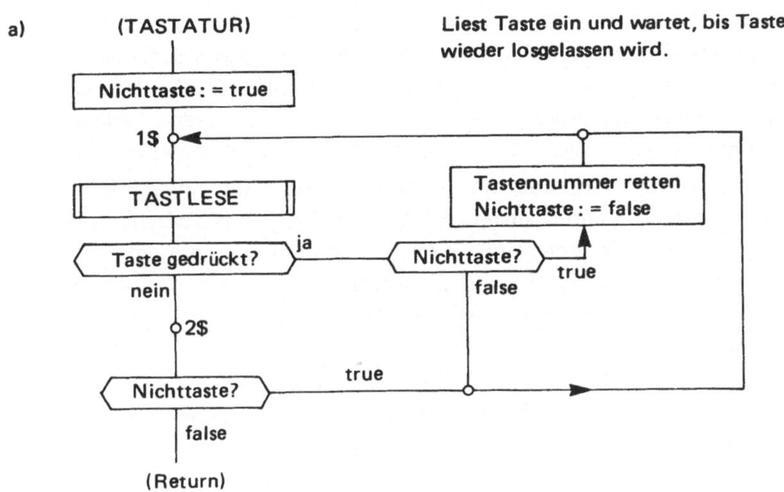

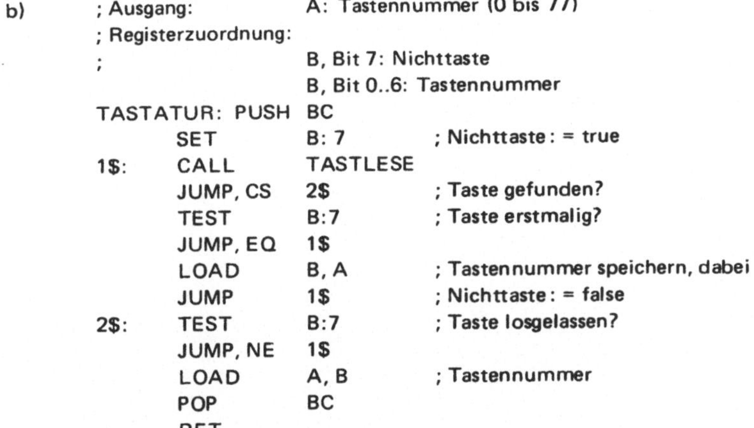

```
b)     ; Ausgang:              A: Tastennummer (0 bis 77)
       ; Registerzuordnung:
       ;                       B, Bit 7: Nichttaste
                               B, Bit 0..6: Tastennummer
       TASTATUR: PUSH   BC
                 SET    B: 7           ; Nichttaste : = true
       1$:       CALL   TASTLESE
                 JUMP, CS  2$          ; Taste gefunden?
                 TEST   B:7            ; Taste erstmalig?
                 JUMP, EQ  1$
                 LOAD   B, A           ; Tastennummer speichern, dabei
                 JUMP   1$             ; Nichttaste : = false
       2$:       TEST   B:7            ; Taste losgelassen?
                 JUMP, NE  1$
                 LOAD   A, B           ; Tastennummer
                 POP    BC
                 RET
```

Bild 4.8 Makroprogramm TASTATUR
a) Flußdiagramm b) Assemblerprogramm

Auch beim Untersuchen der eingelesenen Zeile soll mit dem werthöchsten Bit begonnen werden. Diesmal müssen wir am Punkt 2$ jedoch links herum schieben und außerdem das carry mit einbeziehen.

Bei der Berechnung der Tastennummer müssen wir den Spaltenzähler mit oktal 10 multiplizieren. Ein dreimaliges Verschieben nach links erledigt dies.

4.3.4 Programm zur Tastenüberwachung

Wir benötigen nun noch ein Makroprogramm, das die dritte Aufgabe in Abschnitt 4.3.2 löst: Einmaligkeit der Tasteneingabe? **Bild 4.8a** zeigt das Flußdiagramm, **Bild 4.8b** die Programmliste. Zunächst setzen wir einen Software-Schalter „Nichttaste". Wird keine

Taste gedrückt, dann durchläuft das Programm dauernd die Schleife 1\$—2\$. Wenn wir das erstemal mit dem Basisprogramm TASTLESE eine gedrückte Taste gefunden haben, so legen wir den Schalter um (Nichttaste: = false) und durchlaufen die Schleife über 1\$ solange, bis wir das Loslassen der Taste (aller Tasten) registrieren. Dann verlassen wir über 2\$ das Makroprogramm. Wir ,,triggern'' sozusagen mit der ,,abfallenden Flanke''.

Programmiertechnisch beachten wir, daß ein Software-Schalter aus einem Bit besteht. Wir wählen das werthöchste Bit des Registers B, das wir auch zum Zwischenspeichern der beim erstenmal gefundenen Tastennummer benutzen. Wird die Tastennummer nach B geladen, so wird dabei das werthöchste Bit auf ,0' gesetzt. Der Zustand ,1' bleibt also für den Fall, daß noch keine Taste gefunden wurde. Daher die Negativ-Logik durch die Bezeichnung ,Nichttaste'.

Zu der vollständigen Tastatur-Software gehört auch noch ein Programm, das der durch die vorigen Programme gefundenen Tastennummer ein ASCII-Kodewort zuordnet. Auf die Darstellung dieses Tabellenprogrammes haben wir hier verzichtet.

5 Aktive Datengeber

Wir untersuchen in diesem Kapitel solche Peripheriegeräte, die nur rein aktiv Informationen abgeben können. Der Prozessor hat keine Möglichkeit, ihren „Redefluß" zu stoppen. Will er keine Informationen verlieren, so muß er mit der Sendegeschwindigkeit der Peripheriegeräte Schritt halten.

Als typisches Beispiel behandeln wir den Fernschreiber, d.h. eine bitserielle Datenübertragung. Außerdem besprechen wir die beiden Hauptverfahren, um mit derartigen aktiven Geräten fertig zu werden, die Interrupt-Methode und das Polling.

5.1 Asynchroner, bitserieller Sender

Wir verweisen zunächst auf Abschnitt 3.3 über bitserielle Ausgabe: Unser aktives Peripheriegerät arbeitet mit seriellen Zeichen im asynchronen Format gemäß Bild 3.17.

5.1.1 Hardware-Interface

Das vom Fernschreiber kommende Signal kann entweder im TTL-Pegel vorliegen oder in V.24-Norm oder als 20 mA-Stromschleife.

- Im Falle des TTL-Pegels gilt die einfache Aufschaltung an den Datenbus, wie sie **Bild 5.1** zeigt. Um störende, kurze Impulse zu unterdrücken, schalten wir vorsichtshalber ein RC-Glied vor das tristate-Gatter (t = 0,5 μs). Der pull-up-Widerstand liefert eine "1" (= Pause) auf den Eingang.
- Bei V.24-Norm ist eine Pegelumsetzung notwendig. Dies geschieht am einfachsten durch Spezialbausteine (MC1489, 75189), kann aber auch mittels Operationsverstärker bewerkstelligt werden. Dieser wird als Subtrahierverstärker geschaltet (**Bild 5.2**).
- Liefert der Fernschreiber sein Signal als 20 mA-Stromschleife, so ist die Umsetzung auf TTL-Pegel am einfachsten mit einem Optokoppler durchzuführen (**Bild 5.3**).

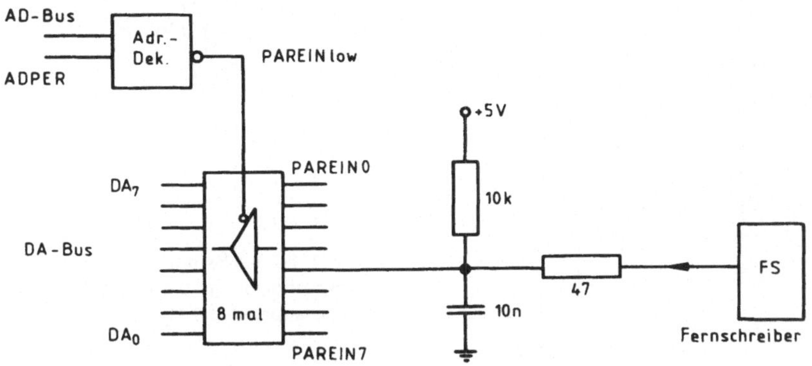

Bild 5.1 Serieller Eingang mit Störschutz bei TTL

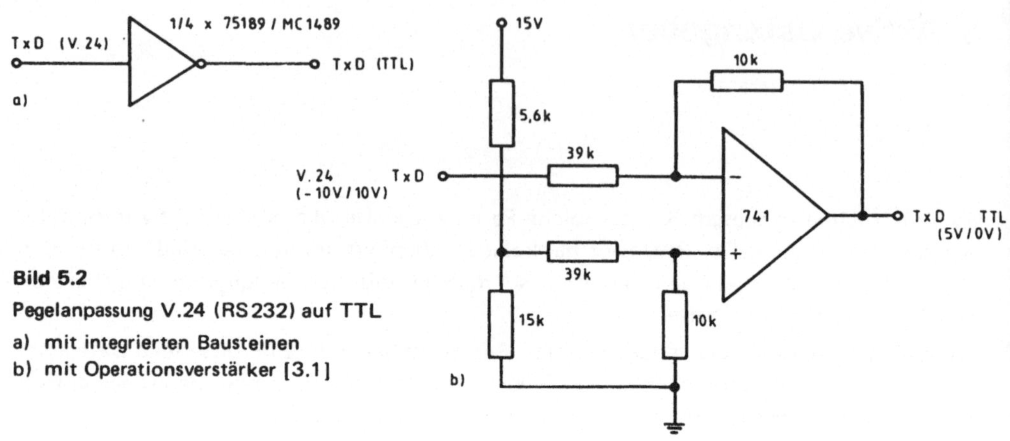

Bild 5.2

Pegelanpassung V.24 (RS 232) auf TTL

a) mit integrierten Bausteinen
b) mit Operationsverstärker [3.1]

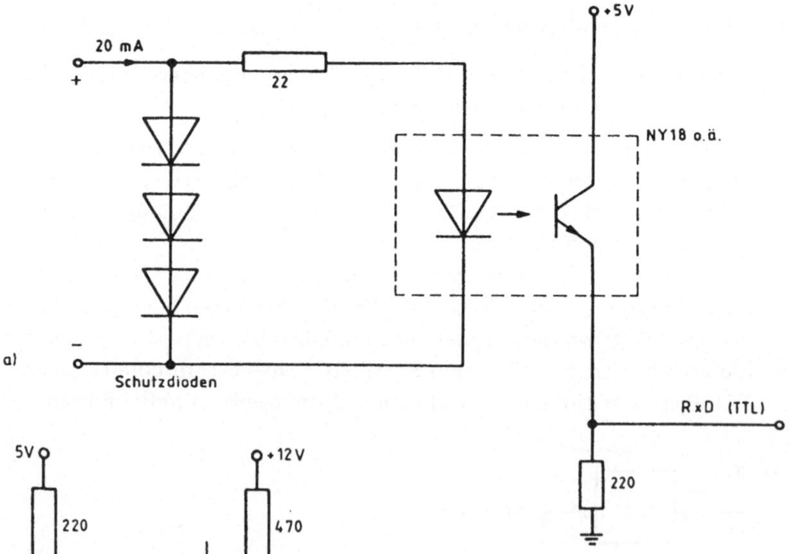

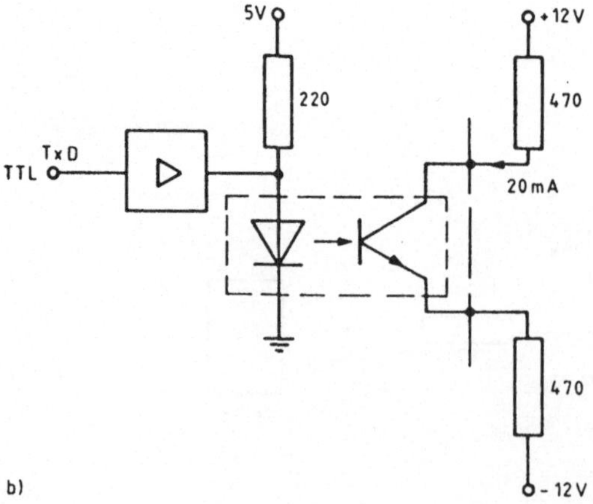

Bild 5.3 20 mA Stromschleife
a) Pegelanpassung 20 mA auf TTL
b) Pegelanpassung TTL auf 20 mA

5.1.2 Programm für seriellen Empfang

Dieses Programm SEMPFANG ist das genaue Gegenstück zum Programm SSENDER in Abschnitt 3.3.5, so daß wir auf die dortigen Ausführungen verweisen können.

5.1.2.1 Programmlogik

Wir müssen zwei Aufgaben erfüllen: Erstens müssen wir die abfallende Flanke zu Beginn des Anlaufschrittes erkennen. Danach müssen wir die Datenbits möglichst immer in der Mitte ihres Schrittes einlesen. Nach dem Finden der Anlauf-Flanke müssen wir daher eine Verschiebung um eine halbe Schrittdauer vornehmen, bevor wir im Programm weiterfahren (**Bild 5.4**).

Je Datenbit warten wir zunächst eine Schrittdauer und fügen dann das eingelesene Bit in die entsprechende Position von ZEICHEN. Anschließend warten wir noch eine Schrittdauer, um sicher zu sein, das Stopbit erreicht zu haben.

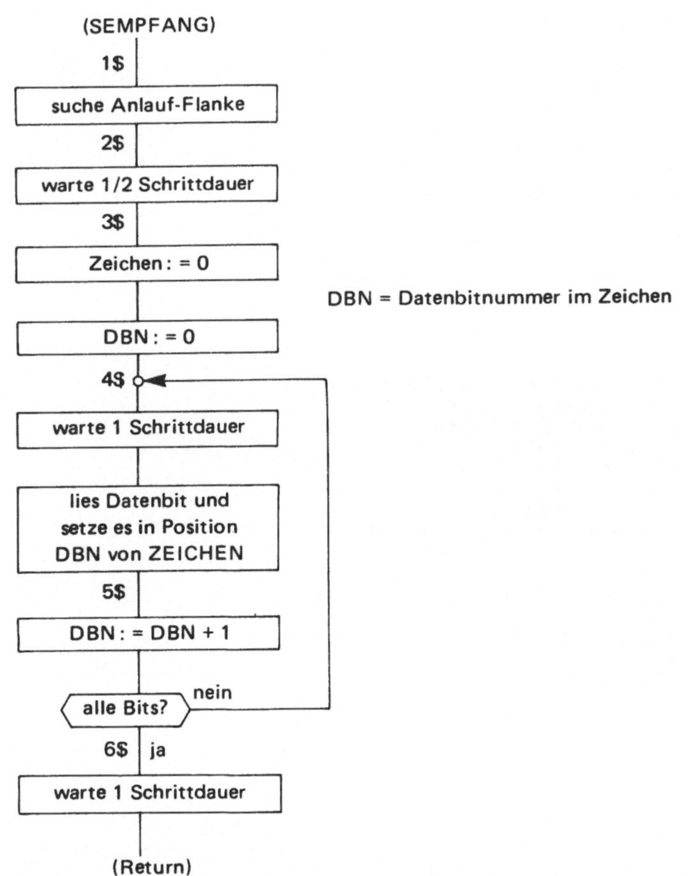

Bild 5.4 Flußdiagramm des Programms SEMPFANG zum asynchronen Empfang serieller Zeichen

5.1.2.2 Programmiertechnik

Wir haben Wert darauf gelegt, daß das Programm SEMPFANG völlig konform zum Programm SSENDER aufgebaut ist. Insbesondere sollte die Schleife für die Bearbeitung eines Datenbits genau die gleiche Zeit benötigen, damit beide Programme mit dem gleichen Wert für die Schrittdauer gefahren werden können.

Vor Aufruf des Programms muß im Register A eine Maske für die Leitungsauswahl vorhanden sein. Sie enthält eine „1" in der Position der zu bearbeitenden Leitung, sonst „0". In B steht wieder die Zahl der Datenbits und in C die Adresse der Peripherie. Auch DE enthält wieder die Schrittdauer, die sich wieder nach der Formel (2) in Abschnitt 3.3.5 berechnet. Nach jedem Einlesen der Peripherie müssen wir jeweils mit der Maske, die wir zum Register H umspeichern, die Leitung selektieren und auf „1" oder „0" prüfen. Im Programm von **Bild 5.5** haben wir angenommen, daß die Leitung aktiv-„1" geschaltet ist. Bei aktiv-„0" Schaltung müßten zwei bedingte Sprungbefehle entsprechend den Kommentaren zum Programm abgeändert werden (in Bild 5.5 *, **).

```
;Eingang:          A: Maske für Leitungsauswahl
;                  B: Zahl der Daten-bits
;                  C: Adresse der Peripherie
;                  DE: Schrittdauer

;Registerzuordnung:
;                  H: Maske für Leitung
;                  L: ZEICHEN
;                  IX: Zähler für Verzögerung

;Ausgang:          A: ZEICHEN , linksbündig  !!
;                  B = 0

TSA:      .W       0             ;Anfangswert für Zähler

SEMPFANG: PUSH     HL
          PUSH     IX
          LOAD     TSA,DE        ;Schrittdauer speichern
          LOAD     H,A           ;Maske umspeichern
1$:       LOAD     A,$(C)        ;Suche Anlauf-Flanke
          AND      A,H           ;Leitung selektieren
          JUMP.,NE 1$            ; oder JUMP,EQ, wenn aktiv-low
          ;                                             (*)
2$:       CALL     VERZUG2       ;Verzögerung halbe Schrittdauer
3$:       LOAD     L,#0          ;Zeichen := 0 ,   DBN := 0
4$:       CALL     VERZUG
          NOP                    ;Zeitangleich an SSENDER
          LOAD     A,$(C)        ;Datenbit input
          AND      A,H           ;Leitung selektieren,Carry:="0"
          JUMP.,EQ 5$            ;oder JUMP,NE, wenn aktiv-low
          ;                                             (**)
          SETC                   ;Carry := "1"
5$:       RRC      L             ;DBN := DBN+1, Carry übernehmen
          DECJ,NE  B,4$          ;alle bits gelesen ?
6$:       CALL     VERZUG
          LOAD     A,L           ;Zeichen linksbündig
          POP      IX
          POP      HL
          RET

VERZUG2: LOAD     IX,#100000  ; IX mit 1/2
         JUMP     VZ          ; Maximalwert gefüllt
VERZUG:  LOAD     IX,TSA
VZ:      ADD      IX,DE
         JUMP.,CC VZ          ; Ueberlauf ?
         RET
```

Bild 5.5

Basisprogramm SEMPFANG zum Empfang serieller Zeichen

Am Punkt 1$ suchen wir zunächst die Anlaufflanke, indem wir solange im Kreise laufen, bis die Leitung eine „0" gesendet hat. Es folgt eine Verzögerung von einer halben Schrittdauer, die wir dadurch erreichen, daß wir den Zähler IX vorab zur Hälfte füllen.

Am Punkt 3$ stehen wir in der Mitte des Anlaufschrittes. Wir löschen den Speicher, in dem wir das Parallelzeichen aufbauen wollen und treten am Punkt 4$ in die Datenbitschleife ein. Zunächst warten wir eine Schrittdauer und lesen dann das Datenbit ein. Das zu speichernde Bit erzeugen wir zunächst im Carry-Register und schieben es am Punkt 5$ von links in den Speicher für ZEICHEN ein. Durch diese Verschiebung des Registers L wird gleichzeitig die nächste Bitposition erreicht. Der Test, ob alle Bits gelesen wurden, beendet diese Datenbitschleife.

Am Punkt 6$ warten wir noch einmal und speichern dann das im Register L aufgebaute Zeichen zum Register A um. Sollte die Anzahl der Datenbits kleiner als 8 sein, so hat das erste Datenbit noch nicht die Position 0 im Register A erreicht. Der Benutzer des Programms SEMPFANG, der ohnedies in B die Anzahl der Datenbits eingeben muß, muß ggf. durch Rechtsverschiebung das Zeichen noch rechtsbündig machen.

5.2 Anforderung der Bedienung durch Interrupt

Das Programm in Abschnitt 5.1 hat den großen Nachteil, daß bei „Funkstille" auf der Leitung (Pause) ständig nach dem Auftreten der Anlaufflanke gesucht wird. Der Prozessor ist also sinnlos mit diesem Suchvorgang beschäftigt, was insbesondere dann unwirtschaftlich ist, wenn nur selten gesendet wird.

Wir besprechen in diesem Abschnitt die Interrupt-Technik, die es dem Prozessor erlaubt, auch in Pausenzeiten einer sinnvollen Arbeit nachzugehen. Wenn die Peripherie bedient werden möchte, gibt sie einen Alarm. Um einen solchen Alarm entgegennehmen zu können, besitzt der Prozessor den Eingang INTREQ (Bilder 2.1 und 2.5).

5.2.1 Hardware-Interface

Das Hardware-Interface muß zwei Aufgaben lösen können (**Bild 5.6**):

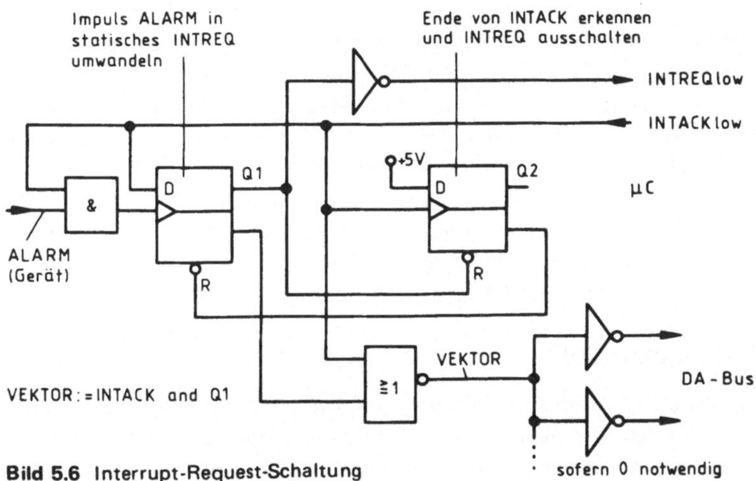

Bild 5.6 Interrupt-Request-Schaltung

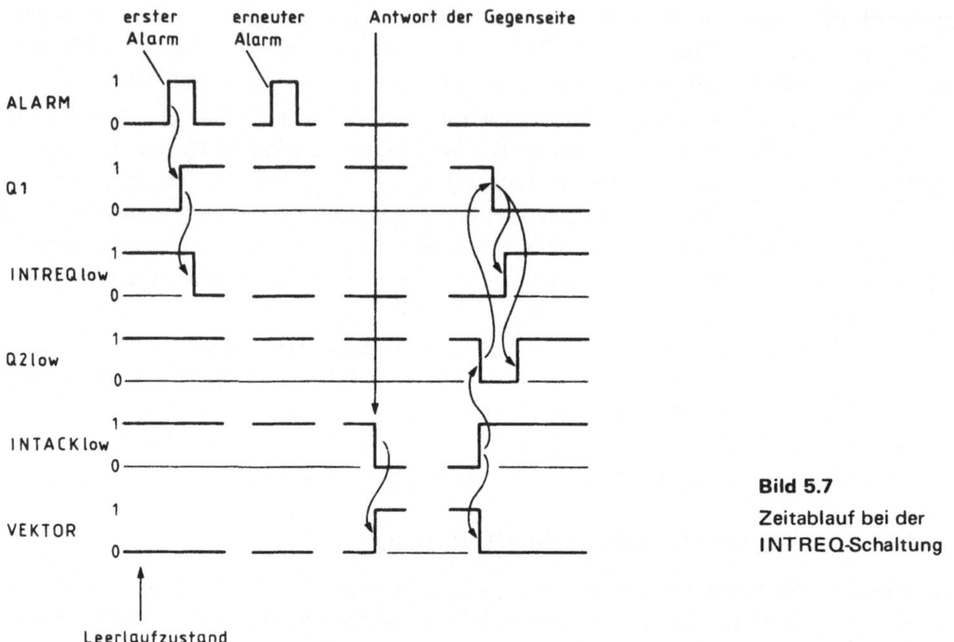

Bild 5.7
Zeitablauf bei der
INTREQ-Schaltung

Zum einen muß es ein als Impuls ankommendes Alarmsignal in ein statisches Signal (INTREQlow) umsetzen, da dieses Signal solange anstehen muß, bis der Prozessor es nach Ablauf der derzeitigen Operation zur Kenntnis nehmen kann.

Zum anderen erwartet der Prozessor auf dem Datenbus eine Information, die als Befehl oder Adresse interpretiert wird (siehe Abschnitt 2.3.1.2). Diese Information darf erst auf den Datenbus gelegt werden, wenn der Prozessor seine derzeitige Arbeit beendet hat und dies durch das INTACK-Signal mitteilt. Da der Datenbus im Leerlauf den Pegel ,,1'' hat, genügt es, wenn nur die ,,0''-Bits durchgeschaltet werden, die für eine Adressierung notwendig sind.

Um diese Aufgaben richtig abzuwickeln, benötigt die Schaltung zwei D-Flipflops, die bei ansteigender Flanke getriggert werden. Das linke Flipflop in Bild 5.6 dient dazu, den ALARM-Impuls statisch zu machen. Wie aus dem Impuls-Diagramm **Bild 5.7** zu ersehen ist, bleibt ein erneuter ALARM ohne Wirkung. Erst wenn die Gegenseite das INTACK-Signal sendet, wird VEKTOR aktiv und schaltet die Information auf den Datenbus durch. VEKTOR muß solange aktiv bleiben, bis die Gegenseite durch Inaktivieren von INTACK mitteilt, daß die Datenbus-Information nicht mehr benötigt wird. Trifft in dieser Phase ein erneuter ALARM ein, so bleibt er ohne Wirkung.

Erst wenn INTACK passiv wird, nehmen alle Signale den Leerlaufzustand wieder an.

5.2.2 RESTART-Befehl beim Z80

Bevor wir das Software-Interface schreiben können, müssen wir die Nahtstelle genauer untersuchen (**Bild 5.8**). Arbeiten wir beim Z80 im Interruptmodus IM0, so bewirkt ein Interruptrequest, daß die Information auf dem Datenbus als Befehl verstanden wird. Man

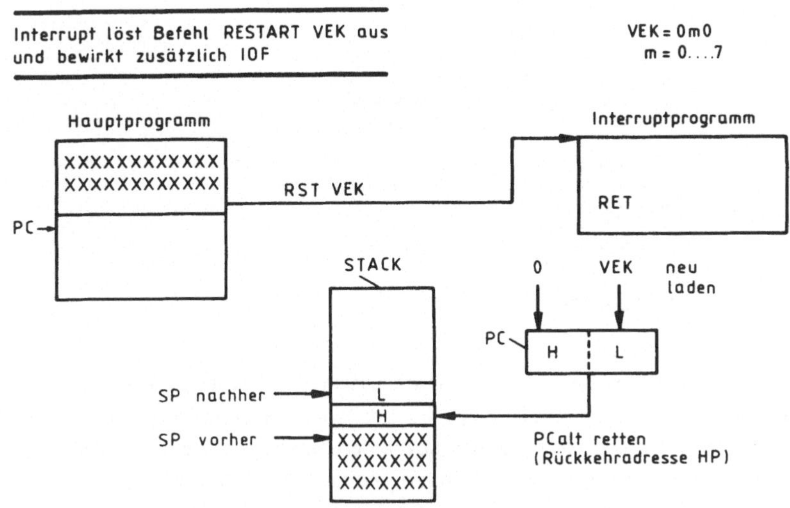

Bild 5.8 Der RESTART — Befehl des Z80 (bei IMO)

benutzt hierfür sinnvollerweise den 1-Byte-Befehl RESTART VEK, den es in acht Varianten mit dem Oktalkode 307 bis 377 gibt. Die Bits 3, 4 und 5 geben dabei die Adresse an, zu der gesprungen werden soll. Fünf Bits dieses Befehls haben in jedem Fall eine „1" und brauchen daher vom Hardware-Interface nicht auf den Datenbus gelegt zu werden. Bezeichnet man die Oktalzahl der mittleren drei Bits mit m (0...7), so ist der RESTART ein Unterprogrammaufruf CALL zur Adresse VEK = 0m0.

Der Interruptrequest bewirkt also einen Unterprogrammaufruf mit Startadresse VEK, d.h. ein Abspeichern des derzeitigen Programmzählers (PC) in den STACK und ein Neuladen des PC mit dem Wert VEK. Außerdem wird der Befehl IOF (Interrupt OFF) ausgeführt.

Das Interruptprogramm muß mit einem RET-Befehl enden, um die unterbrochene Arbeit im Hauptprogramm an der in den STACK gespeicherten Rückkehradresse wieder aufzunehmen.

5.2.3 Software-Interface

Besonders einfach wird das Programm, wenn man immer nur ein und dasselbe Interruptprogramm ablaufen lassen möchte. Am Speicherplatz mit der Adresse VEK, den wir mit INTEIN bezeichnen (**Bild 5.9**), beginnt dann das Interruptprogramm. Da 10 Plätze weiter wieder ein RESTART-Eingang für eine andere Adresse VEK liegt, muß man an den Platz INTEIN einen Sprungbefehl legen und den Rest des Programms im Benutzer-RAM unterbringen.

Da der Interruptrequest weitere Interruptannahmen verhindert, muß vor dem Ende des Interruptprogramms durch den Befehl ION der Interrupt wieder zugelassen werden.

Außerdem muß im Hauptprogramm der Interrupt grundsätzlich zugelassen werden, was durch die beiden Befehle IMO und ION bewirkt wird.

```
          .LOC    VEK        ; Interruptprogramm
INTEIN: ...........
        ...........
        ION                  ; wieder zulassen
        RET                  ; PC der Unterbrechungsstelle
                             ; aus STACK zurückgeholt

HAUPTP: ...........          ; Hauptprogramm
        IMO                  ;Interruptmodus(kann entfallen)
        ION                  ; "scharf machen"
        ...........
        ...........          ; Hauptprogramm arbeitet
```

Bild 5.9 Immer dasselbe Interruptprogramm

Anders sieht die Programmierung aus, wenn man bezüglich der Wahl des Interruptprogramms noch flexibel sein möchte. **Bild 5.10** zeigt die hierfür notwendige Programmierung. Im Hauptprogramm (Bild 5.10a) wird zunächst auf einen Speicherplatz INTVEKT die Eingangsadresse für das Interruptprogramm geladen, bevor mit ION der Interrupt zugelassen wird.

Das gewünschte Interruptprogramm beginnt am Platz INTSTART und endet mit den Befehlen ION und RET. Nun muß noch am Platz RESTART (Adresse VEK) dafür gesorgt werden, daß zu dem Unterprogramm verzweigt wird, dessen Eingangsadresse als Vektor in INTVEKT gespeichert ist. Wir zeigen an dem Belegungsplan in Bild 5.10b die Wirkung der vier Befehle.

Vor dem Eintreffen des Interrupts zeigt der Stackpointer (SP) auf den vom Hauptprogramm zuletzt geladenen Platz. Im Programmzähler (PC) steht die Adresse HPROG des nächsten im HP durchzuführenden Befehls und im HL-Register ein Wert, der nicht zerstört werden darf.

Der RESTART bewirkt, daß der Inhalt des PC auf den STACK gespeichert wird und der PC mit der Adresse VEK geladen wird. Der Befehl PUSH HL rettet den Inhalt des HL-Registers auf den STACK, so daß jetzt das HL-Register für weitere Operationen frei ist.

Der Befehl LOAD HL, INTVEKT bringt die im Hauptprogramm zuvor geladene Vektoradresse in das HL-Register. Der nächste Befehl EX (SP), HL tauscht den Inhalt des Platzes im STACK, auf den der Stackpointer zeigt, mit dem Inhalt des HL-Registers aus, so daß das HL-Register wieder rekonstruiert ist und auf dem STACK die Sprungadresse INTSTART liegt. Der Befehl RET, der normalerweise als Rücksprung aus einem Unterprogramm benutzt wird, holt die Adresse INTSTART vom STACK, setzt den Stackpointer um zwei Plätze zurück und bringt INTSTART zum PC.

Die nächste Operation wird durch den Programmzähler bestimmt, d.h. wir verzweigen zur Adresse INTSTART. Am Ende des Interruptprogramms INTSTART befindet sich ein erneuter RET-Befehl, der wieder die letzte Information des STACK, d.h. die Adresse HPROG in den Programmzähler lädt. Der Stackpointer wird zurückgesetzt und zeigt wieder auf den Kopf des STACK für das Hauptprogramm. Anschließend wird die Arbeit an der Adresse HPROG wieder aufgenommen.

a)

```
              . LOC    VEK          ;   Restart-Punkt
    RESTART:  PUSH    HL
              LOAD    HL, INTVEKT
              EX      (SP), HL
              RET
    INTVEKT:  . BLKW   1            ;   Platz für Vektoradresse
    INTSTART: ...............       ;   Interruptprogramm
              ...............
              ...............
              ION                   ;   wieder zulassen
              RET
    HAUPTP:   ...............       ;   Hauptprogramm
              LOAD    HL, # INTSTART    ;   Interruptfähig machen
              LOAD    INTVEKT, HL
              ION
              ...............
```

b)

vor dem Interrupt	RST	PUSH HL	LOAD HL INTVEKT	EX (SP), HL	RET	Progr. INTSTAR	RET

STACK (RAM-Speicher):

		→ HL l / HL h		INTSTAI / INTSTAh			
	→ HPROG l / HPROG h			→			
→ XXXXXX / X HP X / XXXXXX						→	XXXXXX / XXXXXX / XXXXXX

→ Stellung des SP

PC-Register:

HPROG	VEK	VEK + 1	VEK + 4	VEK + 5	INTSTA	.	HPROG

HL-Register:

HLh/HLl			INTSTA	HLh/HLl			

INTVEKT (RAM-Speicher):

INTSTA							

Bild 5.10 Interruptprogramm jeweils vorher wählbar   a) Programm   b) Belegungsplan

5.2.4 Alarmknopf

Eine ganz einfache Anwendung dieser Interrupttechnik liegt vor, wenn durch Druck einer Taste ein Alarm ausgelöst werden soll, der das laufende Programm unterbricht, um ein „Notprogramm" anzusteuern.

Hardwareseitig (**Bild 5.11**) legen wir über einen hochohmigen Widerstand den Eingang ALARM auf „0" (Leerlauf) und ziehen durch Drücken der Taste den Alarmeingang auf „1". Durch diese ansteigende Flanke wird der Interrupt ausgelöst. Die anderen Ein- und Ausgänge der Interruptrequest-Schaltung verbinden wir mit den gleichbenannten Anschlußpunkten des Prozessors.

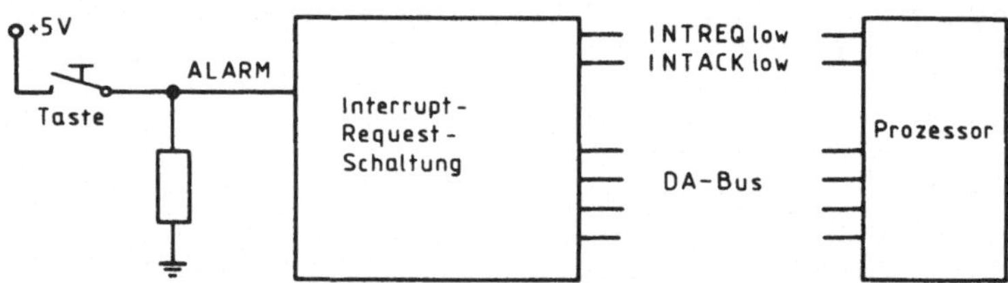

Bild 5.11 Alarmknopf — Schaltung

5.3 Warten auf Bedienung beim Polling

Eine zweite Möglichkeit, mit aktiven Peripheriegeräten fertig zu werden, besteht darin, in mehr oder weniger regelmäßigen Abständen die Peripherie abzufragen, ob sie Bedienung erwartet. Dieses Verfahren wird besonders dann eingesetzt, wenn mehrere Peripheriegeräte gleichzeitig zu bedienen sind.

Im Gegensatz zur Interrupttechnik, wo der Prozessor ungeniert seiner Tätigkeit nachgehen kann und erst an die Peripherie denkt, wenn ein Alarmruf ihn erreicht, muß der Prozessor bei diesem Verfahren, das man als „polling" bezeichnet, selbst aktiv werden. Vorteilhaft ist, daß die Bedienung der Peripherie an einer für den Prozessor günstigen Stelle erfolgen kann. Nachteilig ist, daß er möglicherweise dringende Alarmrufe nicht rechtzeitig zur Kenntnis nimmt.

5.3.1 Die Bereitschaftsschaltung

Das Hardware-Interface zwischen einem Anbieter, der sich mit einem Signal BEREIT meldet, und dem Prozessor besteht lediglich aus einem D-Flipflop (**Bild 5.12**). Bei aufsteigender Flanke von BEREIT wird POLREQ, der Request für das Polling, aktiv. Im Gegensatz zur Interruptrequest-Schaltung (Bild 5.6) braucht das Ausgangssignal nicht invertiert zu werden, da POLREQ gewöhnlich mit dem Datenbus, der aktiv-„1" geschal-

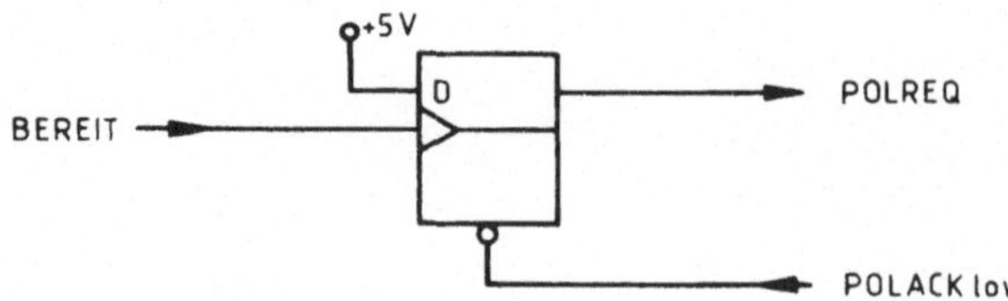

Bild 5.12

Bereitschaftsschaltung. Impuls BEREIT wird zu statischem POLREQ

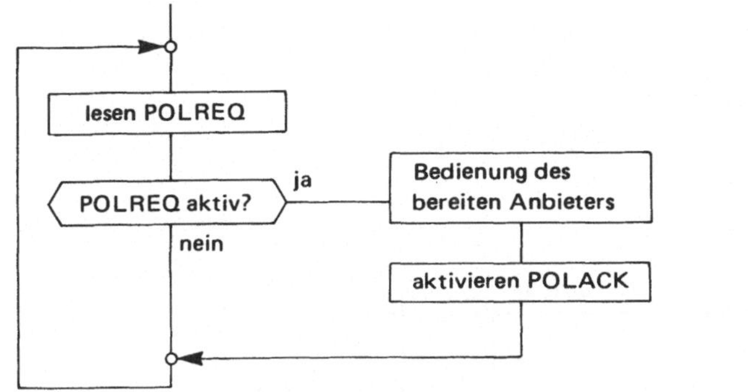

Bild 5.13
Abfrageprogramm beim Polling
(Prinzip)

tet ist, verbunden wird. Das Quittungssignal POLACKlow kann jetzt unmittelbar auf den RESET-Eingang des Flipflops geführt werden, um den Request POLREQ löschen zu können.

Auch die Software-Seite sieht ähnlich einfach aus (**Bild 5.13**). Es wird zunächst POLREQ eingelesen und untersucht, ob POLREQ aktiv ist. Ist dies der Fall, verzweigt der Rechner zu einem Programm, das die Bedienung des bereiten Anbieters durchführt. Dann wird POLACK aktiviert und das Programm kehrt zu dem Punkt zurück, der bei passivem POLREQ erreicht wird.

5.3.2 Die Gruppe der Anbieter

5.3.2.1 Hardware-Interface

Haben wir mehrere Anbieter, die ihre Bereitschaft für Bedienung signalisieren wollen, so müssen wir für jeden von ihnen eine Grundschaltung nach Bild 5.12 einsetzen. Um die Hardware zu reduzieren und die Software einfach zu gestalten, schalten wir die Anbieter gemäß **Bild 5.14** zusammen.

Die POLREQ-Ausgänge der D-Flipflops schalten wir auf den Eingang von tristate-Gattern, deren Ausgänge auf den Datenbus gelegt werden.

Die ENABLE-Eingänge dieser Gatter fassen wir zusammen und verbinden sie mit dem Ausgang POLRDlow des Adressendekoders. Bei Aktivierung von POLRD werden also jeweils gleichzeitig acht Anbieter untersucht.

Auf der anderen Seite schalten wir die acht Leitungen des Datenbusses über tristate-Gatter auf die RESET-Eingänge (POLACK) unserer Bereitschaftsschaltungen. Wenn wir POLWR aktivieren, werden also jene Flipflops gelöscht, die durch ein „0"-Bit auf dem Datenbus ausgewählt wurden.

Für den Adressendekoder benutzen wir die Schaltung von Bild 2.9, bei der das Prozessorsignal READ auf den wertniedrigsten Eingang des Dekoders geschaltet ist. Dadurch erreichen wir, daß POLRD und POLWR programmtechnisch mit der gleichen Peripherieadresse angesprochen werden, die Unterscheidung jedoch unmittelbar durch die Befehle INPUT und OUTPUT vorgenommen wird.

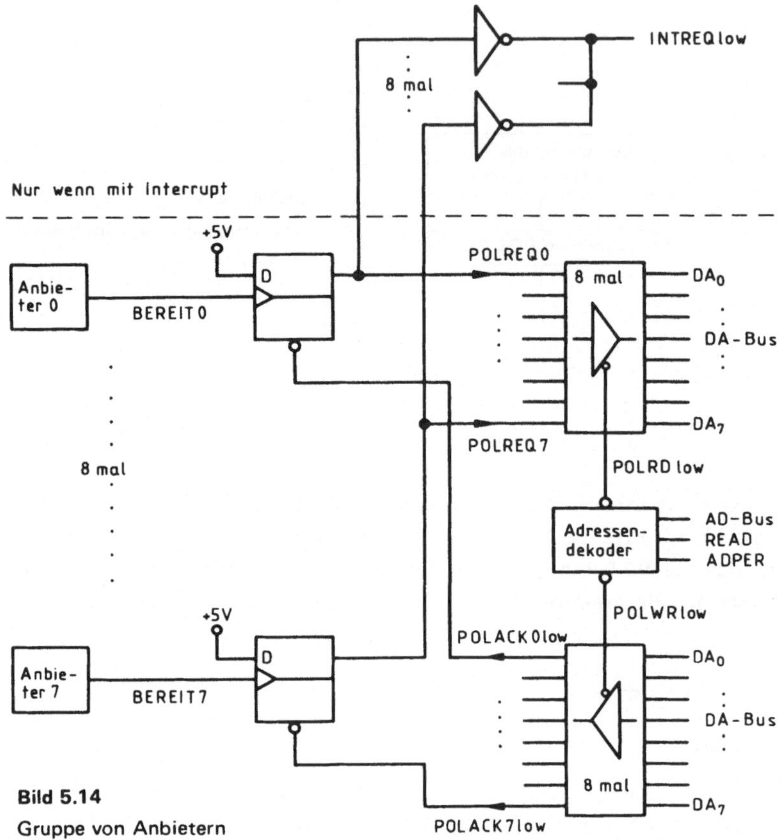

Bild 5.14
Gruppe von Anbietern

5.3.2.2 Software-Interface

Die Programmlogik entspricht Bild 5.13, wobei die Frage: ‚POLREQ aktiv?' durch
mehrere Teilfragen für die Bits POLREQ0 bis POLREQ7 ersetzt wird. Auch das Anspringen des Bedienungsprogramms wird etwas aufwendiger, da wir für jeden der Anbieter ein
eigenes Bedienungsprogramm zulassen wollen. Schließlich dürfen wir beim Aktivieren von
POLACK nur die eine Bereitschaftsschaltung löschen.

Programmtechnisch erfolgt die Differenzierung nach der Nummer des Anbieters dadurch,
daß wir eine Maske, die aus einem ,,1''-Bit und sieben ,,0''-Bits besteht, in dem Register B
rotieren lassen (**Bild 5.15**).

Um die Möglichkeit vorzusehen, daß unser Programm POLLING mehrere Gruppen von je
acht Anbietern bedienen kann, muß die Adresse der Peripherie, die gemeinsam für POLWR
und POLRD gilt, im Register C vorgegeben werden.

Wir lesen die Information POLREQ jeweils zum Register E und untersuchen in der
Schleife NAECHST durch Maskieren mit Register B, ob das POLREQ-Bit dieses Anbieters
gesetzt ist.

```
;Eingang:          C: Adresse der Peripherie
;                     gemeinsam für POLRD und POLWR

;Registerzuordnung:
;                  B: Maske für Anbieter-Nummer
;                  E: input für POLREQ
;                  HL: Adresse Bedienungsprogramm

POLLING: PUSH     BC
         PUSH     DE
         PUSH     HL
         LOAD     E,$(C)          ;POLREQ einlesen
         LOAD     HL,#BEDIENAD    ;Anfang der Tabelle
         LOAD     B,#1            ;Maske für Anbieter Nr 0
NAECHST: LOAD     A,E             ;POLREQ prüfen
         AND      A,B
         JUMP,NE  BEDIENG         ;Request vorhanden ?
NAECH2:  INC      HL              ;nächster Tabellenplatz
         INC      HL
         INC      HL
         SLC      B               ;nächste Anbieter Nr
         JUMP,CC  NAECHST         ;weitere Anbieter ?
POLLENDE: POP     HL              ;Ende von POLLING
         POP      DE
         POP      BC
         RET


BEDIENG: PUSH     BC          ;Maske und Periph-Adr retten
         LOAD     BC,#POLLACK
         PUSH     BC
         JUMP     (HL)        ;Sprung zum Bedienungsprogramm
;        Durchführen Bedienungsprogramm
POLLACK: POP      BC          ;Rückkehr von Bedienungsprogr.
         LOAD     A,B         ;Bereitschafts-Schaltung
         CPL      A           ; zurücksetzen (aktiv-low !)
         LOAD     $(C),A      ;nach POLACKlow senden
         JUMP     POLLENDE
         ; oder   JUMP NAECH2
         ; bei Gleichberechtigung aller Anbieter


;        Tabelle für Sprung zum Bedienungsprogramm
;           Diese Programme müssen mit RET enden
BEDIENAD: JUMP    BEDIENO          ;jeweils 3 bytes !
         JUMP     BEDIEN1
         ............
         JUMP     BEDIEN7
```

Bild 5.15 Basisprogramm POLLING

Ist dies nicht der Fall, so verschieben wir die Maske nach links, um sie für die Untersuchung des nächsten Anbieters vorzubereiten.

Diese Rotation nach links lassen wir durch das Carry laufen. Nach Untersuchung der acht Anbieter wird daher die „1" der Maske in das Carry geschoben und zur Abfrage benutzt, ob alle Anbieter untersucht wurden. Solange carry-clear vorliegt, muß nach NAECHST zurückgesprungen werden.

Wurde eine aktive POLREQ-Leitung gefunden, so wird nach BEDIENG verzweigt. Hier muß nun das richtige, diesem Anbieter zugeordnete Bedienungsprogramm aufgerufen werden.

```
; Bedienungsprogramme:   Eingang:           C: Peripherie-Adresse

        BEDIENO: .......          ; Bedienungsprogramm für
                 ........         ;  Anbieter Nr 0
                 RET             ; Rückkehr nach POLLACK
        ............

        BEDIEN7: .......          ; Bedienungsprogramm für
                 ........         ;  Anbieter Nr 7
                 RET             ; Rückkehr nach POLLACK
```

Bild 5.16 Schema der Bedienungsprogramme für POLLING

Dies erledigen wir programmiertechnisch auf folgende Weise: Wir legen eine Tabelle BEDIENAD an, die aus acht Eintragungen mit je 3 Byte Länge besteht. Jede Eintragung enthält einen JUMP-Befehl mit Adresse für den Eingang des speziellen Bedienungsprogramms (vgl. **Bild 5.16**). Wir müssen also am Punkt BEDIENG nur dafür sorgen, daß der richtige Platz dieser Tabelle angesprungen wird. Dort werden wir durch den JUMP-Befehl zum Eingang des gewünschten Bedienungsprogramms weitergereicht.

Diese Adressierung erfolgt nun folgendermaßen: Anfangs laden wir das Register HL mit der Grundadresse BEDIENAD unserer Tabelle. Jedesmal, wenn wir unsere Maske um eine Position nach links schieben, erhöhen wir das HL-Register um 3 (Länge einer Eintragung) und haben damit am Punkt BEDIENG in HL die Adresse in der Tabelle, zu der wir mit JUMP(HL) verzweigen müssen.

Da wir nach Rückkehr aus dem Bedienungsprogramm noch POLACK aktivieren müssen, retten wir durch PUSH BC die Maske und die Peripherieadresse. Zusätzlich speichern wir die Rückkehradresse POLACK auf den STACK, so daß der RET-Befehl im Bedienungsprogramm diese Adresse vom STACK holen und in den Programmzähler PC Laden kann. Dies ist also in der Auswirkung ein Sprung zum und vom gewünschten Bedienungsprogramm.

Die Bedienungsprogramme sind also als normale Unterprogramme, d.h. mit einem RET-Befehl am Ende zu schreiben. Dieses RET führt uns zum Punkt POLACK zurück, an dem wir zunächst das Register BC wiederherstellen, um dann die invertierte Maske für die Anbieternummer auf die Peripherie nach POLACK zu senden.

5.3.2.3 Polling nach Interrupt

Wir kombinieren jetzt die Technik des Polling mit der Möglichkeit des Interruptrequest. Wir untersuchen die Bereitschaft der Anbieter nur dann, wenn wenigstens einer von ihnen seine Bereitschaft signalisiert hat.

Hardwareseitig erreichen wir dies dadurch, daß wir in der Schaltung von Bild 5.14 die Ausgänge POLREQ über Inverter gemeinsam auf die Leitung INTREQlow führen. Da INTREQlow im Leerlauf den Pegel „1" hat, genügt es, wenn irgendeine Bereitschaftsschaltung diesen Pegel auf „0" zieht. Es wird also ein Interrupt ausgelöst.

Dies müssen wir nun im Hauptprogramm (**Bild 5.17**) berücksichtigen. Im Gegensatz zu der Schaltung von Bild 5.6 legen wir beim Auslösen des Interrupts keine weitere Information auf den Datenbus. Dies bedeutet, daß der Datenbus im Leerlaufzustand bleibt, wenn der Prozessor auf den Interruptrequest antwortet. Er findet also auf dem Datenbus die oktale 377, d.h. den Befehl RESTART 70.

```
          POLLPERI  = .......         ;Peripherie-Adresse
                                      ; für Polling-Gruppe

          RST70     = 70              ; DA-Bus high bei INT
                                      ; spezielle Wahl
          LOAD      A,#303            ; Interrupt vorbereiten
          LOAD      RST70,A
          LOAD      HL,#POLLMAKR
          LOAD      RST70+1,HL

          LOAD      A,#0              ;Bereitschaft löschen
          LOAD      $POLLPERI,A

          ION                         ;Interrupt zulassen


          ...........      ; Hauptprogramm arbeitet


POLLING: .....          ; Unterprogramm mit
                        ;  Bedienungsprogrammen

POLLMAKR:               ; Interruptprogramm
          EX   AF       ; Register des unterbrochenen
          EX   BL       ;  Hauptprogramms retten

          LOAD C,#POLLPERI
          CALL POLLING

          EX   AF       ; Register des Hauptprogramms
          EX   BL       ;  wiederherstellen
          ION           ; Interrupt wieder zulassen
          RET
```

Bild 5.17 Berücksichtigung des Polling nach Interrupt im Hauptprogramm

Auf die Adresse 000070 müssen wir daher einen Sprungbefehl legen, der zu unserem Interruptprogramm führt. Dazu laden wir zunächst den Befehlskode für einen JUMP (303) auf den Platz RESTART 70 und anschließend die Adresse POLLMAKR unseres Interruptprogramms auf die beiden folgenden Plätze. Damit ist der Interrupt vorbereitet. Bevor wir jedoch den Interrupt durch ION zulassen, senden wir noch eine „0" auf die Peripherie für das Polling, um alle Bereitschaftsschaltungen auf den Anfangszustand zu setzen.

Unser Interruptprogramm am Punkt POLLMAKR unterbricht ja das laufende Programm. Wir müssen also alle Register retten durch den Austausch der beiden Registerbänke, bevor wir das aus Bild 5.15 bekannte Unterprogramm POLLING aufrufen. Dies setzt im Register C die Adresse der Peripherie voraus, daher der Befehl LOAD C,#POLLPERI. Nach dem Durchlaufen von POLLING tauschen wir wieder die Registerbänke und lassen dann den Interrupt erneut zu.

Hatten mehrere Anbieter ihre Bereitschaft signalisiert, so wurde durch das Interruptprogramm nur der Anbieter mit der kleinsten Nummer (höchste Priorität) bedient. Das Zulassen des Interrupts durch ION bewirkt dann, daß sofort wieder zum Interruptprogramm verzweigt wird, um auch noch die restlichen Anbieter zu bedienen. Eine fast gleichberechtigte Abarbeitung aller Anbieter kann man erreichen, wenn man im Programm POLLING den JUMP POLLENDE durch JUMP NAECH2 ersetzt.

5.4 Kodierte Tastatur

Die in Abschnitt 4.3 beschriebene einfache Tastatur ist software-aufwendig und braucht viel Mikroprozessorzeit. Durch intelligente Hardware kann man diese Zeit verringern. Wir bringen dazu im folgenden ein Beispiel:

5.4.1 Schaltung

Abfrage der Tasten (**Bild 5.18**): Die einzelnen Schaltkontakte der Tasten sind matrixartig angeordnet, 8 Zeilen und 8 Spalten. Alle Zeilen und alle Spalten sind jeweils an einen Multiplexer MPX angeschlossen. Dieser MPX verbindet jeweils eine Zeile bzw. Spalte mit seinem Ausgang, der entweder auf Masse liegt (Zeilen), oder über einen pull-up-Widerstand auf 5 V (Spalten). Der „Wählarm" des MPX wird von drei Eingängen angesteuert, wodurch sich die acht „Wählarm"-Positionen 000...111 einstellen lassen.

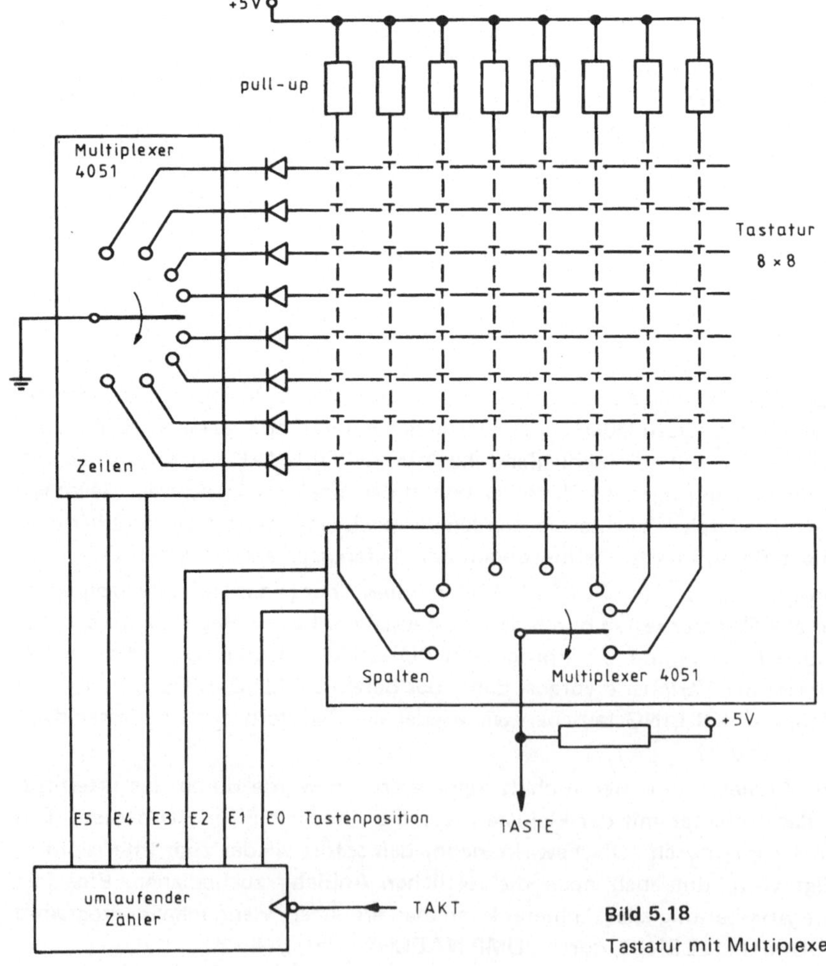

Bild 5.18
Tastatur mit Multiplexern

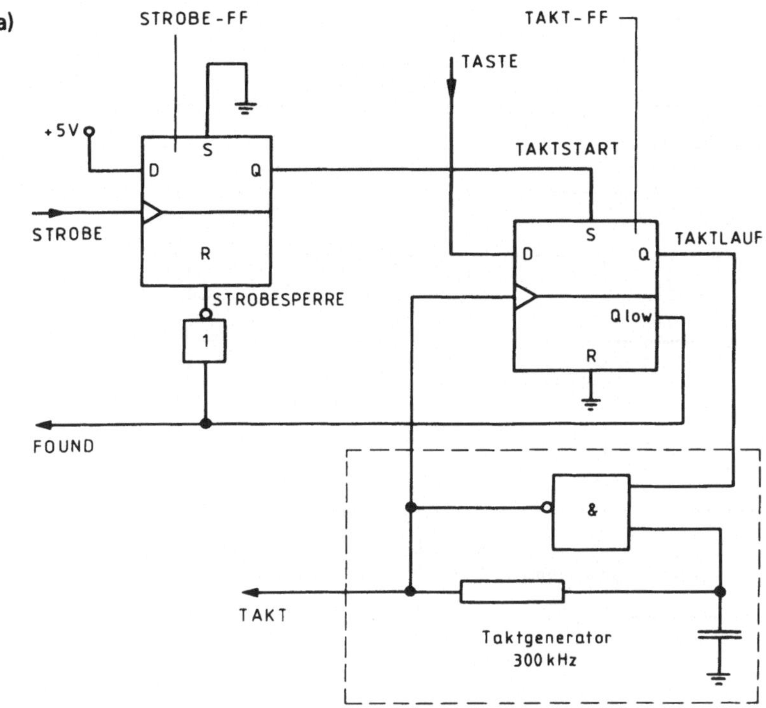

Bild 5.19 Taktgeber mit Start/Stop-Schaltung
a) Schaltung b) Wahrheitstafel der Flipflops (ähnlicht 4013, 7474)

Schließt man die Eingänge E0...E5 an den Ausgang eines 6-Bit-Zählers an, so werden sowohl die Spalten als auch die Zeilen laufend angewählt. (Die Spalten achtmal häufiger als die Zeilen.) Ist nun eine Taste gedrückt, so wird von der Masse des Zeilen-„Wählarms" über den Tastenkontakt das Signal TASTE auf 0 gezogen. Die Stellung des Zählers in diesem Moment ist der Kode der gedrückten Taste.

Es gilt jetzt, die Zählerstellung festzuhalten und dem Mikrocomputer in geeigneter Form zuzuführen. Die Hardware-Steuerung der Tastatur zeigt **Bild 5.19**, während der nachfolgend beschriebene Zeitablauf in **Bild 5.20** gezeigt ist.

1. Wird TASTE auf 0 gezogen, so geht TAKTLAUF auf 0 und sperrt den Taktgenerator. Gleichzeitig geht FOUND auf 1, wodurch die gedrückte Taste nach außen gemeldet wird. FOUND setzt auch das STROBE-Flipflop auf 0 zurück.

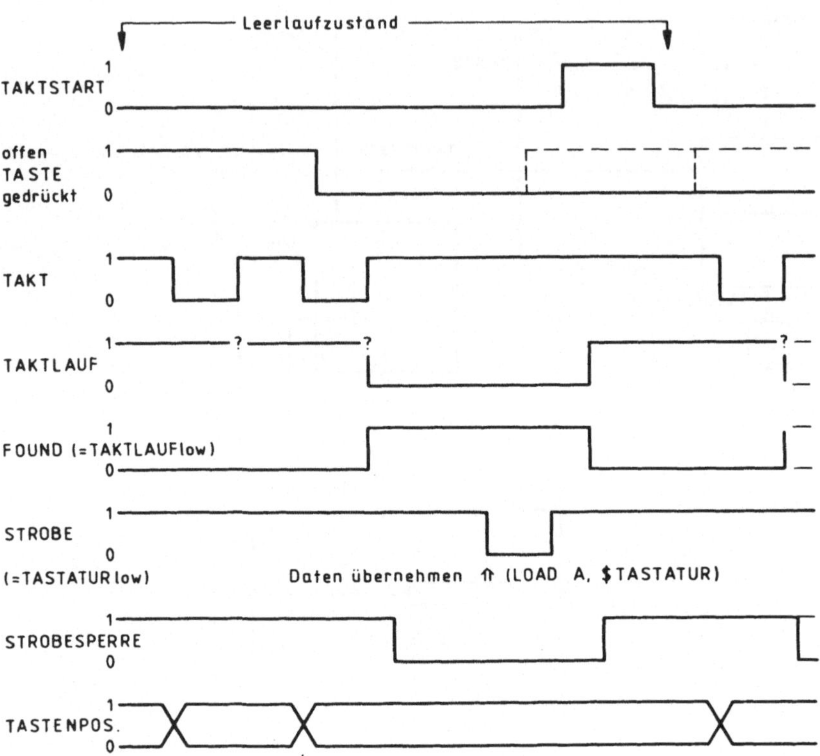

Bild 5.20 Zeitablauf der Tastatursteuerung

2. Bei FOUND = 1 übernimmt der Mikrocomputer den Tastenkode.
3. Dann sendet der Mikrocomputer den STROBE-Impuls, so daß TAKTSTART auf 1 und FOUND auf 0 zurückgesetzt wird. Gleichzeitig geht TAKTLAUF auf 1.
4. Jetzt kann der Taktgenerator wieder losiaufen. Die Schaltung ist bereit für den nächsten Tastendruck.

(Man beachte, daß die verwendeten Flipflops (7474, 4013) sowohl synchron (mit Takt), als auch asynchron (mit R, S) arbeiten.)

Das Interface zum Mikrocomputer (**Bild 5.21**): Über die Adresse und ADPER wird die Tastatur angewählt und STROBE erzeugt. Der Zählerstand wird von der 6-Bit-Zahl umkodiert auf ASCII-Kode und über tristate-Treiber auf den Datenbus gegeben. Durch die zusätzlichen Tasten SHIFT und CTRL kann der gesamte Datensatz bedarfsweise neu kodiert werden (z.B. Groß-/Kleinschreibung).

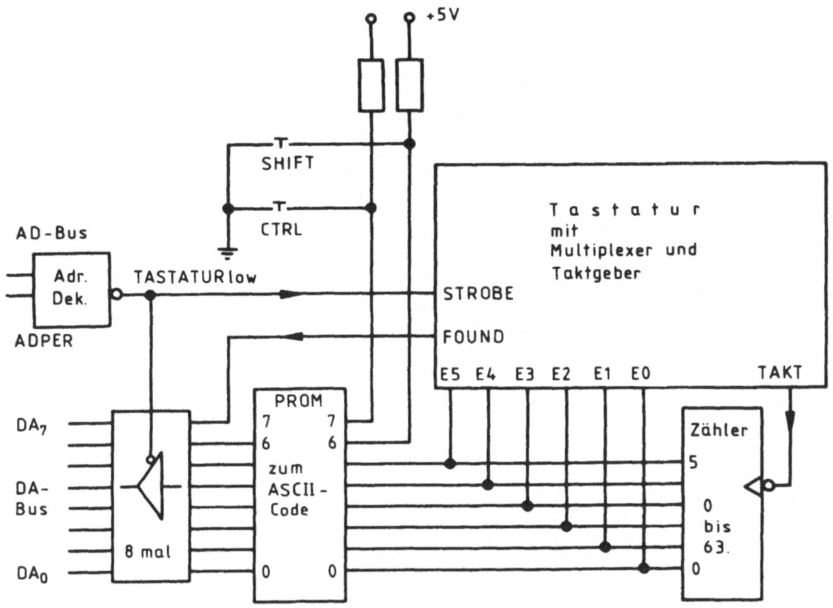

Bild 5.21 Automatische Volltastatur am Bus

5.4.2 Abfrageprogramm

Das relativ einfache Programm TASTLESE, mit dem die Tastatur abgefragt wird, ist in
Bild 5.22 als Flußdiagramm abgebildet. Die Tastatur wird angewählt und das FOUND-Bit
wird abgefragt. Ist es gesetzt, so wird der Tastenkode nach Register B eingelesen und es
wird als Prellschutz eine gewisse Zeit t_p gewartet:

$$t_p = (10 + \text{ZEITWERT} \cdot 24) \cdot 400 \text{ ns}.$$

Sinnvoll für t_p sind einige ms.

Nach Ablauf der Wartezeit t_p wird vorsichtshalber nochmals die Tastatur eingelesen.
Stimmt der jetzige mit dem vorhergehenden Tastenkode überein, so ist das Programm im
Prinzip beendet: Das ASCII-Zeichen steht in A.

Das Basisprogramm TASTLESE ist in **Bild 5.23** aufgelistet. Man sieht dort u.a., daß das
Carrybit als Anzeige für eine gelesene Taste verwendet wird.

5.4.3 Vollintegrierte Tastaturbausteine.

Bei der großen Zahl industriell gefertigter Tastaturen ist es verständlich, daß vollinte-
grierte Tastaturbausteine angeboten werden. Als Beispiel betrachten wir den Baustein
µPD364D-02 von NEC (**Bild 5.24**). Die Abtastung der Tastenmatrix geht ähnlich, wie zuvor beschrieben, vor sich (der Leser mache sich die Abtastsequenz klar, die auf dem
10:9-Verhältnis der Ringzähler beruht.)

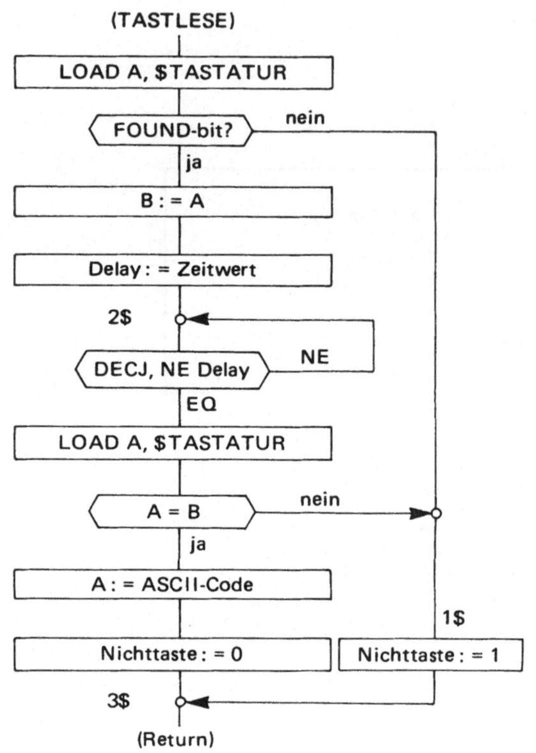

Bild 5.22

Kodierte Tastatur: Flußdiagramm

```
;Ausgang:          CC: Taste gefunden, CS: keine Taste
;                  A:  ASCII-Code der Taste

;Registerzuordnung:
;                  B:  Tastencode, Ersteinlesung
;                  HL: Delay-Zähler
;                  Carry: Nichttaste

        TASTATUR:  .... ; Peripherienummer
        ZEITWERT: 100.   ; Verzögerungszeit ca 1 msek

TASTLESE: PUSH   HL
          PUSH   BC
          LOAD   A, $TASTATUR       ; Lesen Tastatur
          TEST   A:7                ; Found-bit ?
          JUMP, NE 1$
          LOAD   B, A               ; Taste gedrückt
          LOAD   HL, #ZEITWERT      ; Prellschutz
2$:       DEC    HL                 ; 6 states
          LOAD   A, H               ; 4
          OR     A, L               ; 4
          JUMP, NE 2$               ; 10
          LOAD   A, $TASTATUR       ; erneut Lesen Tastatur
          COMP   A, B               ;Taste gleichgeblieben?
          JUMP, NE 1$
          AND    A, #177            ; Found-bit eliminieren
          JUMP, NE 3$               ;zugleich Nichttaste:=0
1$:       SETC                      ; Nichttaste:=1
3$:       POP    BC
          POP    HL
          RET
```

Bild 5.23 Basisprogramm TASTLESE für kodierte Tastatur

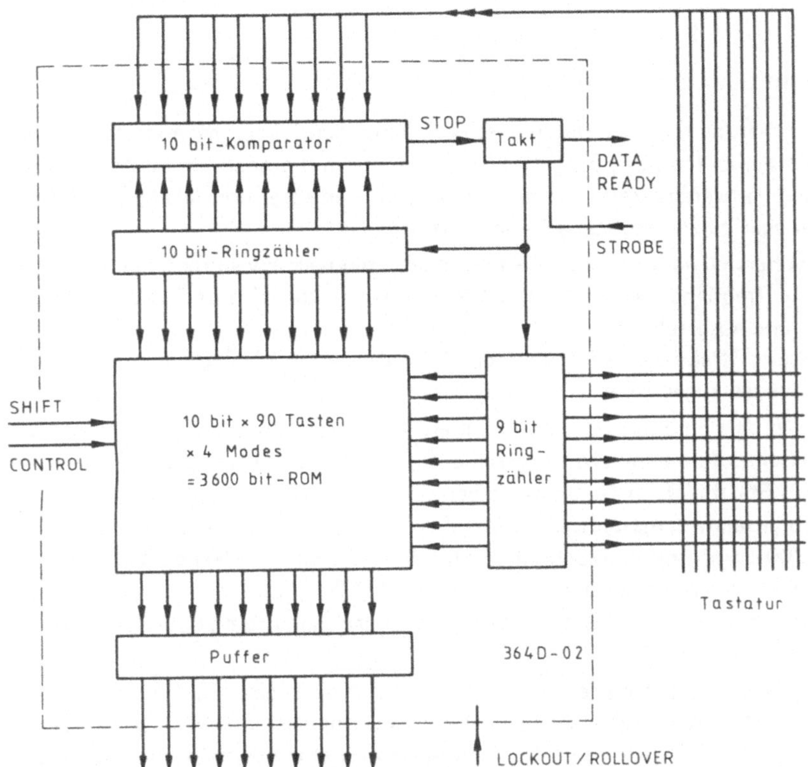

Bild 5.24 Vereinfachtes Blockbild eines vollintegrierten Tastaturbausteins (NEC uPD 364D-02)

Interessant ist es zu sehen, wie dieser Baustein (und andere ebenfalls) mit dem Problem mehrerer gleichzeitig gedrückter Tasten fertig wird (das Reihenfolgeproblem ist davon unberührt): Zunächst läuft bei der ersten gefundenen gedrückten Taste generell die Prellschutzzeit ab. Dann hat man zwei Möglichkeiten zur Wahl:

n-key lockout:
Der Kode der ersten gefundenen gedrückten Taste wird vom ROM an den Ausgabepuffer gegeben, das „data-ready"-Signal erscheint und die verbleibenden Tasten werden „ausgeschlossen" (lock out), indem der Abtasttakt solange blockiert wird, wie die Taste gedrückt ist. Bei verzögerter Abfrage gilt immer der Kode der zuerst gefundenen gedrückten Taste, auch wenn inzwischen eine andere Taste gedrückt wurde.

n-key roll over:
Der Kode der ersten gefundenen gedrückten Taste wird vom ROM an den Ausgabepuffer gegeben, das „data-ready"-Signal erscheint. Die Abtastsequenz läuft weiter (roll over). Wird vor dem Einlesen des Kode in den Rechner eine andere gedrückte Taste gefunden, so wird deren Kode abgespeichert. Es wird also stets der aktuelle Tastenkode vom Rechner übernommen. Quittierung erfolgt durch STROBE.

5.5 Datenspeicherung auf Tonbandcassetten

5.5.1 Übersicht über einige Verfahren

Die Langzeitspeicherung digitaler Daten geschieht heute ganz überwiegend mittels bewegter magnetischer Schichten [5.1, 5.2]. Das preiswerteste und deshalb im „unteren" Computerbereich weit verbreitete Verfahren verwendet als Datenträger normale Musikcassetten und als Peripheriegerät handelsübliche Cassettenrecorder.

Die vielen, meist herstellerspezifischen Verfahren arbeiten nach zwei Prinzipien:
Frequenztastung (frequency keying): Ein Frequenzgenerator wird im Takte der Einsen und Nullen ein- und ausgeschaltet.
Frequenzumtastung (frequency shift keying): Den Einsen und Nullen werden zwei verschiedene Frequenzen zugeordnet.

Für das letztere Verfahren gibt es den KC-Standard als defacto-Norm (1975 in Kansas City von mehreren Computerherstellern vorgeschlagen). Das KC-Format gleicht dem Fernschreibkode: Ein Startbit 0, 8 Datenbits, zwei Stopbits 1. Die „1" und die „0" werden, wie in **Bild 5.25** gezeigt, dargestellt. Da 1 Bit   3,33 ms lang ist, ergibt sich eine Übertragungsrate von 300 Baud und eine Schreibdichte von 6,32 Bit/mm. Handelsübliche Heimcomputer erreichen mit ihren speziellen Verfahren 1200 Baud und mehr. (Zum Vergleich floppy disk (Minidisketten, $13 \times 13\,cm^2$): maximale Übertragungsrate 250 KBaud, Schreibdichte 207 Bit/mm [5.3].)

Als Beispiel der Frequenztastung sei eine einfache, von Prof. Nicoud [5.4] vorgeschlagene Kodierung gezeigt (**Bild 5.26**): Die „1" wird durch drei Impulse und eine vier Takte lange Pause dargestellt. Die „0" wird durch sechs Impulse und eine ebenfalls vier Takte lange Pause dargestellt. Theoretisch würde es genügen, für die „1" einen Impuls und für die „0" zwei Impulse zu wählen. Die Pause könnte auf einen Taktschritt reduziert werden. Dies ergäbe eine Verkürzung von 17 auf fünf Takte bei 1/0. Der rund dreifachen Steigerung der Übertragungsgeschwindigkeit stünde aber ein vollständiger Verlust an Redundanz und damit Störsicherheit gegenüber.

5.5.2 Schaltungsbeispiel

Grundsätzlich gilt: Ein Musikcassettenrecorder ist für die Speicherung digitaler Daten keine optimale Lösung. **Bild 5.27** zeigt die Wiedergabe von 2 kHz-Taktimpulsen bei einem hochwertigen Cassettengerät mit optimaler Einstellung. Man erkennt ohne weiteres, daß eine wesentliche Steigerung der Taktfrequenz keine fehlerfreie Speicherung mehr gewähr-

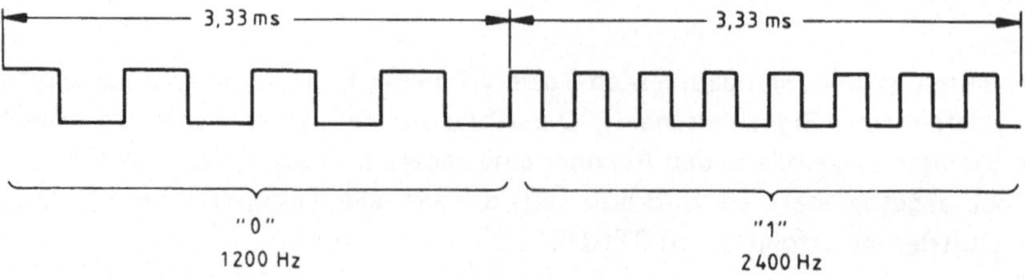

Bild 5.25 Kansas-City-Standard: Darstellung von 0 und 1

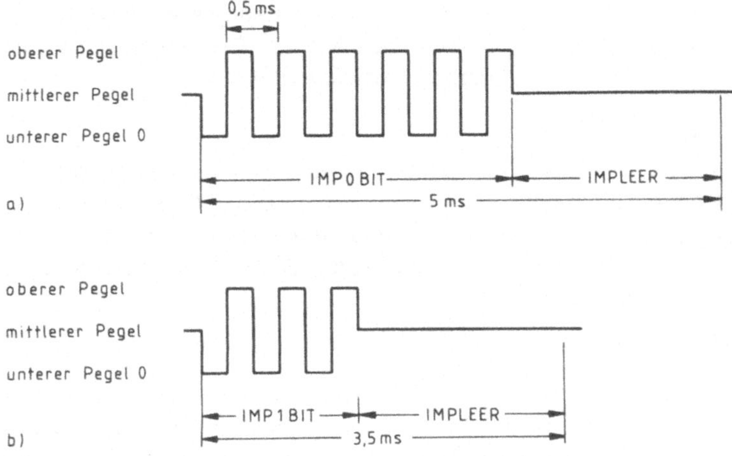

Bild 5.26 Frequenztastung mit Kode nach Nicoud
a) Nullbit   b) Einsbit

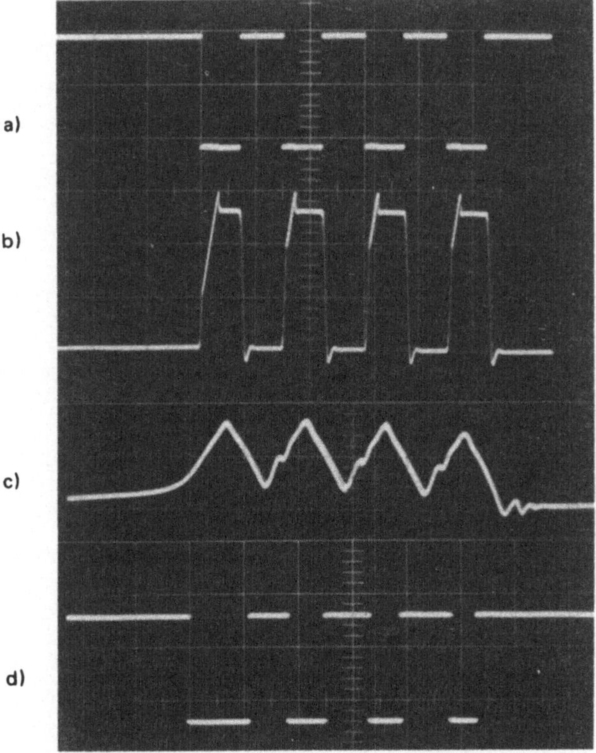

Bild 5.27 Oszillogramme eines Speichervorganges
a) FREQH b) Vorband c) Hinterband d) nach Schmitt-Trigger

leistet. Wir beschreiben im folgenden beispielhaft eine Schreib- und Leseschaltung für eine Speicherung mit Frequenztastung mit Kodierung nach Nicoud. Die Schaltung ist unintelligent und erlaubt ein weitgehend modifizierbares software-Interface.

5.5.2.1 Schreibschaltung

Das D-Flipflop in **Bild 5.28** wird durch die Peripherieadresse PERCAW angewählt. Die beiden Datenleitungen FREQ und HUELLE werden NAND-verknüpft. Sie ergeben das Ausgangssignal FREQH. Dieses Signal wird noch bipolar durch den Spannungsteiler am open-collector-Ausgang des NAND-Gatters (vgl. **Bild 5.29**). Das Potentiometer sorgt für Pegelanpassung an den Cassettenrecorder.

5.5.2.2 Wiedergabeschaltung

Beim Betrachten der von der Cassette gelieferten Signale (Bild 5.27) wird sofort klar, daß als erstes eine Impulsformung mittels Schmitt-Trigger erfolgen muß (**Bild 5.30**). Das Triggerniveau muß über ein Potentiometer P auf fehlerfreie Übertragung optimiert werden. Der Ausgang des Schmitt-Triggers geht auf ein tristate-Gatter, das vom Mikrocomputer abgefragt werden kann durch die Adresse PERCAR.

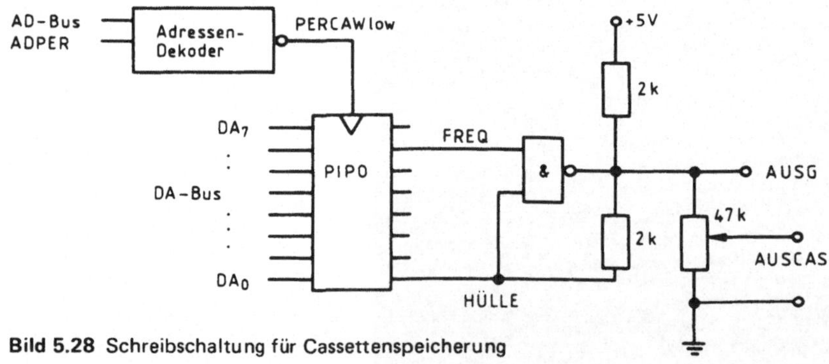

Bild 5.28 Schreibschaltung für Cassettenspeicherung

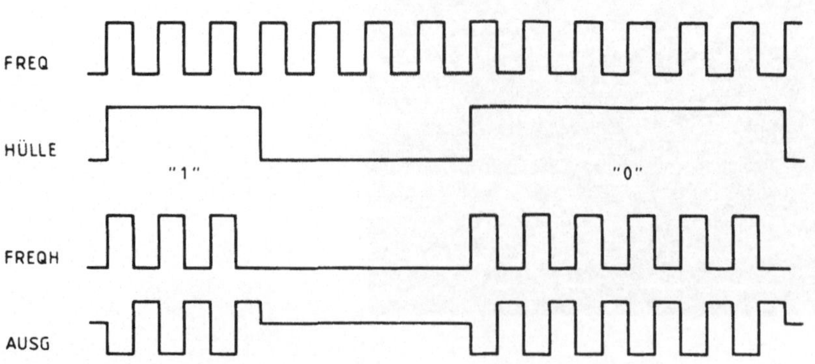

Bild 5.29 Signale der Schreibschaltung

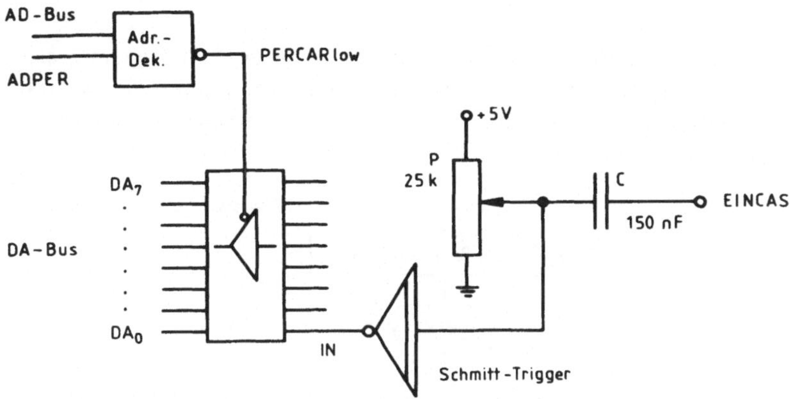

Bild 5.30 Wiedergabeschaltung für Cassettenspeicherung

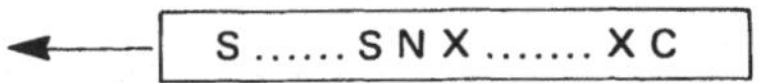

S = SYNBYTE (= 026),   Anzahl: SYNZAHL (z. B. 100).
N = NULLBYTE (= 000),
X = Datenbyte,   Anzahl: LGPUFFER (1, ... , 400).
C = Checksum.   Bedingung: X + ... + X + C = 377 mod 400

Bild 5.31 Format einer Aufzeichnung auf der Cassette

5.5.3 Schreib- und Leseprogramme

Wir wollen ein Datenformat vereinbaren, wie es **Bild 5.31** zeigt: Dem Datenblock gehen Synchronisationsbytes voraus, mit denen sich das Leseprogramm auf die Aufzeichnung „einrasten" kann. Darauf folgt zur Trennung ein Nullbyte. Der Datenblock kann beliebig viele Datenbytes X enthalten, jedoch ist eine obere Grenze sinnvoll, die wir hier auf 256 Bytes festlegen (= 400 oktal).

Als Kontrolle auf richtige Übertragung wird beim Schreiben die arithmetische Summe aller Datenbytes gebildet und als CHECKSUM C anschließend mitübertragen. Beim Lesen wird diese Summe neu gebildet und mit C verglichen. Übereinstimmung bedeutet wahrscheinlich fehlerfreie Übertragung.

Im folgenden besprechen wir das

- Schreiben eines Bit (Basisprogramm WCASBIT),
- Schreiben eines Byte (Makroprogramm WCASBYTE),
- Schreiben eines Blockes (Makroprogramm WCASREC).

Entsprechend:

- Lesen eines Bit (Basisprogramm RCASBIT),
- Lesen eines Byte (Makroprogramm RCASBYTE),
- Lesen eines Blockes (Makroprogramm RCASREC).

5.5.3.1 Schreibprogramme

Das Basisprogramm WCASBIT schreibt ein Bit auf die Cassette (Flußdiagramm siehe
Bild 5.32). Das Programm erlaubt die freie Wahl der Anzahl der Impulse für das 0-Bit,
das 1-Bit und der Pausentakte. Die Wahl der Taktfrequenz f ist ebenfalls frei. Wählt man
z.B., wie in Bild 5.26,

IMP0BIT = 6,
IMP1BIT = 3,
IMPLEER = 4,

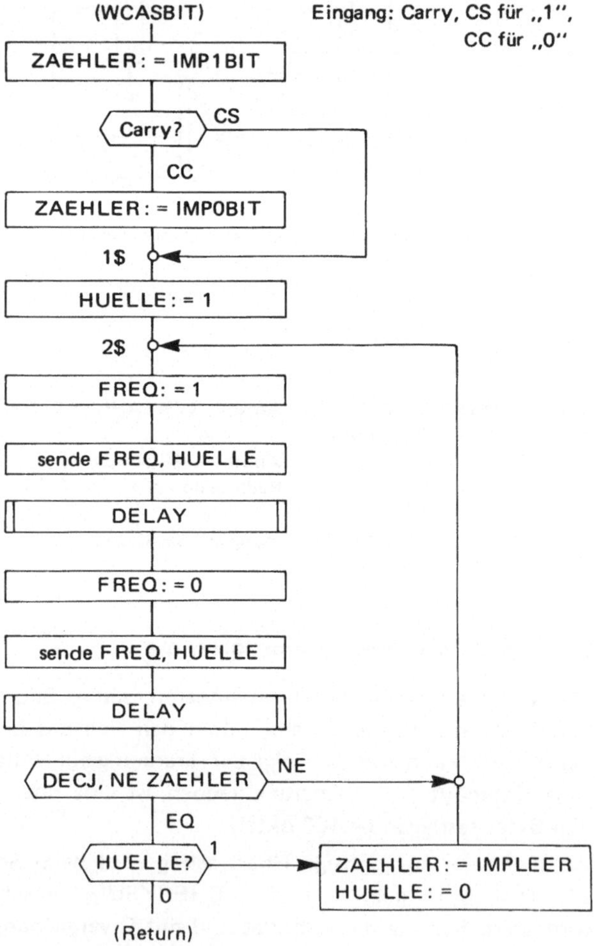

Bild 5.32
Schreiben Bit auf Cassette
(WCASBIT): Flußdiagramm

so dauert bei f = 2 kHz das

„0"-Bit (6 + 4) · 0,5 ms = 5 ms,

„1"-Bit (3 + 4) · 0,5 ms = 3,5 ms.

Daraus ergibt sich eine mittlere Übertragungsrate von 235 Baud. Die Information, ob
eine „1" oder eine „0" geschrieben werden soll, steht im Carry des Statusregisters. Die
Anzahl der Impulse für die „0" (IMP0BIT) bzw. die „1" (IMP1BIT) wird in das Register
E (ZAEHLER) geladen. Dann werden FREQ und HUELLE auf 1 gesetzt und an die Peripherie gesendet.

Nach Ablauf der Taktzeit DELAY wird FREQ auf 0 gesetzt und ebenfalls die Taktzeit DELAY lang auf die Peripherie gegeben. Dies wiederholt sich solange, bis das Programm alle zu einem Bit gehörenden Impulse abgesetzt hat.

Dann wird die Sendeschleife solange durchlaufen, wie der mit IMPLEER geladene ZAHELER angibt. Dabei bleibt aber HUELLE auf 0, so daß Leerschritte entstehen. Der Wert für die Verzögerung DELAY ergibt sich aus

$$\text{DELAYWERT} = \text{Sendetaktdauer}/(2 \cdot \text{DELAYdauer})$$
$$= 1/(\text{Taktfrequenz} \cdot 2 \cdot 13\text{states} \cdot 400\,\text{ns}).$$

Die Programmliste für WCASBIT zeigt **Bild 5.33**.

```
            TAKTFREQ   =      2         ; Taktfrequenz in kHz

                                        ; Bedingung:  IMP1BIT < IMPOBIT
            IMP1BIT =         3         ; Zahl der Perioden, 1-Bit
            IMPOBIT =         6         ; Zahl der Perioden, 0-Bit
            IMPLEER =         4         ; Zahl der Perioden, Leerstelle

            DELAYWERT =       1250./13./TAKTFREQ   ; für 1/2 Periode

            SYNBYTE =         026
            SYNZAHL =         100
            NULLBYTE =        000

            ;Eingang:       Carry:  Bit, CS für "1", CC für "0"
            ;               C:      Adresse der Peripherie

            ;Registerzuordnung:
            ;               B:      DELAYZAEHL
            ;               D:      FREQ, HUELLE
            ;               E:      ZAEHLER

            FREQ     =        6         ; Bit im DA-Bus, willkürliche Wahl
            HUELLE   =        0

WCASBIT: PUSH    BC
         PUSH    DE
         LOAD    D,#377        ; clear, nicht notwendig !
         LOAD    E,#IMP1BIT
         JUMP,CS 1$
         LOAD    E,#IMPOBIT
1$:      SET     D:HUELLE
2$:      SET     D:FREQ
         LOAD    $(C),D
         CALL    DELAY
         CLR     D:FREQ
         LOAD    $(C),D
         CALL    DELAY
         DEC     E
         JUMP,NE 2$
         TEST    D:HUELLE
         JUMP,EQ 3$
         LOAD    E,#IMPLEER
         CLR     D:HUELLE
         JUMP    2$
3$:      POP     DE
         POP     BC
         RET

DELAY:   LOAD    B,#DELAYWERT
0$:      DECJ,NE B,0$          ; 13 states
         RET
```

Bild 5.33

Schreiben Bit auf Cassette (WCASBIT): Basisprogramm (Assembler) Z80

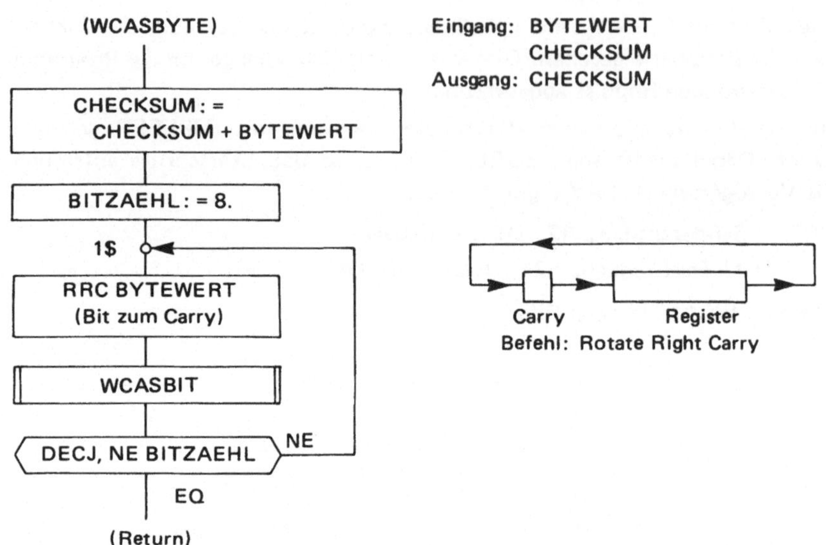

Bild 5.34 Schreiben Byte auf Cassette (WCASBYTE): Flußdiagramm

Das Makroprogramm WCASBYTE, dessen Flußdiagramm **Bild 5.34** zeigt, erfüllt zwei
Aufgaben: Zum einen schiebt es das zu schreibende Byte namens BYTEWERT schritt-
weise durch das Carry-Register. Von da wird jedes Bit dann von WCASBIT abgeholt. Zum
anderen wird das Byte auf den bereits bestehenden Wert CHECKSUM hinzuaddiert zur
Bildung der neuen CHECKSUM. Die Assemblerliste dieses Programms zeigt **Bild 5.35**.

```
          ;Eingang:      A:      Byte
          ;              B:      CHECKSUM
          ;              C:      Adresse der Peripherie

          ;Registerzuordnung:
          ;              D:      BYTEWERT
          ;              E:      BITZAEHL

          ;Ausgang:      B:      CHECKSUM

WCASBYTE: PUSH    AF
          PUSH    DE
          LOAD    D,A
          ADD     A,B
          LOAD    B,A
          LOAD    E,#8.
1$:       RRC     D                   ; Bit zum Carry
          CALL    WCASBIT
          DEC     E
          JUMP,NE 1$
          POP     DE
          POP     AF
          RET
```

Bild 5.35 Schreiben Byte auf Cassette (WCASBYTE): Assemblerprogramm Z80

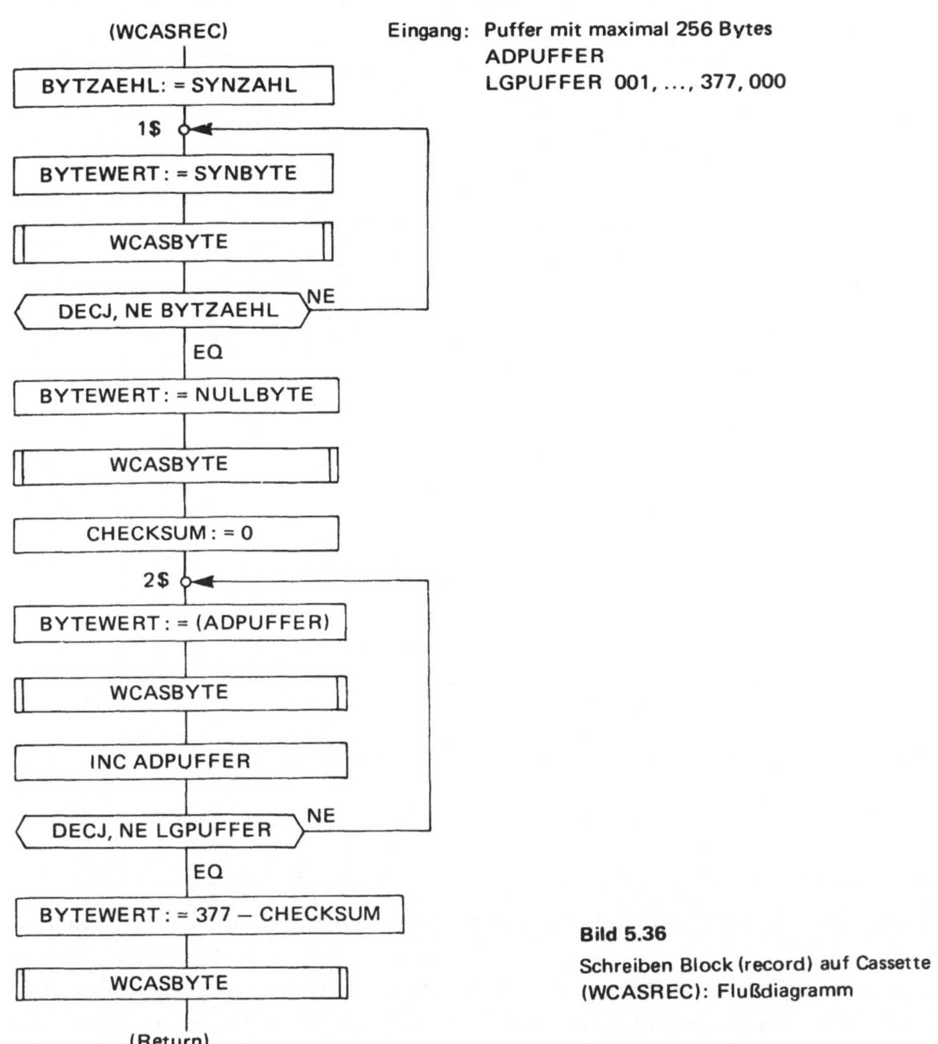

Bild 5.36

Schreiben Block (record) auf Cassette
(WCASREC): Flußdiagramm

Das Makroprogramm WCASREC sendet einen ganzen Block (= record) auf die Cassette (**Bild 5.36**).

Zunächst wird als zu übertragendes Byte BYTEWERT das Synchronisationsbyte SYNBYTE genommen. Wir verwenden hier das Zeichen SYN des ASCII-Kode. Dieses wird so oft, wie SYNZAHL angibt, über WCASBYTE zur Peripherie gesendet. Dann folgt das Nullbyte. Die CHECKSUM bekommt den Anfangswert 0.

Nun folgt der Netto-Datenblock: Der erste BYTEWERT wird aus dem Datenpuffer mit der Adresse ADPUFFER abgeholt und mit WCASBYTE gesendet. Dann wird die Puffer-adresse um 1 erhöht und das nächste Byte wird abgeholt und gesendet. Dies solange, bis die durch LGPUFFER angegebene Länge des Netto-Datenblockes abgearbeitet ist. An-schließend wird noch das Komplement der letztgültigen CHECKSUM gesendet. Das Assemblerprogramm zeigt **Bild 5.37**.

```
        ;Eingang:          C:        Adresse der Peripherie
        ;                  D:        LGPUFFER
        ;                            Länge des Puffers, 1,...,377,0
        ;                  IX:       ADPUFFER, Pufferanfang

        ;Registerzuordnung:
        ;                  A:        Arbeitsregister
        ;                  B:        CHECKSUM
        ;                  D:        BYTZAEHL
        ;                  IX:       Pointer zum Puffer

WCASREC: PUSH     BC
         PUSH     DE
         PUSH     IX
         LOAD     B,#SYNZAHL
1$:      LOAD     A,#SYNBYTE
         CALL     WCASBYTE
         DECJ,NE  B,1$
         LOAD     A,#NULLBYTE
         CALL     WCASBYTE
         LOAD     B,#0
2$:      LOAD     A,(IX)
         CALL     WCASBYTE
         INC      IX
         DEC      D
         JUMP,NE  2$
         LOAD     A,B              ; Checksum, 1's complement
         CPL      A
         CALL     WCASBYTE
         POP      IX
         POP      DE
         POP      BC
         RET
```

Bild 5.37 Schreiben Block auf Cassette (WCASREC): Assemblerprogramm Z80

5.5.3.2 Leseprogramme

Das Basisprogramm RCASBIT zum Lesen eines Bit ist in **Bild 5.38** als Flußdiagramm dargestellt.

Zunächst wird die Peripherieleitung PERCAR ständig nach einer Änderung abgefragt. Wird eine Änderung festgestellt, so wird sie und die folgenden Änderungen gezählt und die Anzahl wird unter FLANKZAE abgespeichert. Eine Änderung entspricht einer Impulsflanke.

In der Schleife nach 3$ wird dann die Pause abgetastet (vgl. Bild 5.26): Im Register D = LEERZAEL steht anfangs DELAYLEER, welches genau die Zahl der Abtastungen für eine Pause ist. Im folgenden Programmteil wird FLANKZAE ausgewertet. Dabei ist ein „Störfilter" eingebaut, dessen Wirkungsweise aus **Bild 5.39** leicht erkennbar ist.

Das gefundene Bit wird ins Carry-Register abgelegt. Das dazugehörige Assemblerprogramm in **Bild 5.40** ist im Vergleich zum Flußdiagramm erstaunlich kurz.

Das Makroprogramm RCASBYTE zum Lesen eines Byte ist in **Bild 5.41** als Flußdiagramm dargestellt. Es erfüllt zwei Aufgaben: Zum einen setzt es durch Rotation aus den Werten im Carry-Register (geliefert von RCASBIT) das Datenbyte BYTEWERT zusammen, das dann im A-Register steht. Zum anderen addiert das Programm zum alten Wert der CHECKSUM das neue Datenbyte hinzu. Das Assemblerprogramm dazu findet man in

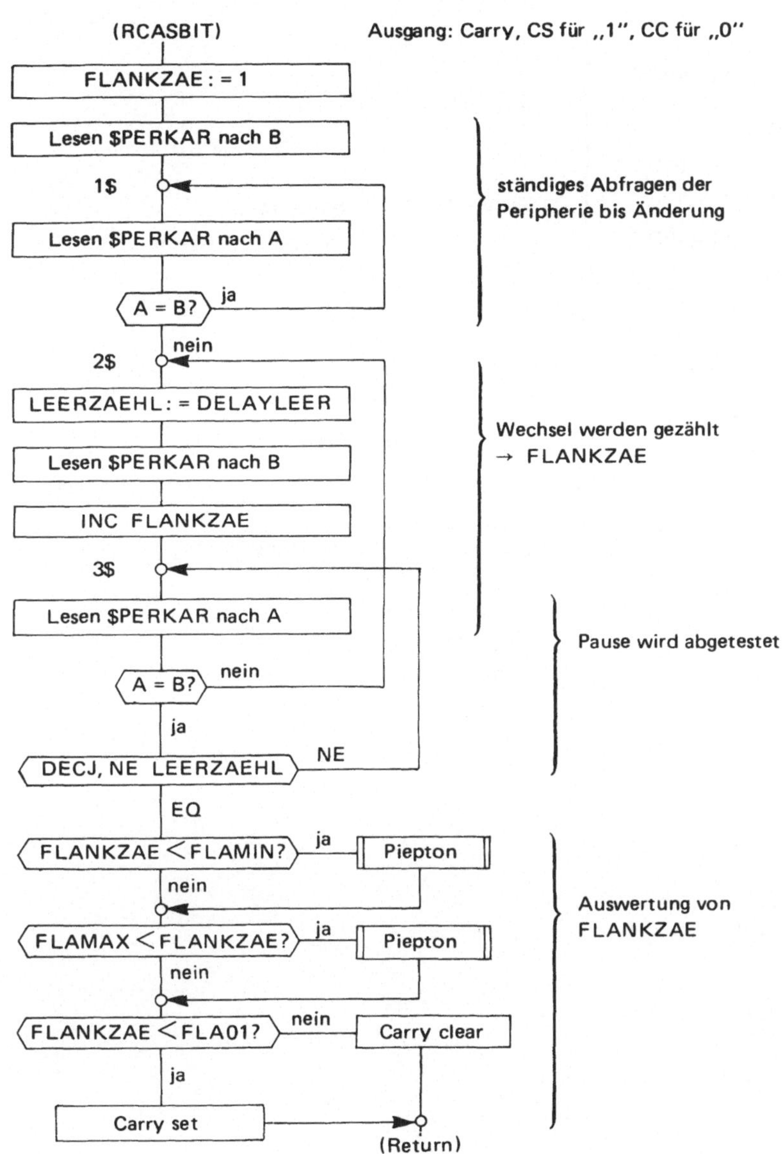

Bild 5.38 Lesen Bit von Cassette (RCASBIT): Flußdiagramm

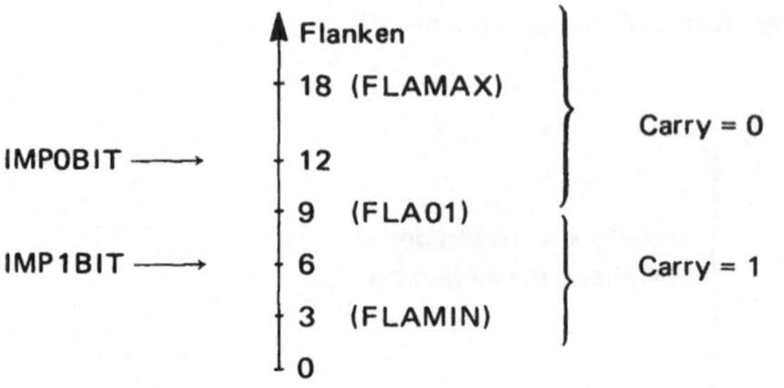

```
        ▲ Flanken
        ┤ 18 (FLAMAX)  ⎫
                       ⎬  Carry = 0
IMPOBIT ──→  ┤ 12      ⎭
        ┤ 9 (FLA01)    ⎫
IMP1BIT ──→  ┤ 6        ⎬  Carry = 1
                       ⎭
        ┤ 3 (FLAMIN)
        ┤ 0
```

Bild 5.39
RCASBIT: Software — „Störfilter"

```
        FLAMIN  =       3           ; Flankenzahl, minimum
        FLA01   =       9           ; Flankenzahl für 0/1
        FLAMAX  =       18          ; Flankenzahl, maximal

        DELAYLEER =     2500./38.

        ;Eingang:       C:          Adresse der Peripherie
        ;                           alle 8 Bits gleichbehandelt

        ;Registerzuordnung:
        ;               B:          1. Einlesen
        ;               A:          2. Einlesen
        ;               D:          LEERZAEHL
        ;               E:          FLANKZAE

        ;Ausgang:       Carry:      Bit, CS für "1", CC für "0"
        ;               A:          Flankenzähler

RCASBIT: PUSH   BC
         PUSH   DE
         LOAD   E,#1
         LOAD   B,$(C)
1$:      LOAD   A,$(C)
         COMP   A,B
         JUMP,EQ 1$
2$:      LOAD   D,#DELAYLEER
         LOAD   B,$(C)
         INC    E
3$:      LOAD   A,$(C)          ; 11 states
         COMP   A,B             ; 4              !
         JUMP.,NE 2$            ; 7              ) insges. 38
         DEC    D               ; 4              !    states
         JUMP.,NE 3$            ; 12             '

         LOAD   A,E             : A = FLANKZAE
         COMP   A,#FLAMIN
         CALL,LO SCHMUTZ
         COMP   A,#FLAMAX
         CALL,HS SCHMUTZ
         COMP   A,#FLA01
         POP    DE
         POP    BC
         RET

SCHMUTZ: .W     ?BUZZ           ; Piep-Ton
         RET
```

Bild 5.40 Lesen Bit von Cassette (RCASBIT): Assemblerprogramm Z80

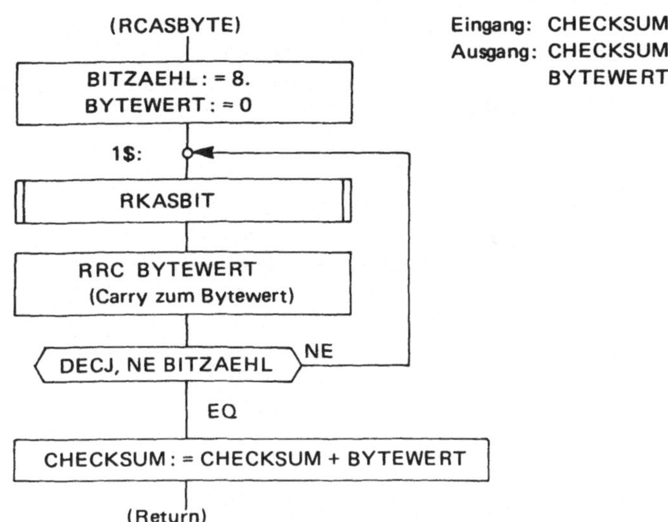

Bild 5.41 Lesen Byte von Cassette (RCASBYTE): Flußdiagramm

```
        ;Eingang:          B:        CHECKSUM
        ;                  C:        Adresse der Peripherie

        ;Registerzuordnung:
        ;                  A:        Arbeitsregister
        ;                  D:        BITZAEHL
        ;                  E:        BYTEWERT

        ;Ausgang:          A:        eingelesener Bytewert
        ;                  B:        CHECKSUM

RCASBYTE: PUSH    DE
          LOAD    D,#8.
          LOAD    E,#0
1$:       CALL    RCASBIT
          RRC     E                  ; Bit zum Bytewert
          DEC     D
          JUMP,NE 1$
          LOAD    A,E
          ADD     A,B
          LOAD    B,A                ; CHECKSUM
          LOAD    A,E                ; BYTEWERT
          POP     DE
          RET
```

Bild 5.42 Lesen Byte von Cassette (RCASBYTE): Assemblerprogramm Z80

Bild 5.42. Das Makroprogramm RCASREC (Flußdiagramm in **Bild 5.43**) setzt unter Aufrufung der beiden Unterprogramme RCASBIT und RCASBYTE schließlich den Datenblock (= record) zusammen.

Als erstes sucht das Programm das Synchronisationsbyte SYNBYTE. Wurde das erste SYNBYTE erkannt, so wird als zweites durch das Unterprogramm RCASBYTE solange

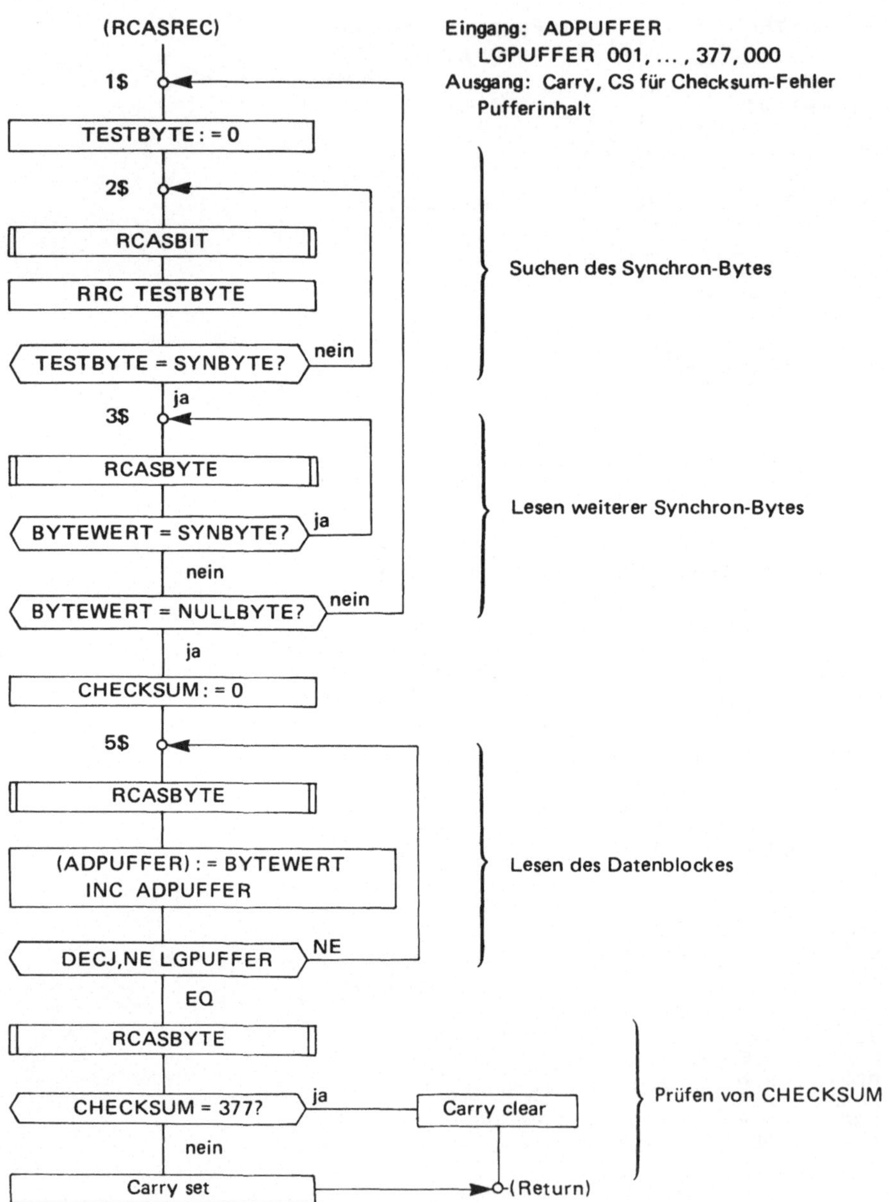

Bild 5.43 Lesen Block (record) von Cassette (RCASREC): Flußdiagramm

nach weiteren SYNBYTEs gesucht, bis ein NULLBYTE sich zeigt. Als drittes wird CHECKSUM auf den Anfangswert 0 gesetzt. Als viertes werden jetzt die Datenbytes ausgelesen. Sie laufen in den Speicherbereich des Mikrocomputers, dessen Adresse im IX-Register des Z80 steht und dessen Länge in D angegeben ist. Diese Angaben müssen vom Benutzer stammen. Als fünftes schließlich wird die CHECKSUM untersucht. Man erinnere sich: WCASREC bildet das Einerkomplement der Summe CHECKSUM aller Datenbytes. Dieses steht als letztes Byte im Block: 377 − CHECKSUM. RCASBYTE bildet die Checksum aller Datenbytes +(377 − CHECKSUM) = Register B. RCASREC prüft nun Register B: Ist sein Inhalt = 377, so war die Übertragung korrekt: Carry = 0. Ansonsten wird Carry = 1 gesetzt. Das zugehörige Assemblerprogramm zeigt **Bild 5.44**.

```
;Eingang:          C:        Adresse der Peripherie
;                  D:        LGPUFFER
;                            Länge des Puffers, 1,...,377,0
;                  IX:       ADPUFFER, Pufferanfang


;Registerzuordnung:
;                  A:        Arbeitsregister
;                  B:        CHECKSUM
;                  D:        BYTZAEHL
;                  E:        TESTBYTE
;                  IX:       Pointer zum Puffer

;Ausgang:          Carry:    CS:       Fehler
;                            CC:       formal richtig
;                  A:        verändert

RCASREC:  PUSH     BC
          PUSH     DE
          PUSH     IX

1$:       LOAD     E,#0            ; eigentlich beliebig !
2$:       CALL     RCASBIT
          RRC      E               ; Bit zum TESTBYTE
          LOAD     A,#SYNBYTE
          COMP     A,E
          JUMP,NE  2$
3$:       CALL     RCASBYTE
          COMP     A,#SYNBYTE
          JUMP,EQ  3$
          COMP     A,#NULLBYTE
          JUMP,NE  1$
          LOAD     B,#0
5$:       CALL     RCASBYTE
          LOAD     (IX),A
          INC      IX
          DEC      D
          JUMP,NE  5$
          CALL     RCASBYTE        ; Lese Checksum nach B
          LOAD     A,#377
          COMP     A,B
          JUMP,EQ  4$
          SETC                     ; CS
4$:       POP      IX
          POP      DE
          POP      BC
          RET
```

Bild 5.44 Lesen Block von Cassette (RCASREC): Assemblerprogramm Z80

6 Digital/Analog- und Analog/Digitalwandler

6.1 Digital/Analogwandler

Der D/A-Wandler ist das Interface zwischen der digitalen Welt des Computers und der analogen Realität. Wir beschränken uns auf die Beschreibung des D/A-Wandlers mit R/2R-Netzwerk, das in integrierten Schaltungen häufig verwendet wird [6.1].

6.1.1 Das R/2R-Netzwerk

Betrachten wir zunächst die Schaltung eines invertierenden Verstärkers mit Operationsverstärker (**Bild 6.1**). Bekanntlich gilt [3.1]:

$$U_{aus} = -(R_f/R_1) \cdot U_{ein} .$$

Daraus wird mit $R_f = R$ und $U_{ein} = R_1 \cdot I_1$

$$U_{aus} = -R \cdot I_1 . \tag{1}$$

Nunmehr wird der invertierende Verstärker mit dem R/2R-Netzwerk verbunden (**Bild 6.2**). Wir beschränken uns hier der Übersichtlichkeit halber auf einen dreistelligen D/A-Wandler und stellen bezüglich des Netzwerkes fest:

1. Wegen $U_d = 0$ liegen d, e, f auf Masse.
2. Daraus folgt, daß der Innenwiderstand der Schaltung, von U_{ref} gesehen, unabhängig von den Schaltern Q1, Q2, Q3 ist. Man sieht leicht ein:

$$I_0 = U_{ref}/R . \tag{2}$$

3. Der Strom I_0 teilt sich an den Knoten, a, b, c jeweils 1:1 auf. Daraus folgt:

$$I_1 = I_0 \cdot (Q1 + Q2 + Q3) , \tag{3}$$

   mit den Schaltzuständen Q1 = 0 oder 1/2; Q2 = 0 oder 1/4; Q3 = 0 oder 1/8.

Aus (1, 2, 3) folgt

$$U_{aus} = -U_{ref} \cdot (Q1 + Q2 + Q3) . \tag{4}$$

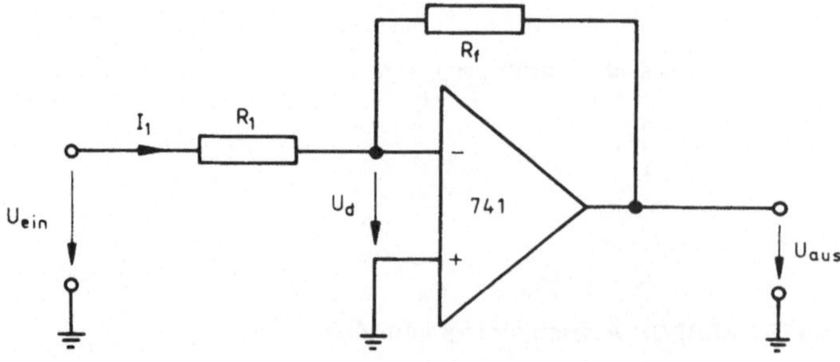

Bild 6.1 Invertierender Verstärker mit Operationsverstärker

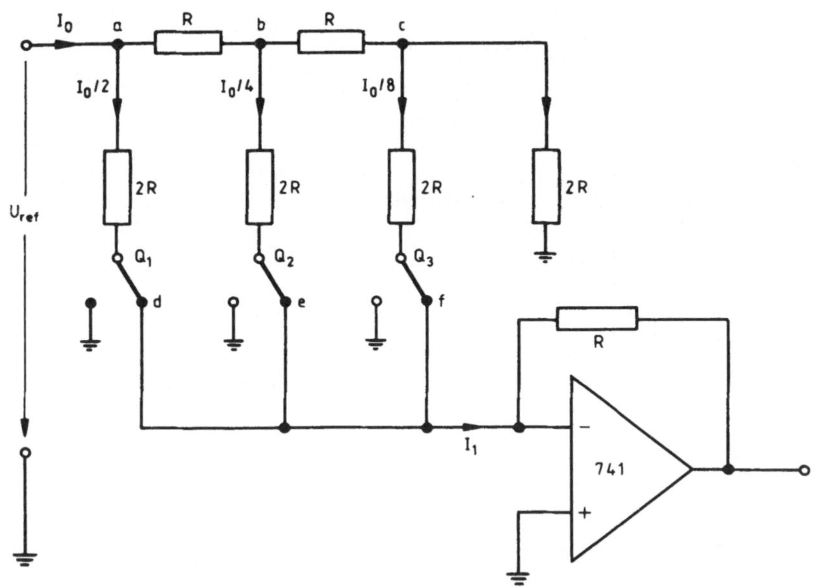

Bild 6.2 R/2R — Netzwerk

Beispielsweise ergeben sich für $U_{ref} = 8\text{ V}$ folgende Werte:

Q1	Q2	Q3	U_{aus}/V
0	0	0	0
0	0	1	−1
0	1	0	−2
0	1	1	−3
1	0	0	−4
1	0	1	−5
1	1	0	−6
1	1	1	−7

Man erkennt zwei Eigenheiten der Schaltung:

1. Die Analogwerte sind alle negativ (invertierender Verstärker). Dies wird leicht durch einen nachgeschalteten, invertierenden Verstärker behoben.
2. Der maximale Analogwert ist nicht $-U_{ref}$, sondern

$$-U_{ref} \cdot (1 - 2^{-n}) = FS - 1\ \text{lsb}$$

(FS — full scale).

6.1.2 Zweiquadrantenwandler

Der bisher besprochene Wandler hat den Ausgangsspannungsbereich $U_{aus} = 0$ bis $FS - 1$ lsb. Wünscht man auch die Ausgabe negativer Spannungen, so kann man dem D/A-Wandler

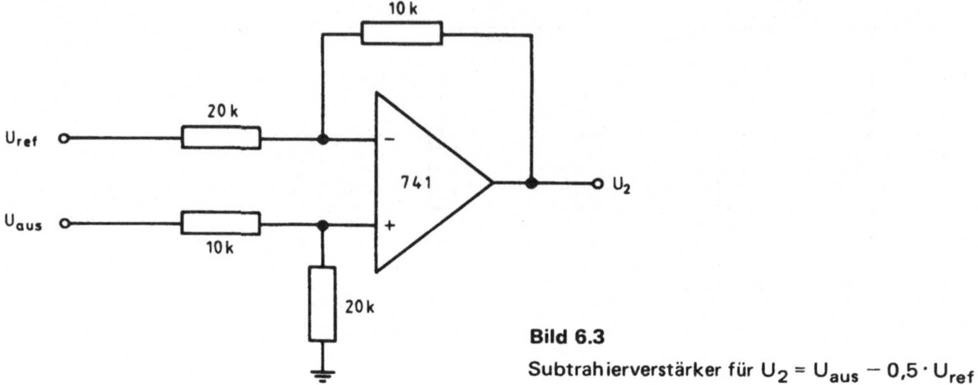

Bild 6.3

Subtrahierverstärker für $U_2 = U_{aus} - 0{,}5 \cdot U_{ref}$

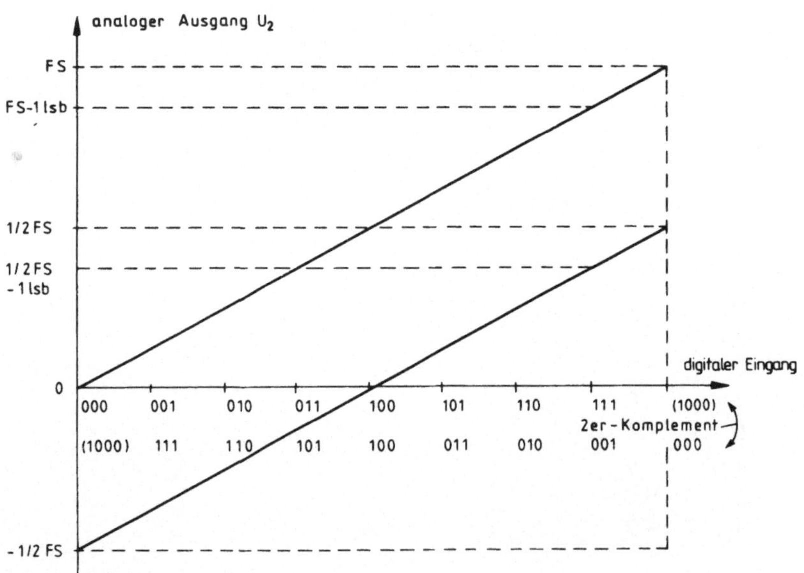

Bild 6.4 Kennlinie eines 3bit-D/A-Wandlers im Ein- und Zweiquadrantenbetrieb

einen Subtraktionsverstärker nachschalten, der vom Ausgangssignal U_{aus} die halbe Referenzspannung subtrahiert (**Bild 6.3**). Der Ausgangsspannungsbereich ist dann

$$U_2 = -0{,}5 \cdot FS \text{ bis } +0{,}5 \cdot FS - 1\,lsb$$

(vgl. **Bild 6.4**). Man spricht dann vom Zweiquadranten- oder Bipolarwandler.

Der sich direkt ergebende Digitalkode hat für die positiven Werte als msb eine 1 und die Null wird durch 100 dargestellt. Es ist vielfach üblich, den Ausgang des D/A-Wandlers im

Zweierkomplement zu kodieren. Dadurch ergibt sich, wie Bild 6.4 zeigt, eine Verschiebung der Ausgangsspannung:

$$U_2 = -0,5 \cdot FS - 1 \text{ lsb bis } +0,5 \cdot FS .$$

In jedem Fall ist es ratsam, vor der Programmierung des Mikrocomputers das Datenblatt des Herstellers zu Rate zu ziehen.

6.1.3 Ausführungsbeispiel

Der im folgenden beschriebene D/A-Wandler zum Anschluß an einen Mikrocomputer kann betrieben werden als

einfacher 8-bit-Wandler oder
12-bit-Wandler oder
12-bit-Zweikanal-Wandler.

6.1.3.1 Schaltung

Die Grundschaltung ist einfach (**Bild 6.5**). Der eigentliche Wandler AD 7531 [6.2] muß noch mit zwei Operationsverstärkern ergänzt werden. Der eine, OV1, arbeitet als Ausgangsverstärker und der andere, OV2, sorgt für bipolare Ausgangsspannung. Die Ausgangsspannung gehorcht der Beziehung

$$U_{aus} = U_{ref} \cdot (1.0 - W) , \tag{5}$$

wobei W die digitale Eingangsgröße des D/A-Wandlers darstellt. In **Bild 6.6** ist die tabellarische Zuordnung der Werte gezeigt. Der Punkt trennt das Bit mit der Wertigkeit $2^0 = 1$ von den sich rechts anschließenden Bits mit der Wertigkeit 2^{-1}, 2^{-2}, 2^{-3} usw.. Beispiel mit 8 Bit: Nach (5) ergibt sich aus

$$W = \quad 1.0101010$$
$$U_{aus}/U_{ref} = -0.0101010$$

(Zweierkomplement, wobei die 1 vor dem Punkt beim W das Minuszeichen signalisiert.)

Daraus:

$$U_{aus}/U_{ref} = -(1/4 + 1/16 + 1/64) = -0.32813 .$$

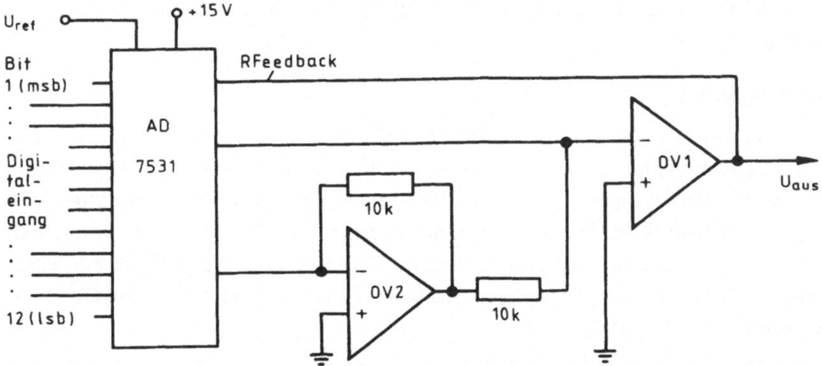

Bild 6.5 Grundschaltung des bipolaren D/A-Wandlers für 12 Bit

| | Digitaleingang W | | | | | | | | | | | | Analogausgang U_{aus}/U_{ref} | |
Bit	1	2	3	4	5	6	7	8	9	10	11	12	dual	dezimal
0.	0	0	0	0	0	0	0	0	0	0	0	0	1.00000000000	1.0000000
0.	0	0	0	0	0	0	0	0	0	0	0	1	0.11111111111	0.9995117
0.	1	1	1	1	1	1	1	1	1	1	1	1	0.00000000001	0.0004882
1.	0	0	0	0	0	0	0	0	0	0	0	0	0.00000000000	0.0000000
1.	0	0	0	0	0	0	0	0	0	0	0	1	$-$0.00000000001	$-$0.0004882
1.	1	1	1	1	1	1	1	1	1	1	1	1	$-$0.11111111111	$-$0.9995117

Bild 6.6 Zuordnung Digitaleingang zu Analogausgang

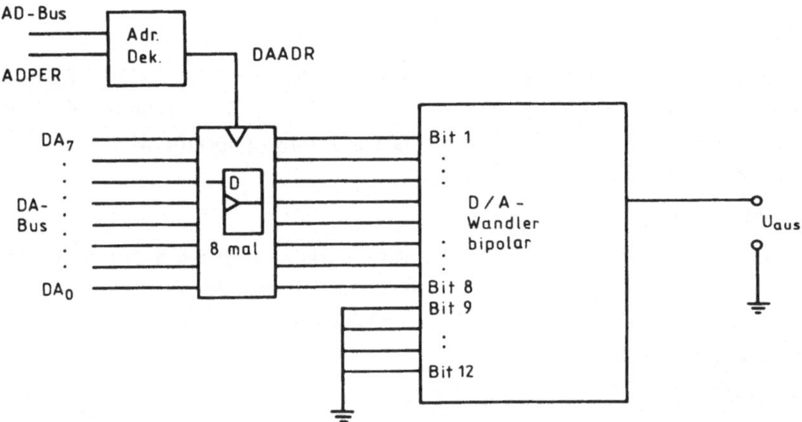

Bild 6.7 Einfacher D/A-Wandler mit 8 Bit Auflösung

Die einfachstmögliche, vollständige Schaltung eines D/A-Wandlers für 8 Bit zeigt **Bild 6.7**. Der Mikrocomputer liefert die Digitalwerte auf acht D-Flipflops und über den Adressendekoder und das ADPER-Signal werden diese Flipflops aktiviert. Sie übernehmen die Daten vom Datenbus.

6.1.3.2 Ansteuerprogramm

Das zum 8-bit-D/A-Wandler nach Bild 6.7 gehörende Basisprogramm ist denkbar einfach (**Bild 6.8a**): Es besteht lediglich aus einem Befehl, mit dem die Peripherie der Adresse DAADR geladen wird. Die Ausgabe von zehn Werten der Sinusfunktion gestaltet sich nach dem Programm in **Bild 6.8b**. Die zehn oktalen W-Werte der Tabelle TAB sind gemäß dem in Abschnitt 6.1.3.1 gesagten berechnet worden. Dabei müssen kleine Fehler in Kauf genommen werden (die Oktalzahl W = 6 beispielsweise entspricht nach (5) der Dezimalzahl 0.9531, während $\sin 72^0 = 0.9511$ ist).

Gehen wir nun gleich zwei Schritte weiter und betrachten wir den Zweikanal-A/D-Wandler für 12 Bit in **Bild 6.9**. Anhand des Flußdiagrammes in **Bild 6.10** wird die Wirkungs-

```
a)        ;Eingang:        C:  Peripherie-Adresse DAADR
          ;                A:  Digital-Wert  1.0 - W
          ;                        in Darstellung  x.xxxxxxx

          DAWAND8: LOAD    $(C),A            ; 12 states
                   RET                       ; 10

__________________________________________________________________

b)        DA8SINUS: LOAD   C,#DAADR          ; 7 states
                                           ;Peripherieadresse
          1$:     LOAD     IX,#TAB           ; 14 states
                                           ;Anfangsadresse der Tabelle
                  LOAD     B,#TABLAENG       ; 7  states
                                           ;Zähler für Tabellenlänge

          2$:     LOAD     A,(IX)            ; 19 states
                                           ;Tabellenwert
                  LOAD     $(C),A            ; 12 states
                                           ;Ausgabe
                  INC      IX                ; 10 states
                                           ;nächster Tabellenplatz
                  DECJ,NE  B,2$              ; 8/13 states
                                           ;weitere Tabellenwerte ?
                  JUMP     1$                ; 10 states
                                           ;Tabellenende erreicht
          TABLAENG =       10.               ; Länge der Tabelle
          TAB:    .B       200
                  .B        64
                  .B         6
                  .B         6
                  .B        64
                  .B       200
                  .B       314
                  .B       372
                  .B       372
                  .B       314
```

Bild 6.8 Programm für den D/A-Wandler mit 8 Bit Auflösung
a) Basisprogramm b) Programm zur Ausgabe einer Sinusspannung

weise deutlich: Die Wandleradresse DAADR, beispielsweise 376, wird nach Register C geladen. Das höherwertige Byte des zu wandelnden Wortes steht im Register H und geht sofort nach 376, d.h., die acht D-Flipflops Nr. 1 werden geladen.

Dann wird die Peripherieadresse um 1 erhöht auf DAADR1 = 377. Der niederwertige Teil des 12-bit-Wortes geht von Register L nach Register A. Die Darstellung ist linksbündig, die vier tieferwertigen Bits dieses Byte sollen 0 sein, das tiefstwertige selbst wird vom Programm auf 0 gesetzt: DA0 = 0.

Nun wird das Carrybit geprüft: Ist Carry = 0, so wird der Inhalt des Registers A direkt in die D-Flipflops Nr. 2 geladen, gleichzeitig mit dem Inhalt der Flipflops Nr. 1. Damit ist der D/A-Wandler Nr. 1 bedient. Hat das Hauptprogramm dagegen vorher Carry = 1 gesetzt, so wird DA0 = 1 gesetzt. Dies bewirkt, daß mit DAADR1 = 377 jetzt die Flipflops Nr. 3 direkt mit dem Inhalt des Registers A geladen werden. Gleichzeitig werden die acht höherwertigen Bits von Flipflop Nr. 1 nach Flipflop Nr. 3 übernommen. Damit ist der D/A-Wandler Nr. 2 bedient.

Das Basisprogramm DAWAND zur Ansteuerung des Zweikanalwandlers gemäß dem soeben besprochenen zeigt **Bild 6.11**.

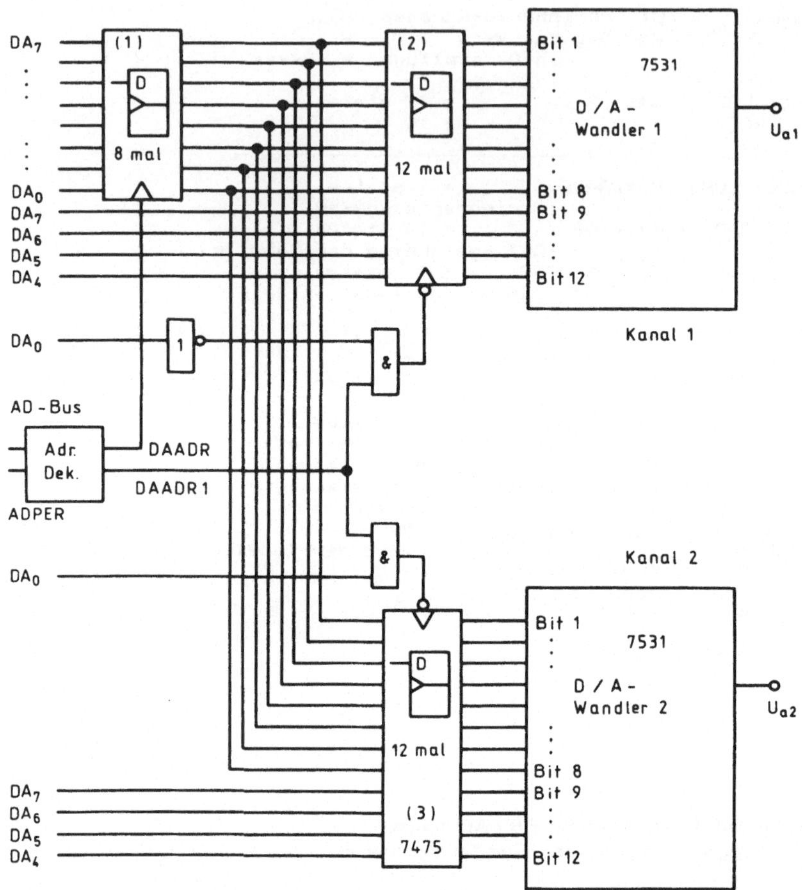

Bild 6.9 Zweikanaliger D/A-Wandler mit 12 Bit Auflösung (D/A-Wandler nach Bild 6.5). Bei DAADR 1 dient DA0 der Kanalsteuerung: DA0 = 0 : Kanal 1,   DA0 = 1 : Kanal 2

Als Beispiel für die Ansteuerung des Zweikanal-D/A-Wandlers haben wir in **Bild 6.12** das Programm DATEST angegeben, das auf den einen Kanal, U_{a1}, eine Sägezahnspannung gibt und auf den anderen Kanal, U_{a2}, Sinuswerte. Man könnte damit die x- und die y-Platten eines Oszilloskops direkt ansteuern.

Der Leser bemerkt, daß die Tabellenwerte hier etwas anders lauten als im Programm DA8SINUS (Bild 6.8b): $\sin 72^{\circ} = 0.9511$ wird jetzt repräsentiert durch die 6 in H und oktal 100 in L. Dies entspricht 0.9512.

6.1.3.3 Zeitberechnung

Es ist interessant zu wissen, wie schnell der D/A-Wandler Spannungen ausgeben kann. Zur Berechnung der kürzestmöglichen Zeit, mit der ein Sinus ausgegeben werden kann, haben wir in Bild 6.8b die Taktzeiten (states) für den Z80 angegeben. Die vorbereitenden

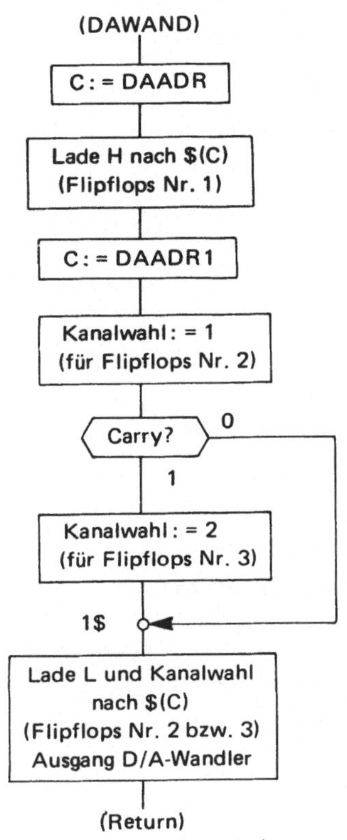

Eingang: HL: Digitalwert
Carry: Wahl des Analogausganges

Bild 6.10

Flußdiagramm der Zweikanal-D/A-Wandlung
mit 12 Bit (Programm DAWAND)

```
; Eingang:         HL:       Digital-Wert   1.0 - W
;                            in Darstellung  x.xxxxxxxxxxxx0000
;                            H = xxxxxxxx , L = xxxx0000
;                  Carry:    Wahl des Analog-Ausganges
;                            0 für Ua1 , 1 für Ua2
;                  C:        Peripherie-Adresse DAADR

; Registerzuordnung:        A:        Arbeitsregister

DAWAND: CLR     C:0      ;8 states ; Adresse DAADR
        LOAD    $(C),H   ;12
        SET     C:0      ;8        ; Adresse DAADR1
        LOAD    A,L      ;4
        CLR     A:0      ;8        ; Ua1
        JUMP.,CC 1$      ;7/12     ;Auswahl des Kanals
        SET     A:0      ;8/0      ; Ua2
1$:     LOAD    $(C),A   ;12
        RET              ;10
```

Bild 6.11 Basisprogramm für Zweikanal-D/A-Wandlung mit 12 Bit

```
            .TITLE   DATEST
            .PROC    Z80
;           Testprogramm, benutzt Basis-Programm DAWAND.
;           Es werden simultan beide Kanäle mit Werten von zwei
;           Tabellen angesteuert.
;           Als Beispiel wird für  Ua1  ein Sägezahn (Zeitachse)
;           und für  Ua2  ein Sinus gewählt.
            DAADR    = 376     ; Adresse der Peripherie ( 376 / 377 )
DAWAND:     CLR      C:0       ;
            LOAD     $(C),H    ;
            SET      C:0       ;
            LOAD     A,L       ;
            CLR      A:0       ;
            JUMP.,CC 1$        ;
            SET      A:0       ;
1$:         LOAD     $(C),A    ;
            RET                ;
DATEST:     LOAD     C,#DAADR           ; Lade Peripherieadresse
3$:         LOAD     IX,#TAB1           ; Anfangsadressen der Tabellen
            LOAD     IY,#TAB2
            LOAD     B,#TABLAENG        ; Zähler für Tabellenlänge
4$:         LOAD     H,(IX)             ;19 states ; Lade Tabellenwert
            LOAD     L,(IX)+1           ;19                 ; (2 Bytes)
            OR       A,A                ;4      ; clear Carry ( für Ua1 )
            CALL     DAWAND             ;17+74  ; Ausgabe Kanal 1
            INC      IX                 ;10        ; nächster Tabellenplatz
            INC      IX                 ;10
            LOAD     H,(IY)             ;19        ; Lade Tabellenwert
            LOAD     L,(IY)+1            ;19
            SETC                        ;4      ; setze Carry ( für Ua2 )
            CALL     DAWAND             ;17+77  ; Ausgabe Kanal 2
            INC      IY                 ;10     ; nächster Tabellenplatz
            INC      IY                 ;10
            DECJ,NE  B,4$               ;8/13 ; weitere Tabellenwerte ?
            JUMP     3$                 ; Tabellenende erreicht

TABLAENG =           10.                ; Länge der Tabelle, je 2 Bytes
TAB1:       .B       200,0              ; Sägezahn bzw. Zeitachse
            .B       164,0
            .B       150,0
            .B       134,0
            .B       120,0
            .B       104,0
            .B       70,0
            .B       54,0
            .B       40,0
            .B       24,0
TAB2:       .B       200,0              ; Sinus
            .B       64,300
            .B       6,100
            .B       6,100
            .B       64,300
            .B       200,0
            .B       313,100
            .B       371,300
            .B       371,300
            .B       313,100
            .END     DATEST
```

Bild 6.12 Testprogramm für Zweikanal D/A-Wandlung: Sinus/Sägezahn

Schritte benötigen $v = 7 + 14 + 7 = 28$ states. Das Auslesen eines Tabellenwertes benötigt $t = 19 + 12 + 10 + 13 = 54$ states. Dies mit der Anzahl n der Tabellenwerte multipliziert, ergibt die Anzahl der states pro Periode. Nimmt man die Dauer eines state mit $s = 400$ ns an, so folgt (vgl. Bild 6.8b):

$$T_{min} = (n \cdot t + v + 5) \cdot s = 229{,}2 \, \mu s \, .$$

Die maximal mögliche darstellbare Sinusspannung hat also bei zehn Stützpunkten eine Frequenz von 4363 Hz.

Der Leser wird vermissen, daß wir hier die Einschwingzeit des D/A-Wandlers selbst nicht berücksichtigt haben. Sie beträgt lt. Herstellerangaben 500 ns, kann also gegen die Befehlsverarbeitungszeit vernachlässigt werden. Die hardware ist hier, wie meistens, schneller als die software.

6.2 Analog/Digitalwandler

Die A/D-Wandler stellen das wichtige Interface zwischen unserer analogen Welt und der digitalen Datentechnik dar. Die wichtigsten Wandlerverfahren wollen wir im folgenden beschreiben.

6.2.1 Zweirampenverfahren (dual slope)

Das Herz der Schaltung ist ein Integrator (**Bild 6.13**). Ihm wird bis zum festen Zeitpunkt t_1 die zu wandelnde Spannung U_x angeboten (**Bild 6.14**):

$$U_a = - \frac{1}{RC} \int_0^{t_1} U_x \cdot dt = - U_x \cdot t_1 / RC \, . \tag{1}$$

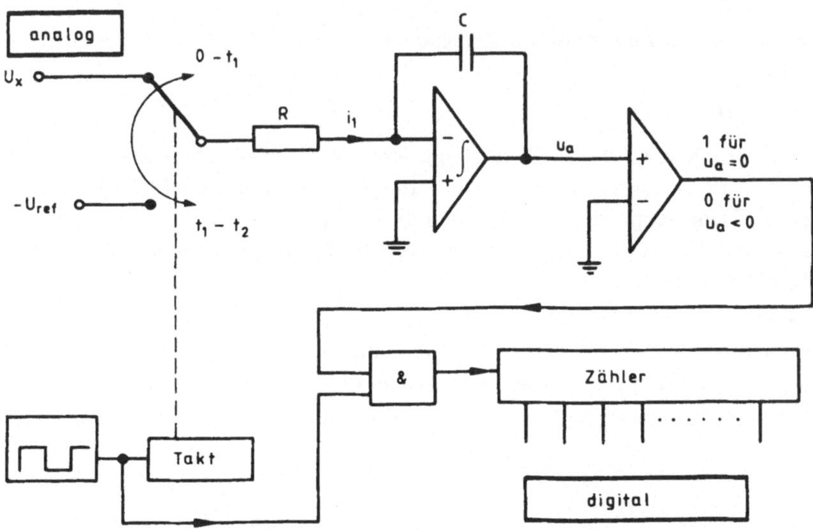

Bild 6.13 Zweirampenverfahren: Schaltung

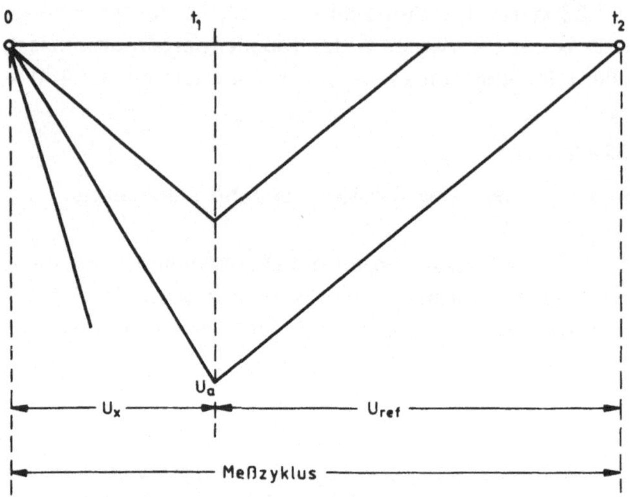

Bild 6.14
Zweirampenverfahren:
Meßvorgang

Zum Zeitpunkt t_1 wird der Integratoreingang elektronisch umgeschaltet auf die negative Referenzspannung $- U_{ref}$:

$$u_a = - \frac{1}{RC} \int_{t_1}^{t_2} (- U_{ref}) \cdot dt - U_x \cdot t_1 / RC .$$

Diese Integration wird solange durchgeführt, bis $u_a = 0$ ist:

$$(t_2 - t_1) \cdot U_{ref}/RC = U_x \cdot t_1 /RC .$$

Das bedeutet, daß die sehr genau meßbare Zeitspanne $t_2 - t_1$ ein Maß ist für die zu wandelnde Spannung U_x:

$$t_2 - t_1 = U_x \cdot t_1 / U_{ref} .$$

Unsere einfache Schaltung wird durch Zusatzlogik ergänzt. Es muß z.B. nach Erreichen von t_2 eine gewisse Zeit gewartet werden, damit der Rechner Zeit zur Abfrage findet. Eine wichtige Zusatzlogik sorgt für die Selbstkalibrierung des Systems. Man bedenke nämlich, daß bei einem 12-bit-Wandler beispielsweise die Genauigkeit besser als 1/4096 sein muß, was 0,024 % entspricht. Offsetspannungen von Integrierer oder Komparator können diesen Wert schnell überschreiten.

Zwei Beispiele der Selbstkalibrierung seien kurz aufgeführt:

Bei der quad-slope-Technik [6.1] wird nach dem Meßzyklus, der T lang sei, mit U_{ref} bis t_1 integriert, vgl. **Bild 6.15**. Dann wird mit $- U_{ref}$ zurück auf 0 integriert. Im Idealfall ist dann

$$t_2 - t_1 = t_1 .$$

Wird eine verfälschende Offsetspannung mitintegriert, so ergibt sich

$$t_2' - t_1 = t_1 + a .$$

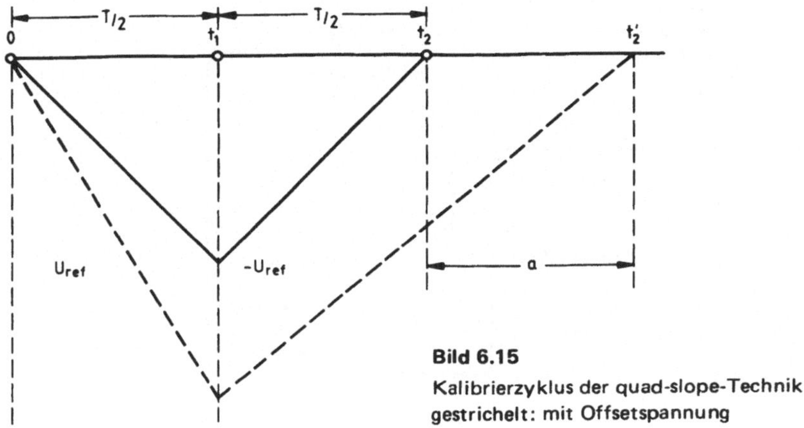

Bild 6.15
Kalibrierzyklus der quad-slope-Technik
gestrichelt: mit Offsetspannung

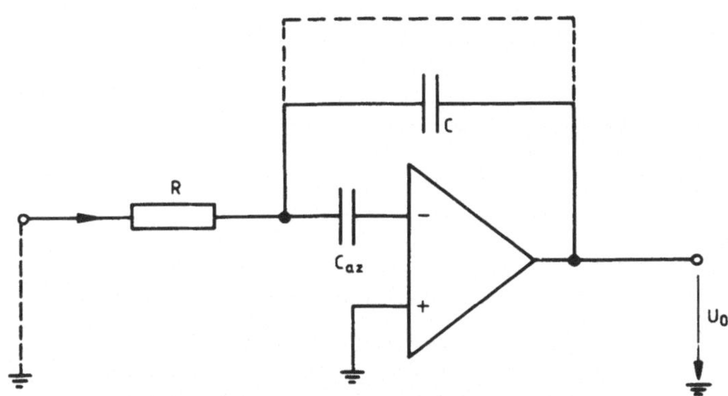

Bild 6.16 Autozero-Technik; gestrichelt: Kalibrierphase

Diese Zusatzzeitspanne a wird gespeichert und vom Ergebnis des vorangehenden Meßzyklus korrigierend abgezogen.

Bei der autozero-Technik [6.3] wird in der Kalibrierphase der Kondensator C_{az} auf eine eventuell vorhandene Offsetspannung U_0 aufgeladen (**Bild 6.16**). Dies ist leicht mittels Maschenregel abzuleiten. Beim nachfolgenden Meßzyklus kompensiert die Spannung an C_{az} die immer noch vorhandene Offsetspannung U_0.

Das Zweirampenverfahren ist langsam. Man wählt zur Ausblendung von Netzstörungen die Integrationszeit t_1 normalerweise zu einem Vielfachen der Netzperiode von 20 ms, so daß man auf etwa zehn Messungen pro Sekunde kommt.

6.2.2 Wägeverfahren (sukzessive Approximation)

Das Prinzip zeigt **Bild 6.17**. Ein Ringzähler aktiviert ein Flipflop, das für das höchstwertige Bit zuständig ist. Sein Ausgang ist mit dem höchstwertigen Eingang eines D/A-

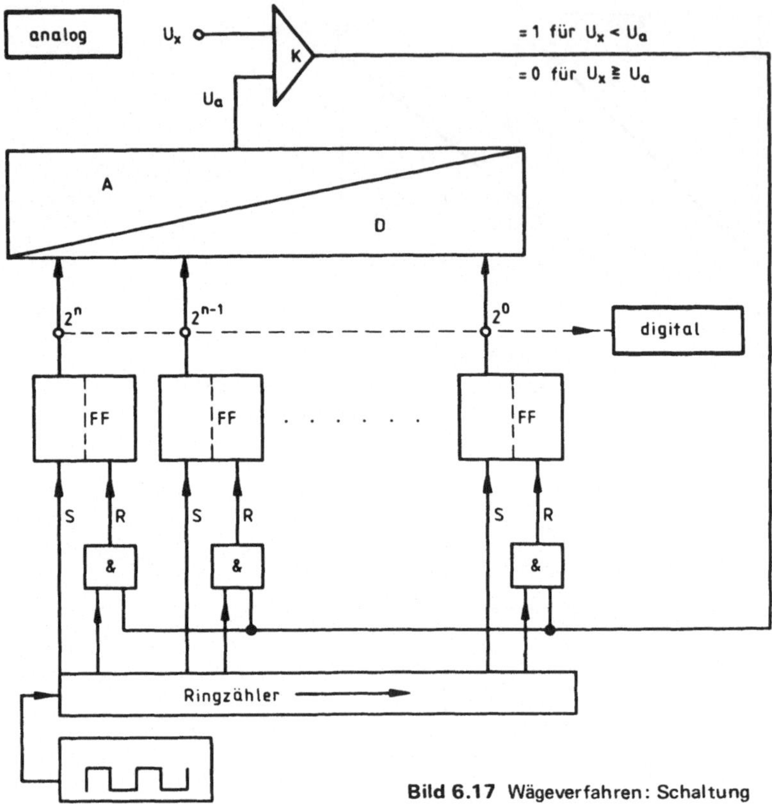

Bild 6.17 Wägeverfahren: Schaltung

Wandlers verbunden. Dieser setzt das höchstwertige Bit in eine Spannung U_a um und führt sie einem Komparator zu. Dieser vergleicht U_a mit der zu wandelnden Spannung U_x. Ist $U_a < U_x$, so bleibt das zugehörige Flipflop gesetzt.

Der Ringzähler schreitet nun fort zum Flipflop des nächstniederen Bit. Dessen Ausgang erhöht über den D/A-Wandler die Spannung U_a. Nehmen wir an, daß jetzt $U_a > U_x$ wird. Der Komparator sorgt dann für die Rücksetzung des Flipflops. Dies geht so weiter bis zum niederwertigsten Bit. Als Beispiel ist in **Bild 6.18** der „Wiegevorgang" bei einem 4-Bit-Wandler dargestellt für $U_x = 9$ Volt.

Das Verfahren wird durch Zusatzlogik ergänzt. Es muß beispielsweise dafür gesorgt werden, daß nach Erreichen des endgültigen Digitalwertes der Ringzähler eine Pause macht, damit der Wert übernommen werden kann.

Das Verfahren ist relativ schnell. Beispielsweise dauert bei 8 Bit Auflösung und einer Taktfrequenz von 1 MHz ein Meßzyklus 16 μs.

6.2.3 Nachlaufverfahren (tracking converter)

Ein Fensterkomparator vergleicht die analoge Ausgangsspannung U_a eines D/A-Wandlers mit der zu wandelnden Eingangsspannung U_x (**Bild 6.19**). Ist $U_a < U_x$, so läßt der Kom-

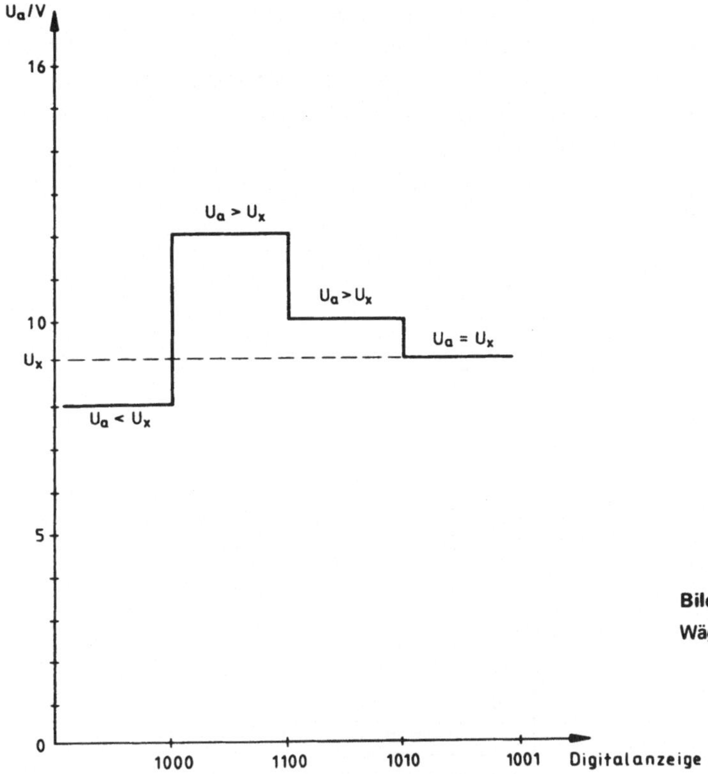

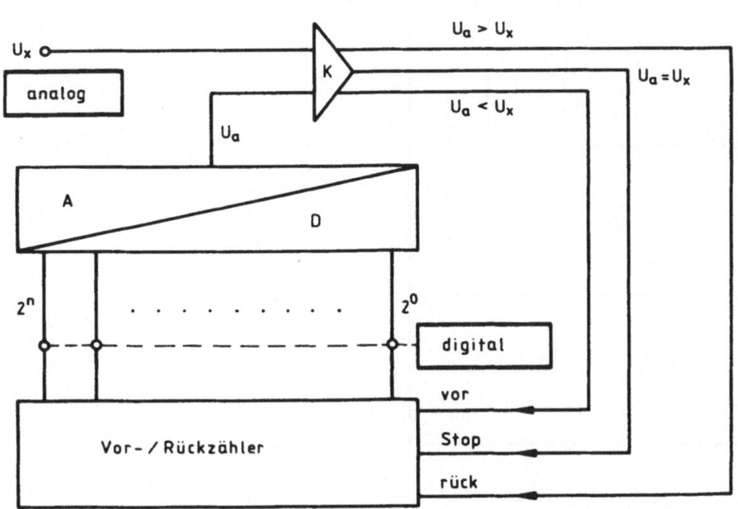

Bild 6.18
Wägeverfahren: ,,Wiegevorgang''

Bild 6.19 Nachlaufverfahren (K-Fensterdiskriminator, z.B. TCA 965)

parator einen Vor/Rückwärtszähler nach oben zählen. Ist dagegen $U_a > U_x$, so läßt er den Zähler abwärts zählen. Bei $U_a = U_x$ bleibt der Zähler stehen. Der Ausgang des Zählers steuert den D/A-Wandler an und liefert gleichzeitig die digitalen Ausgangswerte.

Das Verfahren ist mittelschnell. Bei einem 8-Bit-Wandler mit 1 MHz Takt zählt der Zähler in 127 μs auf die Mitte des Umsetzbereiches.

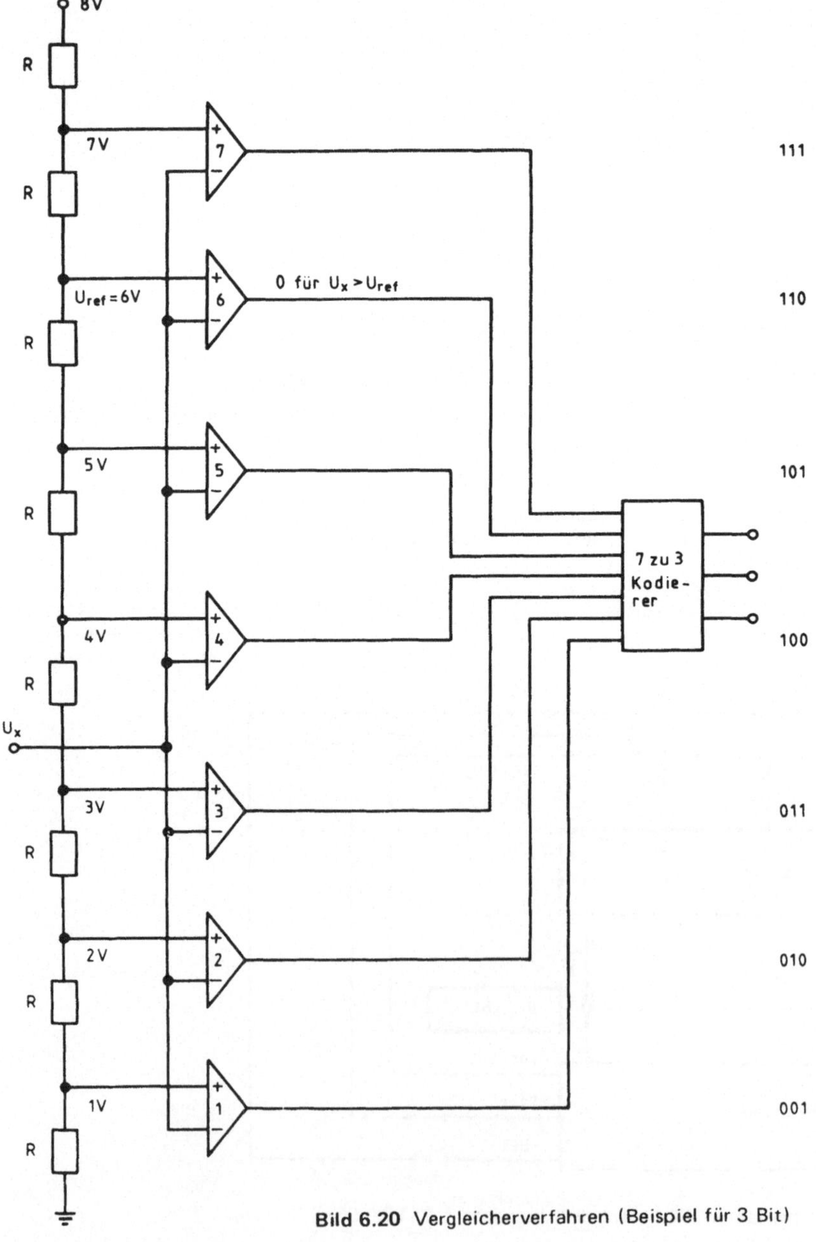

Bild 6.20 Vergleicherverfahren (Beispiel für 3 Bit)

6.2.4 Vergleicherverfahren

Hier wird die zu wandelnde Spannung U_x gleichzeitig so vielen Komparatoren mit stufen-
weise ansteigender Referenzspannung angeboten, wie der maximal erreichbare Digitalwert
angibt. In **Bild 6.20** ist dies am Beispiel einer 3-Bit-Wandlung gezeigt. Ist dort z.B. $U_x = 4,5$ V,
so schalten die Komparatoren 1...4 gleichzeitig auf 0, die restlichen bleiben auf 1. Es ist
dann die Aufgabe des 7-zu-3-Kodierers, das Bitmuster 1110000 in die Binärzahl 100
umzusetzen.

Es leuchtet ein, daß diese A/D-Wandlung rasch verläuft, da kein Wandelmechanismus ablaufen muß. Dafür ist die Bauelementezahl hoch: Der Kodierer ist umfangreich und für
einen n-Bit-Wandler braucht man

$$2^n - 1 \text{ Komparatoren,}$$

die ihrerseits wieder komplexe Schaltungen sind. Die schnellsten Wandler mit diesem Verfahren brauchen etwa 5 ns (Microlog) bis 13 ns (TRW) für eine 8-Bit-Wandlung.

6.2.5 Beispiel: A/D-Wandler für 12 Bit

6.2.5.1 Schaltung

Wir wählen als A/D-Wandler nach dem Zweirampenverfahren den Typ 7109 [6.3], da er
mit eingebauter Referenzspannung, eingebautem Taktgenerator, tristate-Ausgängen und
unkodiertem Datenbus ausgestattet ist. Natürlich bietet der Markt eine Vielzahl vergleich-
barer Bausteine [6.4]. Die Schaltung zeigt **Bild 6.21**.

Der Datenbus besteht aus

- 12 Datenbits,
- Bereichsüberschreitungsbit OR (overrange),
- Vorzeichenbit POL (polarity).

Die sechs höherwertigen Bitleitungen (vier Datenbits, OR, POL) können galvanisch mit
sechs der acht niederwertigen Bitleitungen verbunden werden. Mit LBEN (low byte enable)
ruft der Rechner das niederwertige Byte ab und mit HBEN das höherwertige, unvoll-
ständige Byte.

Bei allen dual slope-A/D-Wandlern muß man sich über dreierlei Gedanken machen:

1. Wie wählt man die Taktfrequenz?
2. Wie wählt man die Referenzspannung?
3. Wie wählt man die Integrierelemente R und C?

Taktfrequenz:
Sinnvoll ist es, die Signalintegrationszeit t_1 (vgl. Bild 6.14) zu einem Vielfachen der Netzperiode 20 ms zu wählen, um störende Einstreuungen des Netzes zu kompensieren. Wählen wir also $t_1 = 40$ ms. Da der 7109 für t_1 genau 2048 Impulse benötigt, ergibt sich die
Taktfrequenz zu

$$f = 2048 : 40 \text{ ms} = 51,2 \text{ kHz}.$$

Interessant ist die Zahl der Wandlungen je Sekunde. Da der 7109 pro Zyklus 8192 Impulse
benötigt, ergeben sich hier 6,25 Wandlungen je Sekunde. Der Hersteller gibt maximal
30 W/s an.

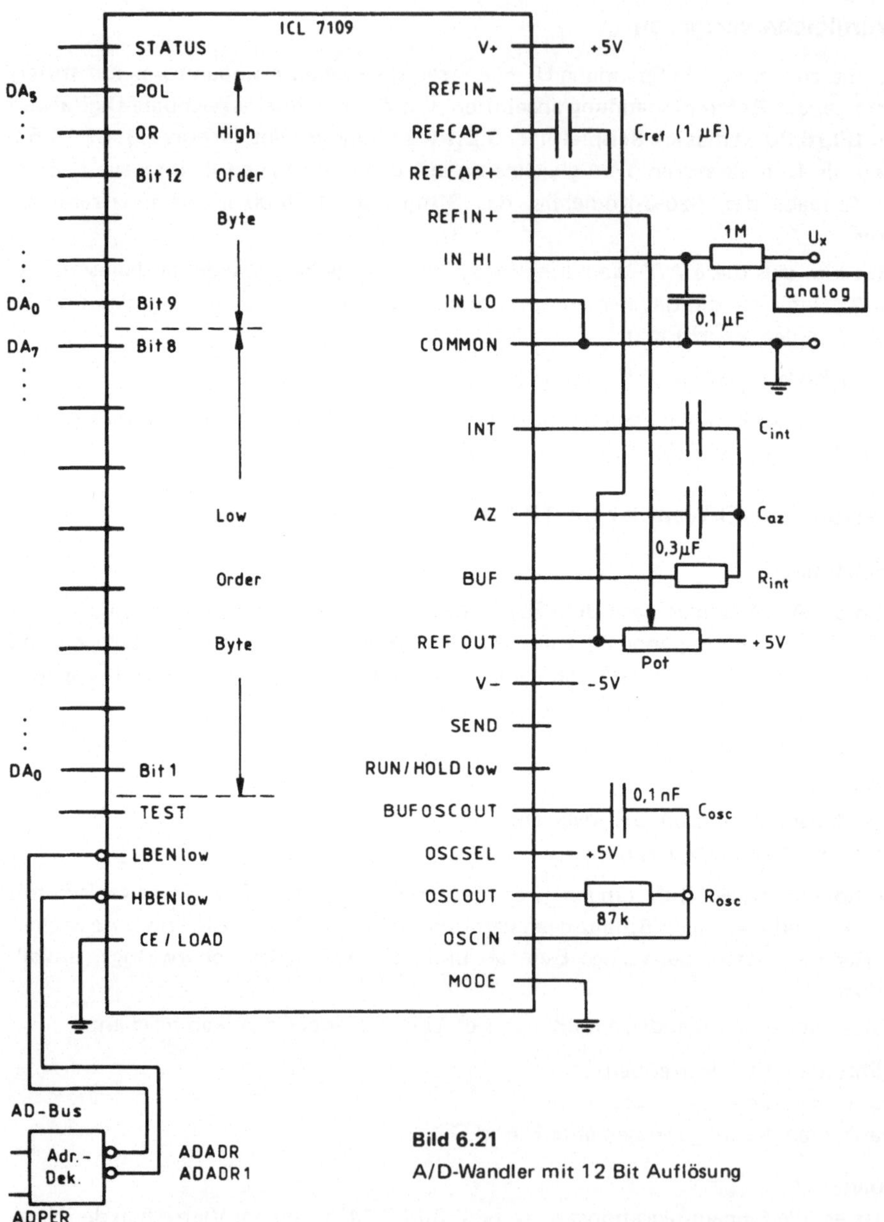

Bild 6.21

A/D-Wandler mit 12 Bit Auflösung

Referenzspannung:

Die Eingangsspannung U_x, die den maximalen Digitalwert 4096 erzeugt, ist beim 7109

$$U_{x\,max} = 2 \cdot U_{ref} \,.$$

Man paßt (für $U_{x\,max} < 5$ Volt) den Wandler über U_{ref} und nicht über einen Spannungsteiler an die maximale Eingangsspannung $U_{x\,max}$ an. Beispiel: Zu $U_{x\,max} = 4{,}096$ V gehört $U_{ref} = 2{,}048$ V.

Die Temperaturabhängigkeit der Referenzspannung ist zu beachten. Für die eingebaute Referenz des 7109 gibt der Hersteller einen Temperaturkoeffizienten von 0,008 % pro Grad an. Das erscheint klein. Vergleicht man jedoch mit der Genauigkeit des Wandlers von 0,024 %, so sieht man, daß bereits 3 Grad Temperaturänderung das lsb verändert. Wenn das stört, muß eine externe Referenz angeschlossen werden.

Integrationselemente R und C:
Aus Gl. (5) folgt

$$R \cdot C = t_1 \cdot U_{x\,max}/U_{a\,max} \; . \tag{6}$$

Dabei ist $U_{a\,max}$ die maximale Ausgangsspannung des eingebauten Integrierers, die bei maximaler Eingangsspannung $U_{x\,max}$ auch erreicht werden sollte. Da der 7109 mit 5 V gespeist wird, kann man $U_{a\,max} = 4\,V$ ansetzen.

Es bedarf noch einer Zusatzbedingung zu (6) zur Festlegung der Komponenten. Beim 7109 beispielsweise fordert der Hersteller, den Strom durch R auf 0,02 mA zu begrenzen:

$$R = U_{x\,max}/0{,}02\;mA \; .$$

Bei Betrachtung der Schaltung in Bild 6.21 erkennt man, daß außer dem Wandlerbaustein nur noch der Adressdekoder mitspielt. Wir haben hier den Fall des Polling: Der Wandler arbeitet unabhängig vom Mikroprozessor und dieser holt sich über die Adresse ADADR das niederwertige Byte und über die Adresse ADADR1 dass höherwertige Byte.

6.2.5.2 Abfrageprogramm

Vor Erstellung des Programms ist zu prüfen, in welchem Kode der A/D-Wandler seine Daten ausgibt. Der 7109 gibt die Daten in natürlicher Binärdarstellung aus, wobei bei positiven Werten das Polaritybit S = 1 ist und bei negativen 0.

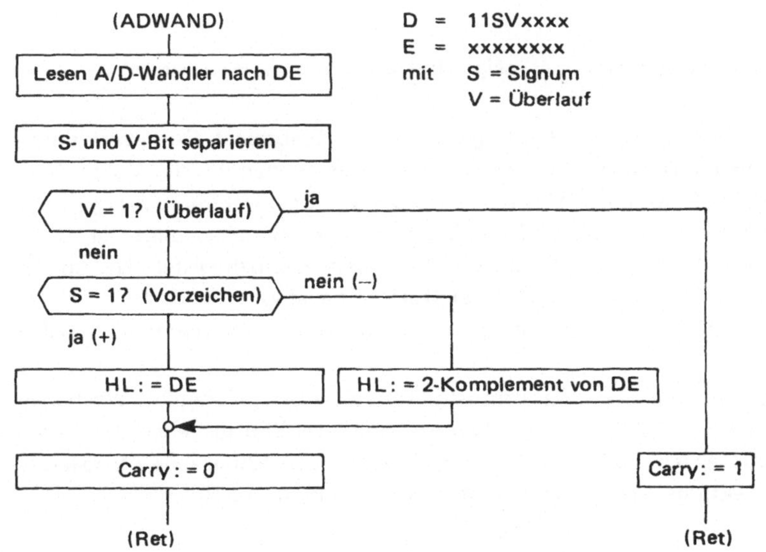

Bild 6.22 Flußdiagramm des Basisprogramms A/D-Wandler

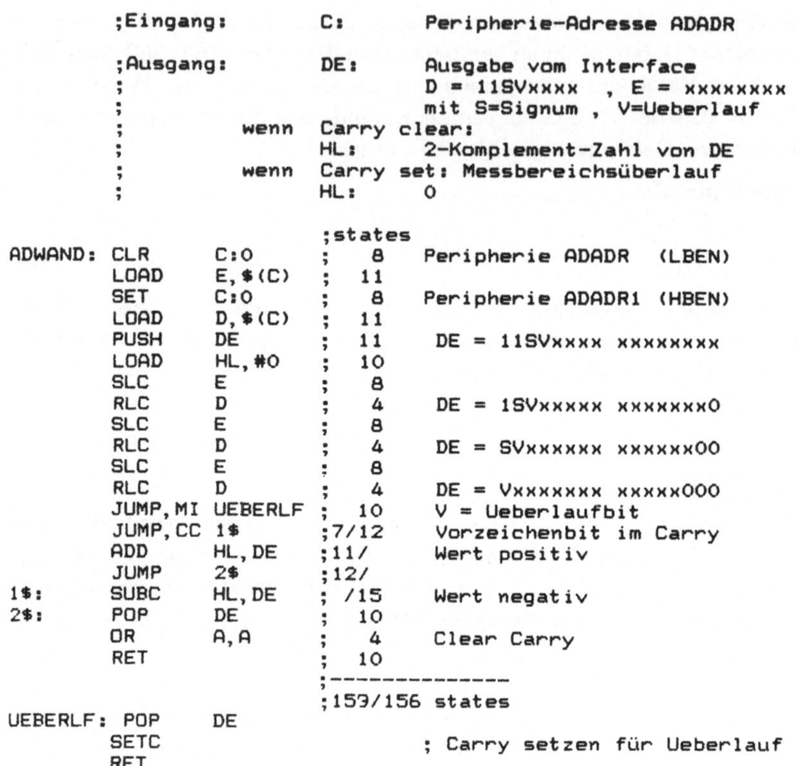

```
        ;Eingang:          C:        Peripherie-Adresse ADADR

        ;Ausgang:          DE:       Ausgabe vom Interface
        ;                            D = 11SVxxxx  , E = xxxxxxxx
        ;                            mit S=Signum , V=Ueberlauf
        ;            wenn   Carry clear:
        ;                            HL:       2-Komplement-Zahl von DE
        ;            wenn   Carry set: Messbereichsüberlauf
        ;                            HL:       0

                                ;states
ADWAND: CLR       C:0       ;    8    Peripherie ADADR   (LBEN)
        LOAD      E,$(C)    ;   11
        SET       C:0       ;    8    Peripherie ADADR1  (HBEN)
        LOAD      D,$(C)    ;   11
        PUSH      DE        ;   11       DE = 11SVxxxx xxxxxxxx
        LOAD      HL,#0     ;   10
        SLC       E         ;    8
        RLC       D         ;    4       DE = 1SVxxxxx xxxxxxx0
        SLC       E         ;    8
        RLC       D         ;    4       DE = SVxxxxxx xxxxxx00
        SLC       E         ;    8
        RLC       D         ;    4       DE = Vxxxxxxx xxxxx000
        JUMP,MI   UEBERLF   ;   10       V = Ueberlaufbit
        JUMP,CC   1$        ;  7/12      Vorzeichenbit im Carry
        ADD       HL,DE     ;  11/       Wert positiv
        JUMP      2$        ;  12/
1$:     SUBC      HL,DE     ;   /15      Wert negativ
2$:     POP       DE        ;   10
        OR        A,A       ;    4    Clear Carry
        RET                 ;   10
                            ;---------------
                            ;153/156 states
UEBERLF: POP      DE
         SETC                         ; Carry setzen für Ueberlauf
         RET
```

Bild 6.23 Basis-Programm A/D-Wandler

Das Flußdiagramm des Basisprogrammes zeigt **Bild 6.22** und die Programmliste ist in **Bild 6.23** zu sehen.

Das Doppelwort des Wandlers wird in den Registern D und E abgelegt. Dann wird durch shift- und rotate-Befehle das Doppelwort soweit nach links geschoben, bis das Vorzeichenbit im Carry steht. Ist das Überlaufbit V = 1, so wird Carry = 1 gesetzt und das Programm ist zu Ende. Ist dagegen V = 0, so wird das Vorzeichenbit S untersucht. Ist S = 1 (d.h., der Wert ist positiv), so wandert der Wert nach dem Doppelregister HL in der Form 0xxxxxxxxxxxx000. Ist S = 1 (d.h., der Wert ist negativ), so wird zunächst das Zweierkomplement des Wertes gebildet und dieses dann nach HL gebracht. Das Carry wird 0 gesetzt.

Von Interesse ist die Zeit, die der Mikroprozessor für eine Abfrage braucht. Wir haben deshalb im Programm (Bild 6.23) die Taktschritte (states) des Z80 für jeden Befehl angegeben. Bei etwa 160 Takten ergibt sich bei einer Taktzeit von 400 ns eine Abfragerate von maximal 5625 je Sekunde. Der gewandelte Wert steht dann im HL-Register.

7 Geräte mit Quittungsverkehr

In den vorigen Kapiteln haben wir Geräte untersucht, die entweder vollkommen ‚stumm‘ sind, also alles ‚schlucken‘ müssen zu dem Zeitpunkt, da der Prozessor es ihnen anbietet, und Geräte, die ohne Rücksicht auf die Aufnahmefähigkeit des Prozessors ihren ‚Redeschwall‘ auf die Leitung loslassen. In beiden Fällen ist nicht automatisch sichergestellt, daß alle Informationen des Senders auch richtig vom Empfänger aufgenommen werden.

Wir besprechen daher in diesem Kapitel das sog. ‚handshake‘-Verfahren, bei dem der Empfänger sowohl das Eintreffen der Sendungen quittiert als auch mitteilt, ob er neue Sendungen aufnehmen kann. Genaugenommen sind dies zwei verschiedene Probleme, denn zwischen der Annahme einer Sendung und der Fähigkeit, neue Sendungen entgegennehmen zu können, liegt die ‚Verarbeitungszeit‘ des Empfängers.

Will man beide Meldungen auseinanderhalten, so muß man ein Dreidraht-handshake durchführen. Die drei handshake-Leitungen werden dabei für folgende Informationen benötigt:

1. Vom Sender kommt das Signal ‚Ich sende Daten‘.
2. Der Empfänger sendet das Signal ‚Ich habe Daten übernommen‘

und außerdem

3. ‚Ich kann neue Daten empfangen‘.

Wir wollen uns im folgenden mit dem durch diese Signale möglichen Quittungs-(handshake-) Verkehr beschäftigen.

7.1 Druckeransteuerung nach Centronics

Der Drucker ist eines der häufigsten Peripheriegeräte. Die Information wird parallel mit ASCII-Zeichen übertragen und die Übergabesteuerung findet mit Dreidraht-handshake statt. Dabei hat sich die Centronics-Philosophie als defacto-Norm durchgesetzt.

7.1.1 Die drei handshake-Signale

Unsere eingangs erwähnten drei Signale finden wir bei Centronics folgendermaßen wieder:

Sender: Ich sende Daten — DATASTROBE.

Empfänger: Ich habe Daten übernommen — ACKNOWLEDGE,
              Ich kann noch keine neuen Daten brauchen — BUSY.

Die Signale haben TTL-Pegel und DATASTROBE und ACKNOWLEDGE sind im 0-Zustand aktiv. In **Bild 7.1** ist die übliche Steckerbelegung gezeigt. Im Gegensatz zu unserer Zählung der Datenleitungen von 0...7 wird beim Centronics-Stecker von 1...8 gezählt.

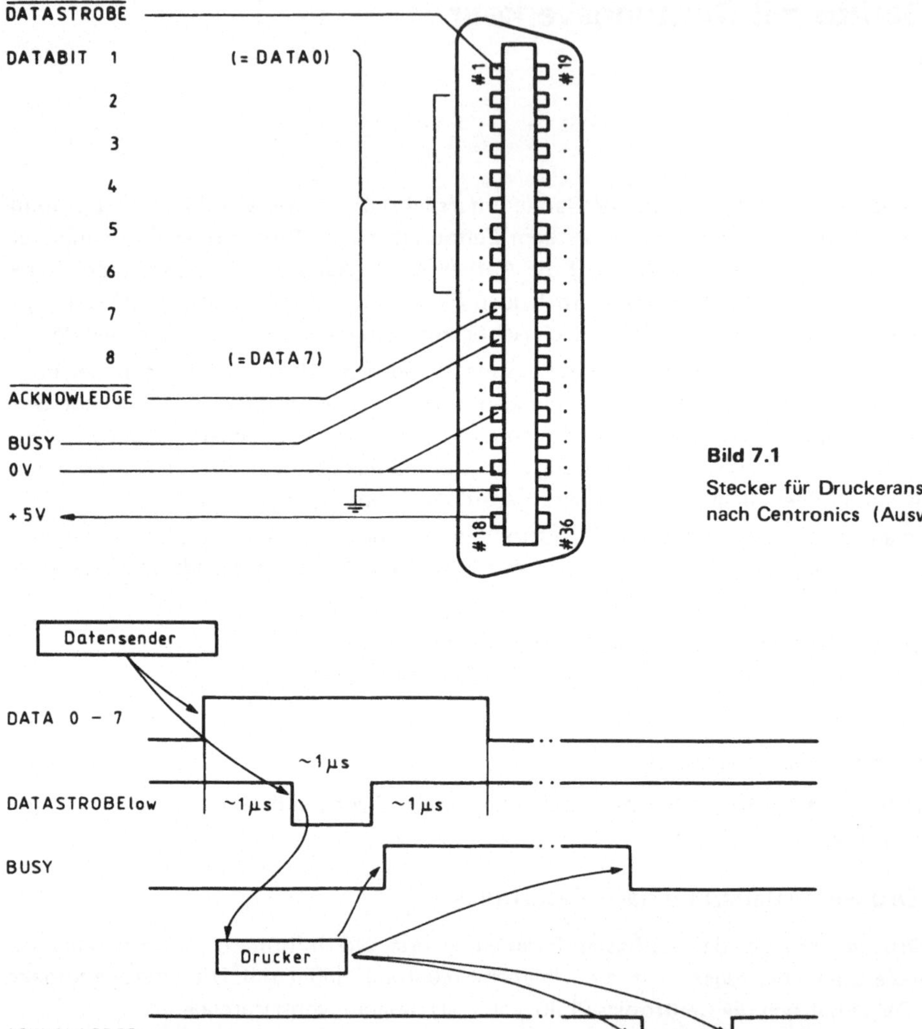

Bild 7.2 Übernahmeprotokoll einer Centronics-Schnittstelle

7.1.2 Zeitlicher Ablauf

Das Protokoll eines Datenübergabezyklusses ist in **Bild 7.2** zu sehen. Die angegebenen Zeiten sind nur als Anhaltswerte zu verstehen.

Der Ablauf im einzelnen:

1. Mit DATASTROBE teilt der Sender mit, daß die Daten im Interfacespeicher übernahmebereit sind. Das Signal DATASTROBE ist nur ein Impuls. Der Drucker muß also jederzeit bereit sein, dieses Signal zu akzeptieren. (Beim IEC-Bus dagegen nimmt der

Sender das entsprechende Signal DAV erst aufgrund einer Quittierung seitens des Empfängers zurück.)

2. Solange der Drucker die Daten verarbeitet (also druckt), zeigt er dies mit BUSY an.

3. Ist er damit fertig, so signalisiert er mit ACKNOWLEDGElow, daß er das nächste Byte
   empfangen kann.

7.2 Das Zweidraht-handshake-Verfahren

Das Signal BUSY kann entfallen, wenn man folgende Bedingungen erfüllt:

1. Das unverzögerte Ausgabesignal des Mikrocomputers DATASTROBE wird im Interface zum Setzen eines Ersatz-,,BUSY'' namens READYlow benutzt.

2. Die Druckerrückmeldung ACKNOWLEDGElow nimmt das Ersatz-,,BUSY'' zurück,
   d.h., setzt READY aktiv. READY signalisiert dem Mikrocomputer, daß er neue Daten
   senden kann.

Im folgenden wird das Interface zwischen einem Drucker und einem Mikrocomputer
beschrieben, bei dem auf das nach obigem redundante Signal BUSY verzichtet wird.

7.2.1 Hardware-Interface

Das Interface (**Bild 7.3**) untersucht zwei Informationen:

1. Die Leitung ACKNOWLEDGE wird dauernd abgefragt. Nur wenn das Signal aktiv ist,
   wird auch READY auf aktiv gesetzt. Das Interface reicht also ACKNOWLEDGElow
   als READY an den Mikrocomputer weiter.

2. Wählt der Mikrocomputer das Interface zwecks Datenübergabe an, so heißt das, daß
   PAROUT aktiviert wird.

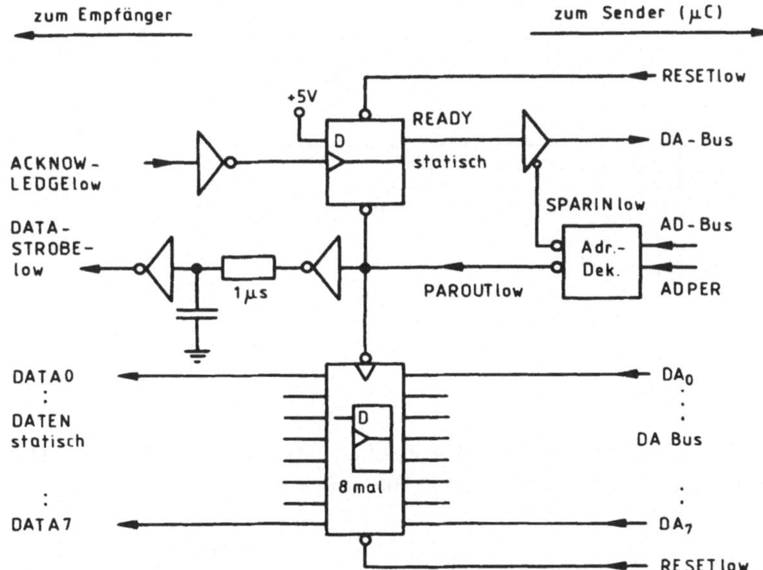

Bild 7.3 Schaltung des Interface zwischen Mikrocomputer und Drucker

Dann geschieht dreierlei:

a) Die gleichzeitig vom Mikrocomputer gelieferten Daten werden in den acht D-Flipflops zwischengespeichert;

b) READY wird passiv gesetzt, um zu verhindern, daß der Mikrocomputer weitere Daten sendet;

c) Das Signal PAROUTlow wird um 1 μs verzögert. Dies ergibt den verzögerten Impuls DATASTROBElow, dessen Länge von PAROUT abhängt. Damit wird der Empfänger auf Datenübernahme geschaltet. Beim Einschalten des Mikrocomputers wird einmalig über RESET der Datenbus auf 0 und READY auf 1 gesetzt: Das Senden kann beginnen.

In **Bild 7.4** ist die zeitliche Folge der Signale für drei Fälle aufgezeichnet:

a) bereit (die Datenübertragung kann beginnen),

b) zu früh (der Mikrocomputer muß noch warten),

c) wieder bereit (die Übertragung kann weitergehen).

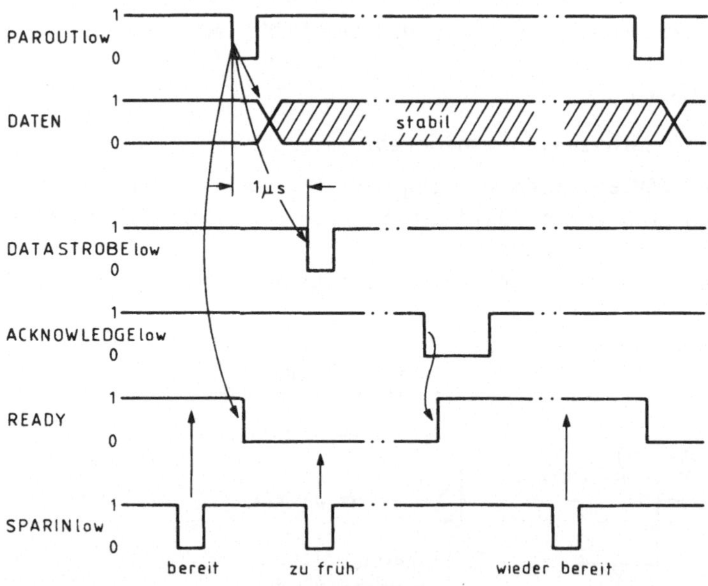

Bild 7.4 Zeitlicher Verlauf der Signale bei Datenübergabe

7.2.2 Software-Interface

Das Basisprogramm WRITEPAR sendet ein ASCII-Zeichen bitparallel zum Drucker. Das Flußdiagram zeigt **Bild 7.5**, das Assemblerprogramm **Bild 7.6**.

Mit dem Befehl

        LOAD A, $SPARIN

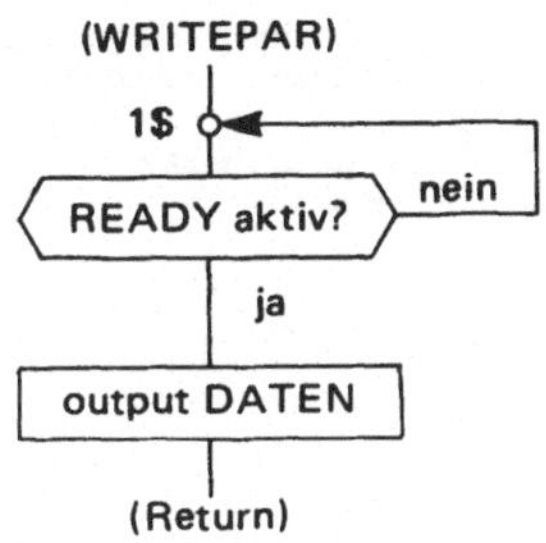

Bild 7.5

Flußdiagramm des Basisprogramms WRITEPAR

```
;Eingang:        A: Zeichen

        MREADY = 040            ; Maske für READY-bit (z.B. Bit 5)

WRITEPAR: PUSH  AF             ; Zeichen retten
1$:       LOAD  A,$SPARIN      ; Statuswort lesen
          AND   A,#MREADY      ; Bit selektieren
          JUMP.,EQ 1$          ; Ready ?
          POP   AF             ; Zeichen wieder holen
          LOAD  $PAROUT,A      ; Output
          RET
```

Bild 7.6 Assemblerliste des Basisprogramms WRITEPAR

wird das Signal READY abgefragt. Da es nur eine Datenleitung belegt, werden die unwichtigen Bits durch die Maske MREADY ausgeblendet:

```
    READY   xx 1xx xxx
    MREADY  00 100 000
    ─────────────────────
    AND  00 100 000
```

Ist kein Signal READY vorhanden, so ergibt die AND-Verknüpfung lauter 0. Ist es vorhanden, so wird mit

    LOAD $PAROUT, A

das Datenbyte von Register A auf die Adresse $PAROUT gegeben.

7.3 Druckprogramm

Das Druckprogramm besteht aus drei Makroprogrammen, die bei Bedarf vom Hauptprogramm aufgerufen werden:

OPEN: Setzt Drucker und Druckprogramm in den Anfangszustand;

SENDEBYTE: Regelt den Ablauf der Übertragung der einzelnen Bytes;

CLOSE: Beendet die letzte, ausgedruckte Seite mit Leerzeilen.

Im einzelnen:

Das Makroprogramm OPEN ist in **Bild 7.7** (Flußdiagramm) und **Bild 7.8** (Assemblerprogramm) gezeigt. Es legt das gewünschte Seitenformat fest. Mit den nach US-Norm üblichen 72 Zeilen pro Seite erhält man näherungsweise eine DINA4-Seite (bei 6 Zeilen/Zoll).

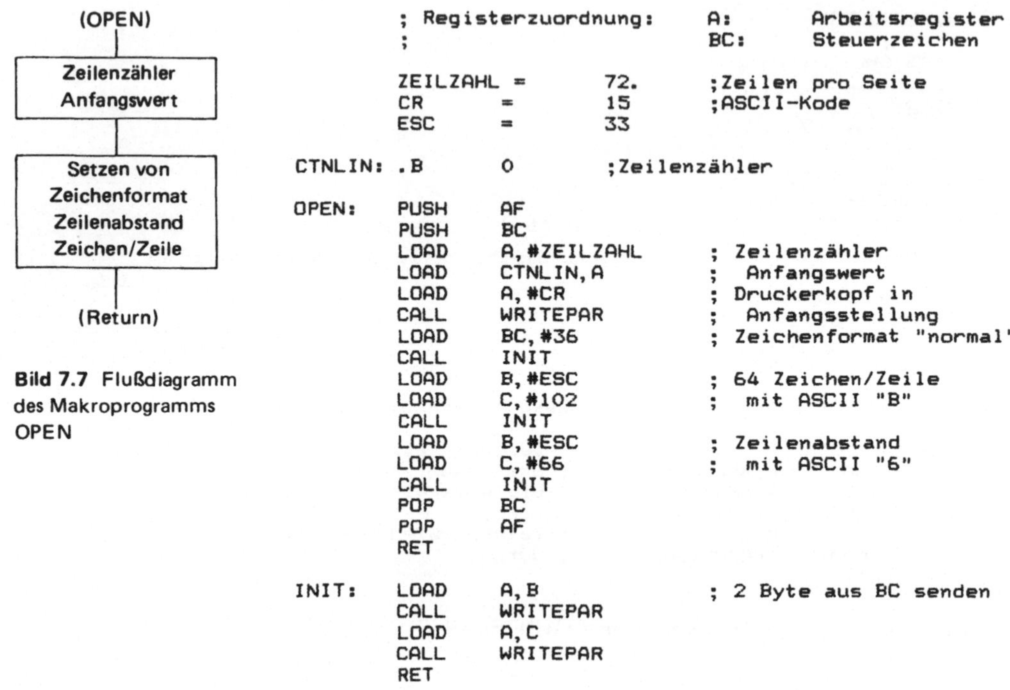

Bild 7.7 Flußdiagramm des Makroprogramms OPEN

Bild 7.8 Assemblerliste des Makroprogramms OPEN

ZEILZAHL = 72 wird im Zähler CNTLIN abgelegt. Die folgenden hardware-Befehle sind zum Teil druckerspezifisch. Unser Beispiel bezieht sich auf den Drucker OKI 80. Mit dem ASCII-Zeichen CR (carriage return) wird der Druckkopf auf Startposition gefahren. Mit der Oktalzahl 36 im Doppelregister BC wird das Zeichenformat festgelegt (eng, normal, weit). Die ASCII-Zeichen ESC (escape) und B im Register BC signalisieren dem OKI-Drucker 64 Zeichen/Zeile. Die Zeichenkombination ESC und 6 bedeutet einen Zeilenabstand von 6 Zeilen/Zoll. Mit LF (line feed) wird um eine Zeile weitergeschaltet und beim OKI 80 gleichzeitig ein CR ausgeführt.

Das Makroprogramm SENDEBYTE ist in **Bild 7.9** (Flußdiagramm) und in **Bild 7.10** (Assemblerprogramm) gezeigt.

Das Programm prüft zunächst mit

$$CNTLIN - (LEERZEIL + 1) < 0 ,$$

ob die Seite bis auf 6 Zeilen zu Ende geschrieben ist. Wenn nicht, wird das Datenbyte aus dem in Register DE indizierten Speicherplatz geholt und nach Register A gebracht. Wenn es kein Steuerzeichen CR ist, wird es mit WRITEPAR zum Drucker ausgegeben. Wie das Zeichen CR könnten natürlich auch andere Spezialzeichen herausgefiltert und einer besonderen Behandlung zugeführt werden.

Ergibt die obige Subtraktion dagegen einen Wert < 0, so werden mittels Unterprogramm UPFF sechs Leerzeilen als Seitentrenner eingeschoben.

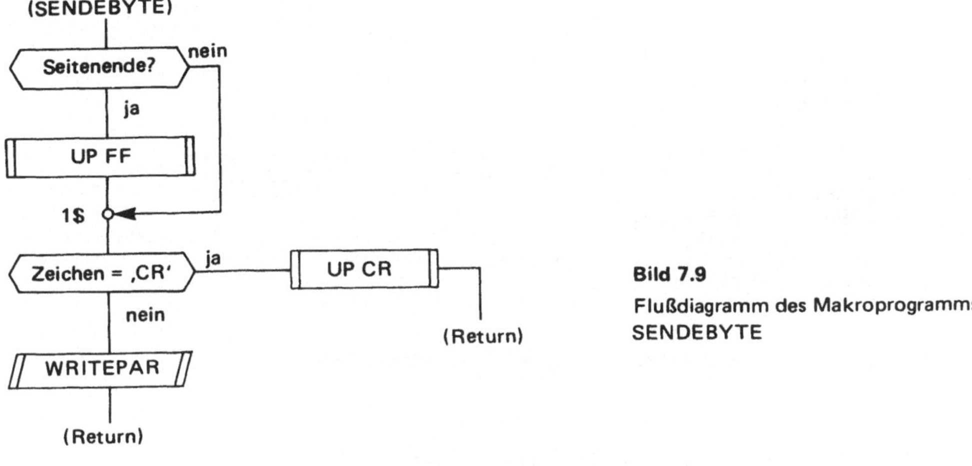

Bild 7.9
Flußdiagramm des Makroprogramms SENDEBYTE

```
      ; Eingang:         CNTLIN: Zeilenzähler ( siehe OPEN )
      ;                  DE: Pointer zum Zeichen

      ;modifiziert:      A,F

      CR        =        15          ;ASCII-Kode
      LEERZEIL =         6

SENDEBYT: LOAD   A,CTNLIN            ; Leerzeilen bei Seitenende
      SUB        A,#LEERZEIL+1
      JUMP.,HS 1$
      CALL       UPFF
1$:       LOAD   A,(DE)              ;Zeichen lesen
      COMP       A,#CR              ;Spezialzeichen ?
      JUMP.,EQ UPCR
      CALL       WRITEPAR           ;sende Zeichen
      RET
```

Bild 7.10 Assemblerliste des Makroprogramms SENDEBYTE

Von Interesse sind noch die Unterprogramme UPCR (**Bild 7.11**) und UPFF (**Bild 7.12**). Im Programm UPCR wird der Zähler CNTLIN, in dem die aktuelle Zeilenzahl steht, um 1 erniedrigt. Dann wird ein LF gesendet. Bei CNTLIN = 0 wird auf 72 zurückgesetzt.

Im Programm UPFF wird die aktuelle Zeilenzahl in CNTLIN vollends auf 0 gezählt. Bei jedem Zählschritt wird über UPCR eine Leerzeile ausgegeben. Damit kann eine nur teilweise beschriebene Seite mit Leerzeilen aufgefüllt werden.

Das Makroprogramm CLOSE besteht in der einfachsten Version lediglich aus dem Unterprogramm UPFF (vgl. **Bild 7.13** und 7.12). Es wird vom Hauptprogramm aufgerufen, wenn das Druckprogramm nicht mehr gebraucht wird: Die angefangene Seite wird mit Leerzeilen zu Ende geführt.

```
        ; Eingang:        CNTLIN: Zeilenzähler

        ; modifiziert:   A,F

        LF      =       10
        ZEILZAHL =      72.

UPCR:   LOAD    A,CNTLIN        ; Zeilenzähler dekrementieren
        DEC     A               ;  (bei 0 zurück auf ZEILZAHL )
        JUMP.,NE 1$
        LOAD    A,#ZEILZAHL
1$:     LOAD    CNTLIN,A
        LOAD    A,#LF           ; senden Linefeed
        CALL    WRITEPAR
        RET
```

Bild 7.11 Unterprogramm UPCR für Zeilenvorschub und Wagenrücklauf

```
        ; Eingang:        CNTLIN: Zeilenzähler

        ; modifiziert:   A,B,F

UPFF:   LOAD    B,CNTLIN
1$:     CALL    UPCR
        DECJ,NE B,1$
        RET
```

Bild 7.12

Unterprogramm UPFF für Seitentrenner

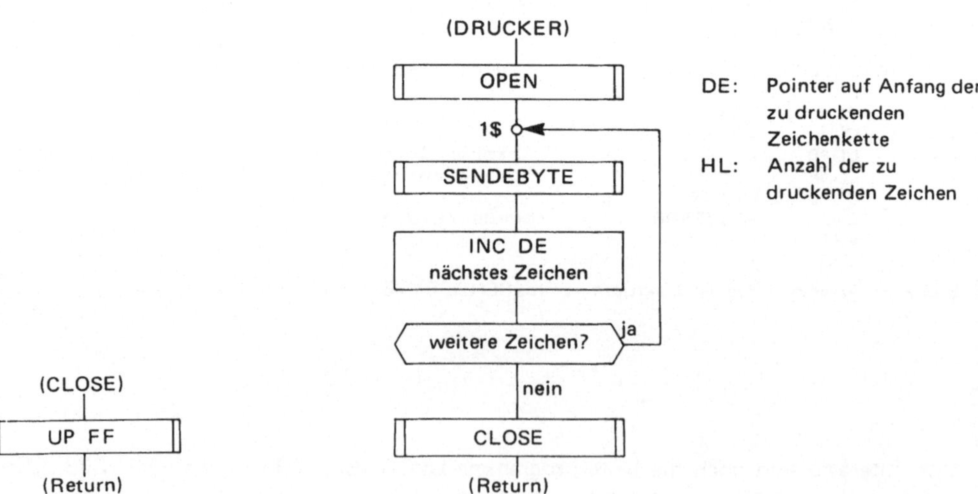

Bild 7.13 Flußdiagramm des
Makroprogramms CLOSE

Bild 7.14 Flußdiagramm des Programms für den Drucker

Das Makroprogramm DRUCKER schließlich setzt im Speicher eine Zeichenkette voraus,
die auf den Drucker gegeben werden soll. Das Flußdiagramm (**Bild 7.14**) zeigt die bereits
besprochenen Makroprogramme OPEN, SENDEBYTE und CLOSE als Bestandteile dieses
Programms. Die Assemblerliste ist in **Bild 7.15** zu sehen.

```
            ; Eingang:        DE:  Pointer auf 1. Zeichen
            ;                 HL:  Anzahl der Zeichen

            ; modifiziert:    A,B,F,DE,HL

DRUCKER: CALL    OPEN
1$:      CALL    SENDEBYT
         INC     DE
         DEC     HL
         LOAD    A,H
         OR      A,L
         JUMP.,NE 1$        ; HL = 0 ?
         CALL    UPFF       ; bzw. CLOSE
         RET
```

Bild 7.15
Programm für den Drucker

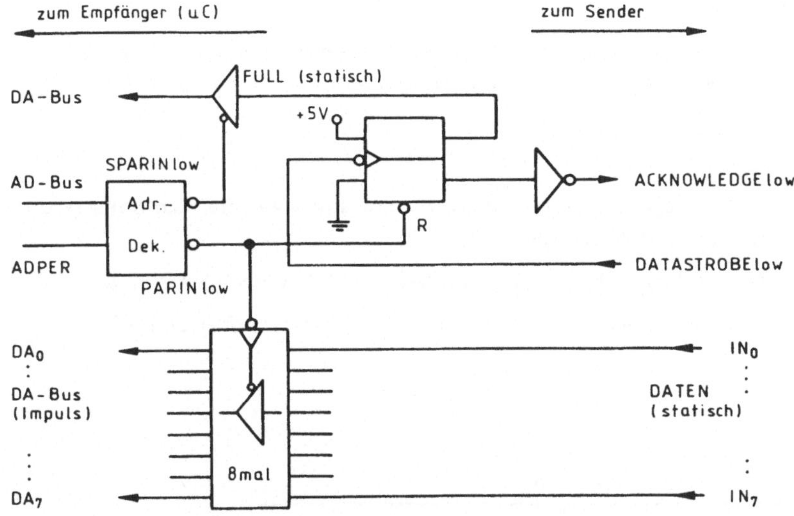

Bild 7.16 Schaltung des Interface auf der Empfängerseite

7.4 Verkehr zwischen zwei Mikrocomputern

Es erscheint uns sinnvoll, den Datenaustausch zwischen zwei Mikrocomputern auf der Basis des soeben besprochenen Zweidrahthandshake zu untersuchen. Wir ersetzen dabei den im Abschnitt 7.2 als Peripheriegerät betrachteten Drucker durch einen zweiten Computer mit entsprechender hard- und software.

7.4.1 Hardware-Interface

Das **Bild 7.16** zeigt die Schaltung des Interface für den Empfänger-Mikrocomputer. Zur Initialisierung erzeugt der Empfänger-Mikrocomputer (über Adressbus und ADPER) das Signal PARINlow. Dies bewirkt ein Rücksetzen des Flipflops. Dadurch wird FULL auf 0 und ACKNOWLEDGElow ebenfalls auf 0 gesetzt. Der Sender wird zur Abgabe eines Datenbyte ermuntert.

Liefert jetzt der Sender mit DATASTROBElow einen Aktivierungsimpuls, so wird das Flipflop getriggert und die Signale FULL und ACKNOWLEDGElow gehen auf 1. Die Daten stehen statisch an den acht Gattern.

Bei Abfrage des FULL erkennt der Empfänger-Mikrocomputer, daß Daten für ihn bereitstehen. Er ruft sie über PARIN ab. Gleichzeitig mit diesem Einlesebefehl wird das Flipflop wieder zurückgesetzt und der Anfangszustand „empfangsbereit" ist wieder erreicht. Der Leser kann sich diesen Ablauf anhand des Zeitdiagrammes in **Bild 7.17** veranschaulichen.

7.4.2 Software-Interface

Das Basisprogramm READPAR ist in **Bild 7.18** (Flußdiagramm) und in **Bild 7.19** (Assemblerliste) dargestellt. Es fragt mit

        LOAD A, $SPARIN

das FULL-Bit ab. Die nicht interessierenden Bits des Busses werden mit der Maske MFULL ausgeblendet. Ist FULL aktiv, so übernimmt das Programm mit dem Lesebefehl

        LOAD A, $PARIN

das Datenbyte ins Register A.

Die kürzestmögliche Übertragungszeit für ein Byte (nur software-Interface ohne Hauptprogramm) bestimmt man folgendermaßen:

        T = 12,4 μs (READPAR) + 16,8 μs (WRITEPAR) + 1 μs (Verzög.) = 30,2 μs.

Das bedeutet eine maximale Übertragungsrate von etwa 33 KByte/s oder 264 KBaud.

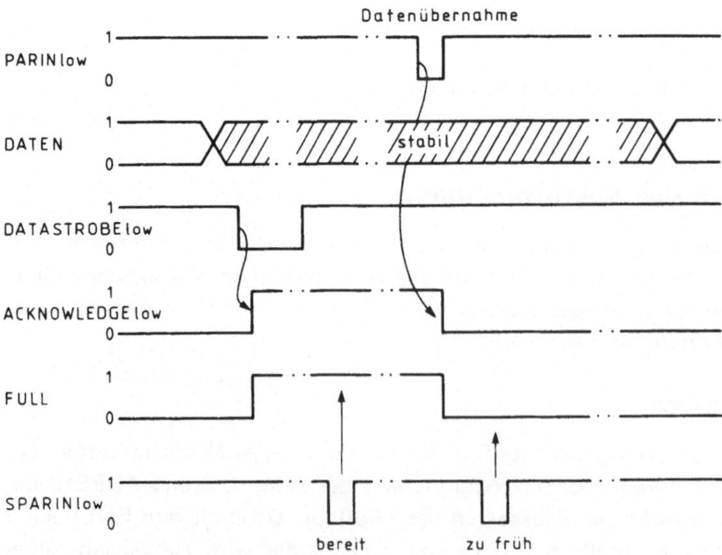

Bild 7.17 Zeitlicher Ablauf der Signale beim Empfängerinterface

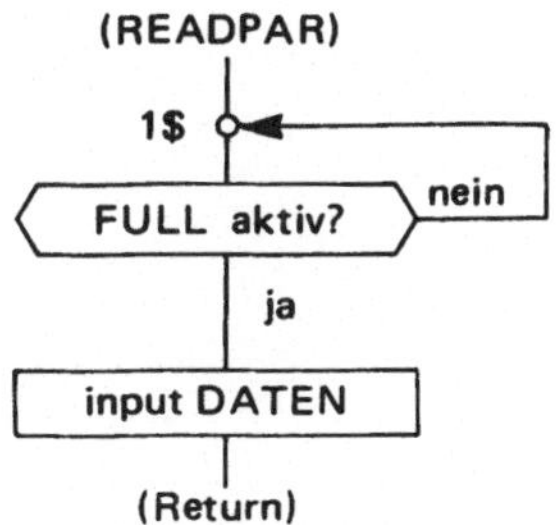

Bild 7.18 Flußdiagramm des Basisprogramms READPAR

```
        ; Ausgang:        A: Zeichen
        ; benutzt:        F

        MFULL    = ...             ; Maske für FULL-Bit

READPAR:
1$:     LOAD     A,$SPARIN         ; 10 states     Statuswort lesen
        AND      A,#MFULL          ; 4             Bit selektieren
        JUMP.,EQ 1$               ; 7             FULL ?
2$:     LOAD     A,$PARIN          ; 10            Input
        RET
```

Bild 7.19 Assemblerliste des Basisprogramms READPAR

8 Externe Bussysteme

8.1 Der IEC-Bus

8.1.1 Übersicht über das System

Der IEC-Bus ist ein datenparalleler, bidirektionaler Bus, der bei automatischen Meß-
systemen mit mehreren Teilnehmern Anwendung findet. Neuerdings findet man auch die
Bezeichnung GPIB (General Purpose Interface Bus). Er wurde Anfang der siebziger
Jahre von der Firma hp (hewlett-packard) entwickelt und ist in der Zwischenzeit international anerkannt, verbreitet und doppelt genormt:

- Nach DIN DKE 66.22 / IEC 625: 25-poliger Stecker (Cannon u.a.), siehe **Bild 8.1a;**
  bzw.
- nach IEEE 488: 24-poliger Stecker (Amphenol u.a.), entsprechend hp (**Bild 8.1b**).

(DKE: Deutsche Kommission für Elektrotechnik in der IEC; IEC: International Electro-
technical Commission; IEEE: Institute of Electronic and Electrical Engineers (USA).)

Der Unterschied der beiden Normen liegt vor allem in der Steckerstiftbelegung.

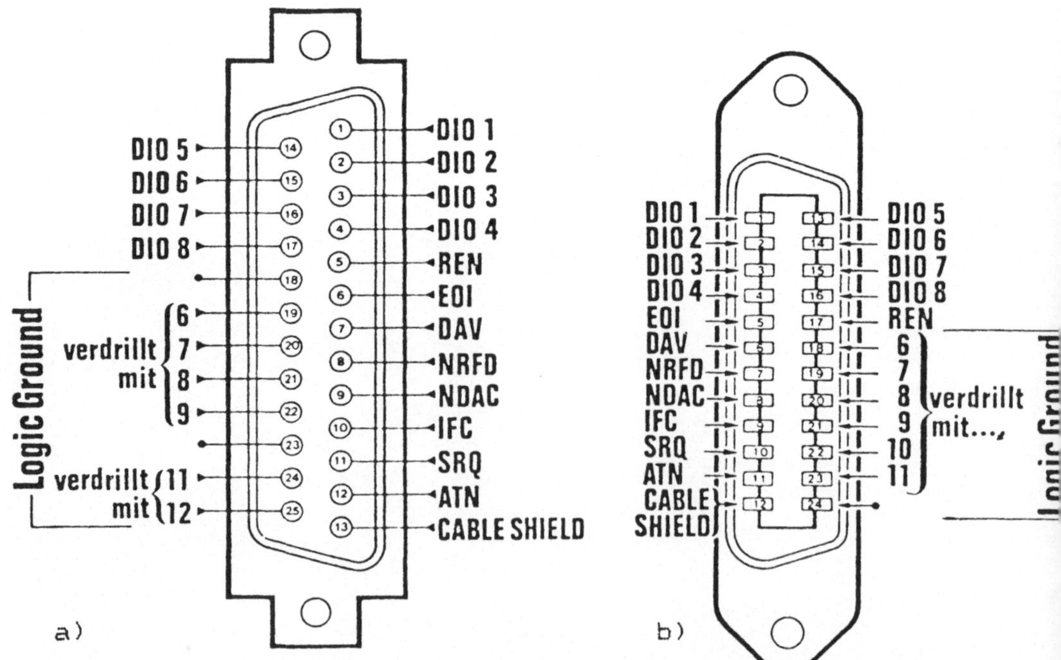

Bild 8.1 Die zwei IEC-BUS-Stecker [8.1]
a) IEC b) IEEE

Prozessor	IEC-Bus		
	Stecker		
DA-Bus	IEEE	IEC	Bezeichnung der Leitung
	8 Datenleitungen		
	,DATEN' für ATN = passiv ,ADRESSEN' oder ,KOMMANDOS' für ATN = aktiv		
DA0	[1]	[1]	DIO1 (Data Input/Output)
DA1	[2]	[2]	DIO2
DA2	[3]	[3]	DIO3
DA3	[4]	[4]	DIO4
DA4	[13]	[14]	DIO5
DA5	[14]	[15]	DIO6
DA6	[15]	[16]	DIO7
DA7	[16]	[17]	DIO8
	3 Handshake-Leitungen		
DA4	[6]	[7]	DAV (DAta Valid)
DA6	[7]	[8]	NRFD (Not Ready For Data)
DA7	[8]	[9]	NDAC (Not Data ACepted)
	5 Kontroll-Leitungen		
DA1	[17]	[5]	REN (Remote ENable)
DA5	[5]	[6]	EOI (End Or Identify)
DA2	[9]	[10]	IFC (InterFace Clear)
DA0	[10]	[11]	SRQ (Service ReQuest)
DA3	[11]	[12]	ATN (ATteNtion)

Bild 8.2 Mögliche Zuordnung der Signale des IEC-Bus zu dem μC-Datenbus. Alle Leitungen sind ,,aktiv-0'' geschaltet.

Der IEC-Bus besitzt 16 Leitungen (**Bild 8.2**):

● acht Datenleitungen für bitparallele, byteserielle Datenübertragung,
● drei handshake-Leitungen zur Steuerung der Datenübertragung,
● fünf Kontroll-Leitungen zur Steuerung der Busteilnehmer.

An den Bus können bis zu 15 Teilnehmer angeschlossen werden, und zwar

● Talker, d.h. Datensender, z.B. Frequenzzähler;
● Listener, d.h. Datenempfänger, z.B. Drucker;
● Talker/Listener, d.h. Datensender/-empfänger, z.B. Digitalmultimeter DMM;
● Controller, d.h. Steuergeräte, z.B. Mikrocomputer.

Die Datenübertragung auf dem Bus ist mit maximal 1 Mbyte/s sehr schnell, die maximale Kabellänge liegt bei 15 m, der Pegel ist der von TTL.

Das Folgende bietet eine Einführung in die Arbeit mit dem IEC-Bus.

8.1.2 Die Organisation des Busses

Die im vorigen Abschnitt erwähnten Busleitungen teilen sich im einzelnen auf, wie Bild 8.2 zeigt. Die fünf Kontroll-Leitungen transportieren hardware-Befehle, die entweder vom Controller (also dem Mikrocomputer) zu allen Geräten gehen, oder — im Falle von SRQ — von einem Gerät zum Controller. (Die Zuordnung der IEC-Bus-Leitungen zum Mikrocomputer-Datenbus in Bild 8.2 ist nur als Beispiel zu verstehen.)

Die acht Datenleitungen können auch zur Übermittlung von software-Befehlen dienen. Als „Umschalter" dient der hardware-Befehl ATN. Es sind insgesamt 128 Befehlsworte und Adressen möglich, deren Bereiche in **Bild 8.3** tabelliert sind. Die tatsächlich verwendeten Kommandoworte zeigt **Bild 8.4**. Bei Bedarf werden wir darauf zurückkommen.

hexa	oktal	Bedeutung der Datenleitungen bei ATN = aktiv
0 — F	000—017	Adressierte Kommandos
10 — 1F	020—037	Universal-Kommandos
20 — 3E	040—076	Listener- (Empfänger-) Adressenbereich
3F	077	UNL, Löscht alle Listener
40 — 5E	100—136	Talker- (Sender-) Adressenbereich
5F	137	UNT, Löscht alle Talker
60 — 7F	140—177	reserviert für spätere Anwendungen

Bild 8.3 Die Bereiche der möglichen software-Kommandos und Adressen des IEC-Bus

8.1.3 Das Dreidraht-handshake-Verfahren

8.1.3.1 Die Signale

Bereits in Kapitel 7 hatten wir das Dreidraht-handshake erwähnt, realisiert durch die Centronics-„Norm". Wir wiederholen die dortigen Signale hier und ergänzen sie durch die IEC-Bussignale:

Sender:

| Ich sende Daten | DATASTROBElow | DATAVALID (DAV) |

Empfänger:

| Ich habe Daten noch nicht übernommen | ACKNOWLEDGElow | NO DATA ACCEPTED (NDAC) |
| Ich kann noch keine neuen Daten empfangen | BUSY | NOT READY FOR DATA (NRFD) |

Im besagten Kapitel 7 hatten wir das BUSY-Signal für redundant erklärt unter der Voraussetzung, daß DATASTROBE nur als Impuls auftritt. Beim IEC-Bus sind nun möglicherweise verschieden schnelle Teilnehmer angeschlossen, so daß das DAV-Signal erst weggenommen werden kann, wenn der langsamste Teilnehmer dies gestattet. Damit ist hier das dem BUSY entsprechende Signal NRFD notwendig.

Kommando	Kode			Bedeutung
	ASCII	okt	dezi	
Entadressier-Kommandos:				
UNL (unlisten)	?	077	63	Löscht alle Listener
UNT (untalk)	—	137	95	Löscht alle Talker
Universal-Kommandos:				
LLO (local Lockout)	DC1	021	17	Setzt alle Handbedienungselemente der Geräte außer Betrieb
DCL (device clear)	DC4	024	20	Bringt alle Geräte in den Einschaltzustand
PPU (parallel poll unconfigured)	NAK	025	21	Veranlaßt alle Geräte, ein vorher bestimmtes Bitmuster auf die Datenleitung zu setzen
SPE (serial poll enable)	CAN	030	24	Setzt alle Bedingungen für Statusabfragen
SPD (seriell poll disable)	EM	031	25	Löscht die Bedingung für Statusabfragen
Adressierte Kommandos:				
SDC (selective device clear)	EOT	004	4	Bringt das adressierte Gerät in den Einschaltzustand
GTL (go to local)	SOH	001	1	Bringt das adressierte Gerät in die Handbedienung zurück
GET (group execute trigger)	BS	010	8	Löst eine Messung bei allen vorprogrammierten Geräten aus
PPC (parallel poll configure)	ENQ	005	5	Bestimmt, welches Bit ein Gerät bei der ‚parallel poll'-Abfrage aktivieren soll
TCT (take control)	HT	011	9	Übergibt die Kontrolle vom Kontroller an das adressierte Gerät

Bild 8.4 Software-Kommandos des IEC-Bus

Der Leser mag sich fragen, warum die beiden Signale NDAC und NRFD mit Verneinung arbeiten. Um diese für das Verständnis des IEC-Busses wichtige Frage zu klären, holen wir weiter aus:

Die Signale und die Daten des IEC-Busses sind generell aktiv beim Pegel 0. Dies ist bei der Datenübertragung so üblich und wird allgemein durch hochgesetzte Querstriche (z.B. $\overline{\text{ADPER}}$) oder (wie in diesem Buch) durch die Nachsilbe -low (z.B. ADPERlow) gekennzeichnet. Die IEC-Norm läßt der Einfachheit halber beide Kennzeichen weg (z.B.: DAV bedeutet also genauer DAVlow).

Nun wollen wir uns im Lichte dieser Pegelphilosophie die Signale RFD anschauen, die von zwei Teilnehmern 1 und 2 stammen und über open-collector-Ausgänge auf die gemeinsame Busleitung gehen (**Bild 8.5**).

Sind die Signale aktiv-low, so ergibt sich die Verknüpfung

RFD1 or RFD2 = RFD .

Dies nennt man wired-OR (Bild 8.5a).

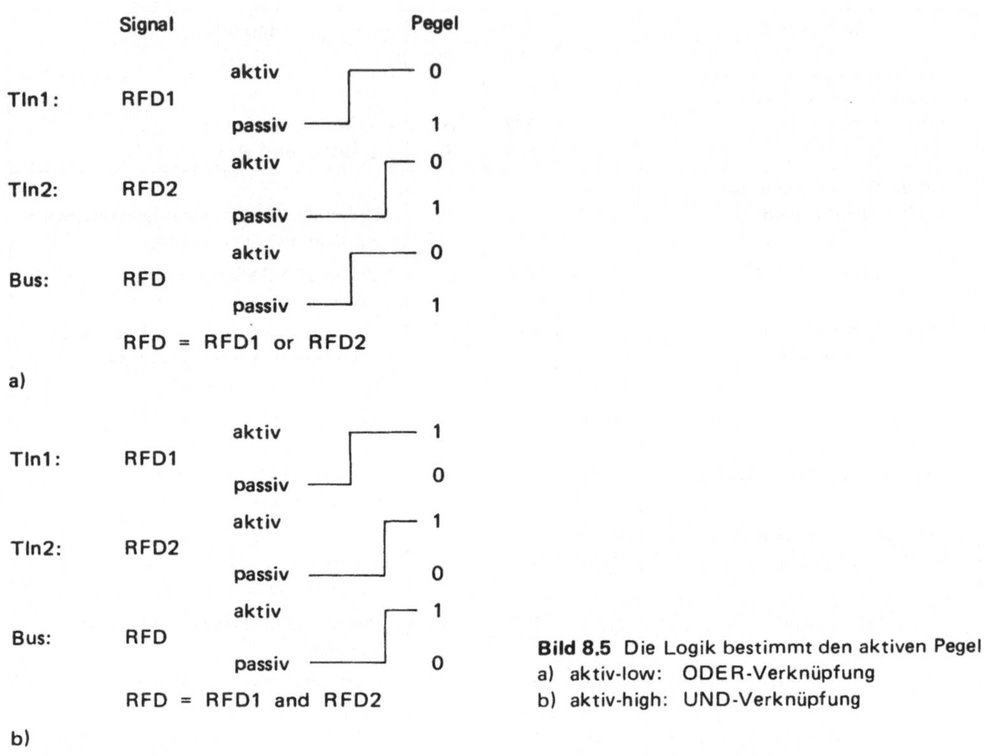

Bild 8.5 Die Logik bestimmt den aktiven Pegel
a) aktiv-low: ODER-Verknüpfung
b) aktiv-high: UND-Verknüpfung

Sind dagegen die Signale aktiv-high, so ergibt sich die Verknüpfung

$$RFD1 \text{ and } RFD2 = RFD.$$

Dies nennt man wired-AND (Bild 8.5b).

Von der Sache her benötigen wir die UND-Verknüpfung: Erst wenn auch der langsamere Teilnehmer 2 RFD2 sendet, darf dem Controller ein allgemeines RFD signalisiert werden. Nun sind wir aber mit der Bezeichnung im Dilemma: RFD ist normwidrig aktiv bei high und muß es aus logischen Gründen auch bleiben. Man rettet sich, indem man NRFD schreibt, was ja dann aktiv bei low ist.

Also gilt für das invertierte Signal:

$$NRFD = \text{not } (RFD).$$

Bei aktiv-low gilt nach Bild 8.5a:

$$NRFD = NRFD1 \text{ or } NRFD2.$$

Für das nichtinvertierte Signal folgt die UND-Verknüpfung aus de Morgans Gesetz:

$$RFD = \text{not } (NRFD) = \text{not } (NRFD1 \text{ or } NRFD2)$$
$$= (\text{not } (NRFD1)) \text{ and } (\text{not } NRFD2)) = RFD1 \text{ and } RFD2.$$

Dasselbe gilt für das Signal DAC, welches zu NDAC wird.

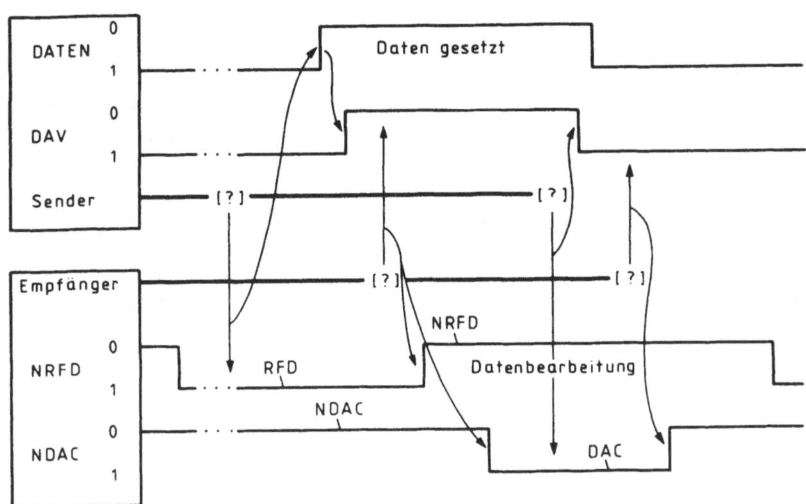

Bild 8.6 IEC-Bus: Datenübergabeprotokoll. [?] bedeutet Abfrage der Leitung

8.1.3.2 Datenübergabeprotokoll

Den Verlauf einer Datenübergabe bzw. -übernahme zeigt in seiner zeitlichen Abfolge **Bild 8.6**. In diesem Diagramm sind die aktiven Zustände unabhängig vom tatsächlichen Pegel in positive Richtung gezeichnet.

Der Ruhezustand ist derjenige links im Diagramm. Der Start erfolgt durch den Empfänger, der durch ,Ready For Data' seine Aufnahmebereitschaft signalisiert. Der weitere Ablauf ist durch die Wirkungspfeile erkennbar. Die Abfrage des Busses durch Sender oder Empfänger ist durch [?] gekennzeichnet. Den ganzen Vorgang aus der Sicht des Senders zeigt das Flußdiagramm in **Bild 8.7**. Entsprechend ist in **Bild 8.8** das Flußdiagramm für den empfängerseitigen Ablauf zu sehen. Der Leser findet jeweils die Marke [?] des Bildes 8.6 wieder.

8.1.4 Einfaches hardware-Interface Mikrocomputer/IEC-Bus

Das nachfolgend beschriebene Interface ist übersichtlich aus Standard-TTL-Bausteinen aufgebaut [8.2]. Das Blockbild zeigt **Bild 8.9**. Die Dekodier- und Steuereinheit entscheidet, ob vom Mikrocomputer kommende Daten als Daten oder Steuerbefehle weiterlaufen und außerdem, in welcher Richtung das Interface durchlässig ist.

Im einzelnen untersuchen wir die Schaltung als Datensender anhand des Schaltbildes in **Bild 8.10**.

Der Mikrocomputer als Controller wählt das Interface über dessen Adresse an. Diese Adresse kann in den Bits 1, 2, 3, 4 beliebig durc die Schalter S1...S4 eingestellt werden. Das Bit 0 entscheidet, ob Daten- oder Steuerleitungen aktiviert werden s llen:

Bei Daten ist y = 0 (**Bild 8.11**). Über den Dekoder wird die interne Steu leieun IECDAWlow (DATAWrite) aktiviert. Diese triggert die acht den Datenleitung zugehörtgen

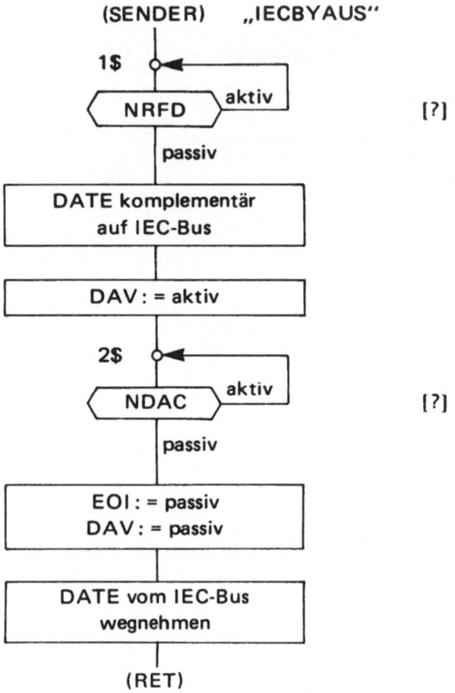

Bild 8.7 Flußdiagramm für die Ausgabe eines Byte auf den IEC-Bus

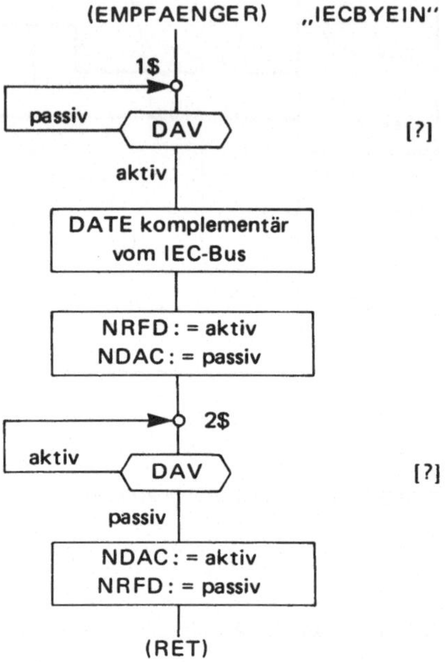

Bild 8.8 Flußdiagramm für die Übernahme eines Byte vom IEC-Bus

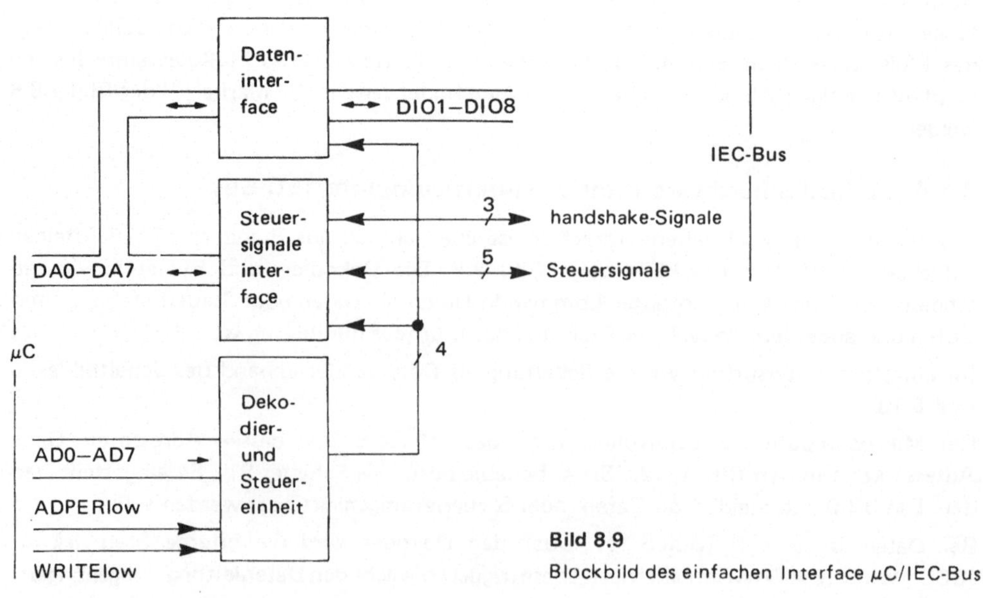

Bild 8.9

Blockbild des einfachen Interface µC/IEC-Bus

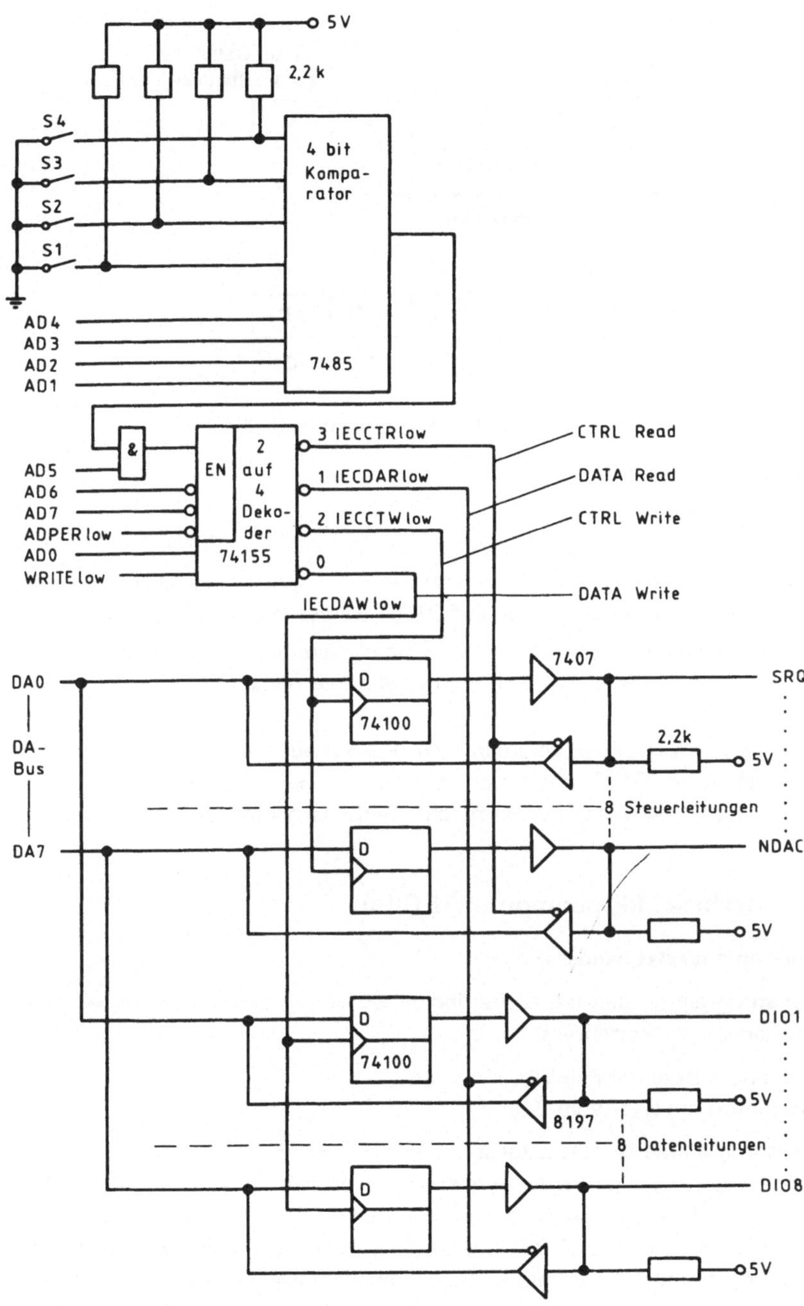

Bild 8.10 Schaltung des hardware-Interface µC/IEC-Bus

a) Register C:

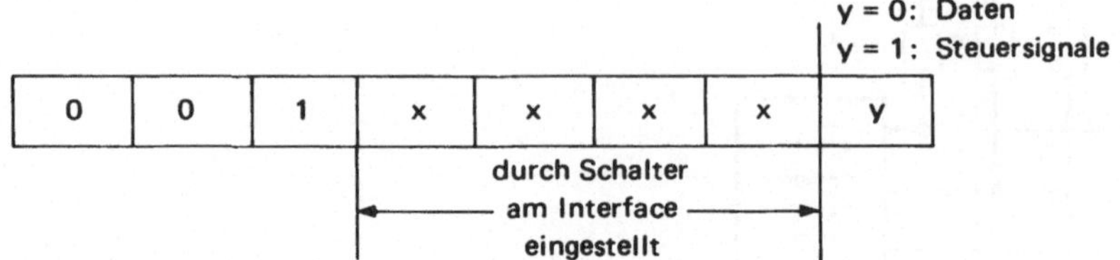

b) Register E:

NDAC	NRFD	EOI	DAV	ATN	IFC	REN	SRQ

Bit-Nr.   7   6   5   4   3   2   1   0

Bild 8.11 Zuordnung der Registerplätze zu den IEC-Bus-Kommandos (aktiv-0)
a) Peripherieadresse in Register C
b) IEC-Bus-Kommandos in Register E

D-Flipflops, die damit die Daten vom Mikrocomputer-Bus übernehmen. Über die open-collector-Gatter 7407 werden die Daten dann auf DIO 1...8 des IEC-Busses gegeben.

In genau gleicher Weise gelangen die Steuer- und handshake-Signale auf den IEC-Bus, wenn in der Adresse y = 1 angewählt wird. Das interne Steuersignal dazu ist IECCTWlow (CTRLWrite).

Das Einlesen von Daten bzw. Kontrollbefehlen vom IEC-Bus auf den Mikrocomputer-Bus geht über die tri-state-Gatter 8197 vonstatten. Sie werden bei Datenübernahme durch IECDARlow (DATARead) aktiviert, bei Kontrollbefehlsübernahme durch IECCTRlow (CTRLRead).

8.1.5 Software-Interface Mikrocomputer/IEC-Bus

8.1.5.1 Basisprogramme für das handshake

Die folgenden Basisprogramme übertragen bei jedem Durchlauf ein Byte unter Abwicklung des Dreidraht-handshake-Verfahrens:

- IECBYAUS sendet ein Byte auf den Bus,
- IECBYEIN übernimmt ein Byte vom Bus.

Grundlage der Basisprogramme ist eine Zuordnung der IEC-Bus-Kommandos zu bestimmten Datenleitungen. Unsere (willkürliche) Zuordnung ist in Bild 8.11 für die Register C und E gezeigt (vgl. auch Bild 8.2). Die mit x bezeichneten Plätze im Register C werden durch die Schalter S1...S4 in Bild 8.10 nach Wahl eingestellt. Von Register E werden die Inhalte der einzelnen Bitplätze übernommen und gegebenenfalls geändert. Das Basisprogramm IECBYAUS in der Form der Assemblerliste zeigt das **Bild 8.12**. Das zugehörige Flußdiagramm hat der Leser bereits in Bild 8.7 kennengelernt.

Zunächst wird auf Bit Nr. 0 von Register C eine „1" gesetzt, d.h. der Bus wird auf Steuersignale geschaltet. Das Unterprogramm IECLESE (**Bild 8.13**) erledigt den Befehl

LOAD D, $ (C)

```
;Eingang:            A: Zeichen (Byte) , aktiv-"1"
;                    C: Peripherie-Adresse des IEC-Bus
;                    E: Steuerleitungen, aktiv-"O"

;Ausgang:            A = 377

STLEITG =           0              ;Bit-Position in Periph.Adr.

DAV     =           4          ; Bit-Nr der Leitung
NRFD    =           6          ; aktiv-"O"
NDAC    =           7
REN     =           1
EOI     =           5
IFC     =           2
SRQ     =           0
ATN     =           3


IECBYAUS: PUSH      DE
          SET       C:STLEITG        ;Steuerleitungen selekt.
1$:       CALL      IECLESED
          TEST      D:NRFD
          JUMP,EQ 1$
          CLR       C:STLEITG        ;Datenleitungen selekt.
          CPL       A                ;wegen aktiv-"O" auf Bus
          LOAD      $(C),A            ;Daten senden
          SET       C:STLEITG        ;Steuerleitungen selekt.
          CLR       E:DAV            ; aktiv
          LOAD      $(C),E           ;Steuersignal senden
2$:       CALL      IECLESED
          TEST      D:NDAC
          JUMP,EQ 2$
          SET       E:EOI        ; passiv (vorsichtshalber)
          SET       E:DAV         ; passiv
          LOAD      $(C),E           ;Steuersignale senden
          CLR       C:STLEITG        ;Datenleitungen selekt.
          LOAD      A,#377         ; (Date wegnehmen)
          LOAD      $(C),A           ;Daten senden
          POP       DE
          RET
```

Bild 8.12 Sendeprogramm für ein Byte IECBYAUS (Dreidraht-handshake)


```
;Eingang:            C: Peripherie-Adresse des IEC-Bus

;Ausgang:            D: eingelesenes Zeichen (Byte)

;Methode:            Störeffekte beseitigen durch erneutes
;                     Lesen und Vergleichen.

IECLESED: PUSH      AF
          LOAD      A,$(C)
1$:       LOAD      D,A
          LOAD      A,$(C)
          COMP      A,D
          JUMP,NE 1$
          POP       AF
          RET
```

Bild 8.13 Leseroutine, erledigt LOAD D, $(C)

```
;Eingang:          C: Peripherie-Adresse des IEC-Bus
;                  E: Steuerleitungen, aktiv-"0"

;Ausgang:          A: Zeichen (Byte), aktiv-"1"

IECBYEIN: PUSH  DE
          SET   C:STLEITG      ;Steuerleitungen selekt.
1$:       CALL  IECLESED        ;Steuerltung lesen
          TEST  D:DAV
          JUMP,NE 1$
          CLR   C:STLEITG      ;Datenleitungen selekt.
          CALL  IECLESED        ;DATEN übernehmen
          LOAD  A,D
          CPL   A              ;wegen aktiv-"0" auf Bus
          SET   C:STLEITG      ;Steuerleitungen selekt.
          CLR   E:NRFD         ; aktiv
          SET   E:NDAC         ; passiv
          LOAD  $(C),E         ;Steuersignale senden
2$:       CALL  IECLESED
          TEST  D:DAV
          JUMP,EQ 2$
          CLR   E:NDAC         ; aktiv
          SET   E:NRFD         ; passiv
          LOAD  $(C),E         ;Steuersignale senden
          POP   DE
          RET
```

Bild 8.14 Empfangsprogramm für ein Byte IECBYEIN (Dreidraht-handshake)

so oft, bis das Byte auf dem Bus stabil ist. Dann wird NRFD abgefragt. Dies solange, bis NRFD = 1 ist (d.h. Daten vom Empfänger aufgenommen werden können).

Ist NRFD = 1, so wird mit CPL A das Wertebyte in A komplementiert (wegen aktiv-0 auf dem Bus) und als Datenwort an die Peripherie $ (C) gegeben. Dazu muß Bit Nr. 0 in C umgeschaltet werden. Anschließend wird im Register E das Bit DAV gesetzt und gesendet. Dann wird der Bus nach NDAC abgefragt und sobald NDAC = 1 erscheint (d.h. der Empfänger quittiert den Empfang), setzt der Sender im Register E die Bits EOI und DAV inaktiv (= 1) und sendet diese Information mit LOAD $ (C), E. Abschließend wird noch 377 (= Leerlauf) auf die Datenleitungen gesendet.

Das Basisprogramm IECBYEIN in der Form der Assemblerliste zeigt das **Bild 8.14**. Das zugehörige Flußdiagramm hat der Leser bereits in Bild 8.8 kennengelernt.

Zunächst wird geprüft, ob DAV aktiv (= 0) ist. Wenn ja, wird der Bus auf Daten umgeschaltet. Mit IECLESED wird das Datenbyte übernommen und (komplementiert) nach A gebracht. Dann werden die Bus-Kommandos NRFD aktiv und NDAC passiv gesetzt und gesendet (Empfänger ist nicht empfangsbereit). Sobald das Programm erkennt, daß DAV nicht mehr aktiv ist, werden die Bus-Kommandos NDAC aktiv und NRFD passiv gesetzt (Empfänger ist wieder empfangsbereit).

8.1.5.2 IEC-Stack

Bevor wir den Mikrocomputer als Listener oder Talker einsetzen, wollen wir uns für die Zwischenspeicherung der Daten und Befehle eine IEC-Stack-Organisation aufbauen (**Bild 8.15**).

Auf ein ENDEZEICHEN folgen die Datenbytes, den Abschluß bildet das gleiche ENDEZEICHEN. Bei der Eingabe wird das vom Talker zu erwartende Endezeichen vorab in den

	STACK: im RAM	bei Eingabe IECLISTN	bei Ausgabe IECTALK
Pointer →	ENDEZEICHEN	vorgegeben	nicht gesendet
	1. Datenbyte	wird eingegeben	gesendet
	2. Datenbyte		
	. . . .		
	. . . .		
	ENDEZEICHEN	wird ergänzt	nicht gesendet

Bild 8.15 Organisation des IEC-STACK (Werte aktiv-high).

Stack gespeichert und der Rest vom Programm IECLISTN aufgefüllt. Bei der Ausgabe (sowohl Daten wie Befehle) wird ein mikrocomputer-internes ENDEZEICHEN (z.B. 006 = ESC) benutzt, das im Programm IECTALK jedoch nicht gesendet wird. Benötigt der Listener ein Endezeichen, so ist dies als letztes Datenbyte vorzusehen. Sollte dieses gerade ESC sein, so muß für das mikrocomputer-interne ENDEZEICHEN ein anderes Zeichen gewählt werden.

8.1.5.3 Der Mikrocomputer als Listener

Gehen wir nun in der Programmhierarchie einen Schritt weiter nach oben: Ein Datensender (Talker) liefert im handshake-Verfahren Daten auf den IEC-Bus. Der Mikrocomputer soll sie aufnehmen, d.h. als Listener arbeiten.

In **Bild 8.16** ist das Flußdiagramm der Datenübernahme gezeigt. Man erkennt, daß in der Leseschleife unser Basisleseprogramm IECBYEIN solange durchlaufen wird, bis hardwaremäßig (mit EOI = 0) oder softwaremäßig (ENDEZEICHEN als Date) das Ende der Datenübertragung angezeigt wird.

Das zugehörige Assemblerprogramm IECLISTN für den Z80 zeigt **Bild 8.17**. Es ist ohne weiteres verständlich: Es wird zunächst das ENDEZEICHEN als Vergleichsmuster vom Stack geholt und in der Schleife jeweils das Unterprogramm IECBYEIN aufgerufen. Das eingelesene Zeichen wird auf den Stack gebracht. Dann wird geprüft, ob das Zeichen das Endezeichen ist. Wenn ja, wird das Einlesen sofort beendet. Wenn nein, wird geprüft, ob das Signal EOI auf der entsprechenden Busleitung liegt. Sein Vorhandensein bedeutet ebenfalls das Ende des Lesevorgangs und der Stack wird durch das ENDEZEICHEN abgeschlossen. Anderenfalls wird das nächste Byte mit IECBYEIN vom Bus geholt.

8.1.5.4 Der Mikrocomputer als Talker

In diesem Falle gibt der Mikrocomputer seine Information auf den IEC-Bus. Diese Information befindet sich sendefertig im IEC-Stack. Der Stackpointer ist das Register HL (vgl. Bild 8.15).

Das Flußdiagramm des hier zu besprechenden Makroprogramms IECTALK in **Bild 8.18** zeigt, wie nacheinander die Bytes des Stack nach A geladen werden. Erinnern wir uns: ATN aktiv bedeutet, daß Kommandos ausgegeben werden, und ATN passiv, daß Daten ausgegeben werden.

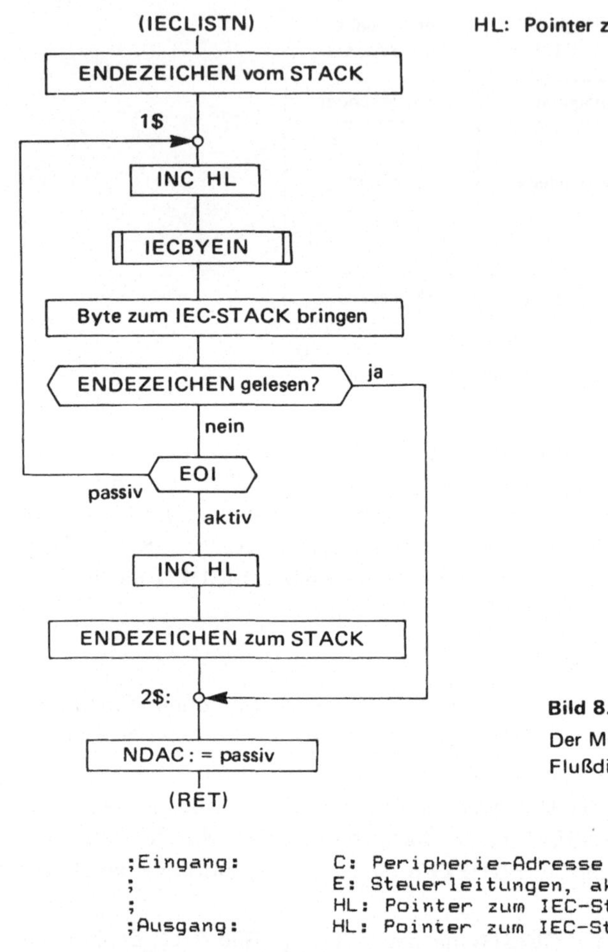

Bild 8.16

Der Mikrocomputer als Listener am IEC-Bus:
Flußdiagramm IECLISTN

```
      ;Eingang:          C: Peripherie-Adresse des IEC-Bus
      ;                  E: Steuerleitungen, aktiv-"0"
      ;                  HL: Pointer zum IEC-Stack, aktiv-"1"
      ;Ausgang:          HL: Pointer zum IEC-Stack

IECLISTN: PUSH   AF
          PUSH   BC
          PUSH   DE
          PUSH   HL
          LOAD   B,(HL)       ; Muster für Ende-Zeichen
1$:       INC    HL
          CALL   IECBYEIN        ;Byte vom Bus lesen
          LOAD   (HL),A          ; zum Stack bringen
          COMP   A,B             ; Ende-Zeichen ?
          JUMP,EQ 2$
          SET    C:STLEITG       ;EOI gesendet ?
          CALL   IECLESED
          TEST   D:EOI
          JUMP,NE 1$
          INC    HL              ;Stack ergänzen
          LOAD   (HL),B
2$:       POP    HL
          POP    DE
          SET    C:STLEITG       ; Listener-handshake beenden
          SET    E:NDAC
          LOAD   $(C),E
          POP    BC
          POP    AF
          RET
```

Bild 8.17

Der Mikrocomputer als Listener am IEC-Bus:
Assemblerprogramm IECLISTN

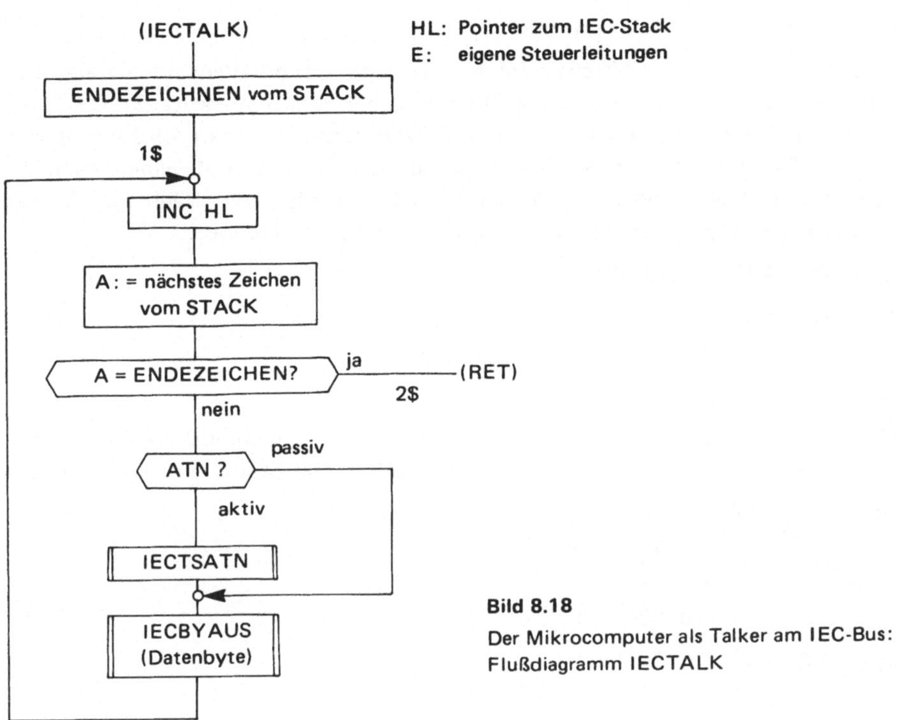

Bild 8.18

Der Mikrocomputer als Talker am IEC-Bus:
Flußdiagramm IECTALK

```
;Eingang:       C: Peripherie-Adresse des IEC-Bus
;               E: Steuerleitungen, aktiv-"O"
;               HL: Pointer zum IEC-Stack, aktiv-"1"
;Ausgang:       HL: Pointer zum IEC-Stack

IECTALK: PUSH    AF
         PUSH    BC
         PUSH    HL
         LOAD    B,(HL)      ; Muster für Ende-Zeichen
1$:      INC     HL
         LOAD    A,(HL)      ; nächstes Byte vom Stack
         COMP    A,B         ; Ende ?
         JUMP,EQ 2$
         TEST    E:ATN       ; Kommando ?
         CALL,EQ IECTSATN    ; selbst adressiert ?
         CALL    IECBYAUS    ; Byte zum Bus senden
         JUMP    1$
2$:      POP     HL
         POP     BC
         POP     AF
         RET
```

Bild 8.19 Der Mikrocomputer als Talker am IEC-Bus: Assemblerprogramm IECTALK

Daher muß ggf. untersucht werden, ob das ausgegebene Kommando den Zustand des Mikrocomputers selbst ändert. Dies erledigt das Unterprogramm IECTSATN (siehe Seite 124). Dann wird das Byte auf den IEC-Bus gegeben. Die Assemblerliste des Programms IECTALK zeigt **Bild 8.19.**

8.1.5.5 Der Mikrocomputer als Controller

Der Mikrocomputer kann als Listener, Talker und Controller arbeiten. Im letzteren Fall
überwacht und steuert er die Arbeit aller Busteilnehmer. Das Statuswort IECSTAT sagt
ihm, in welcher Eigenschaft er tätig werden soll (**Bild 8.20**). Der Leser wird sich fragen,
warum in IECSTAT auch eine Adresse eingebaut ist. Diese ist notwendig, wenn der
Mikrocomputer als Talker oder Listener angesprochen werden soll. Wählt man für den
Mikrocomputer als „Geräteadresse" die 01, so erhält er die Talkeradresse

$$01 + 100 = 101 \doteq A \text{ (ASCII)}.$$

Seine Listeneradresse ist

$$01 + 040 = 41 \doteq \text{! (ASCII)}.$$

Man beachte Bild 8.3.

Im Initialisierungsprogramm IECCONTR ernennt sich der Mikrocomputer zum Controller
(Flußdiagramm in Bild 8.20, Assemblerliste in **Bild 8.21**). Der Status wird gesetzt durch:

```
alt:   IECSTAT   xx xxx xxx
       AND        00 011 111
       ___________________________
                  00 0xx xxx
       OR          10 000 000
       ___________________________
neu:   IECSTAT   10 0xx xxx
```

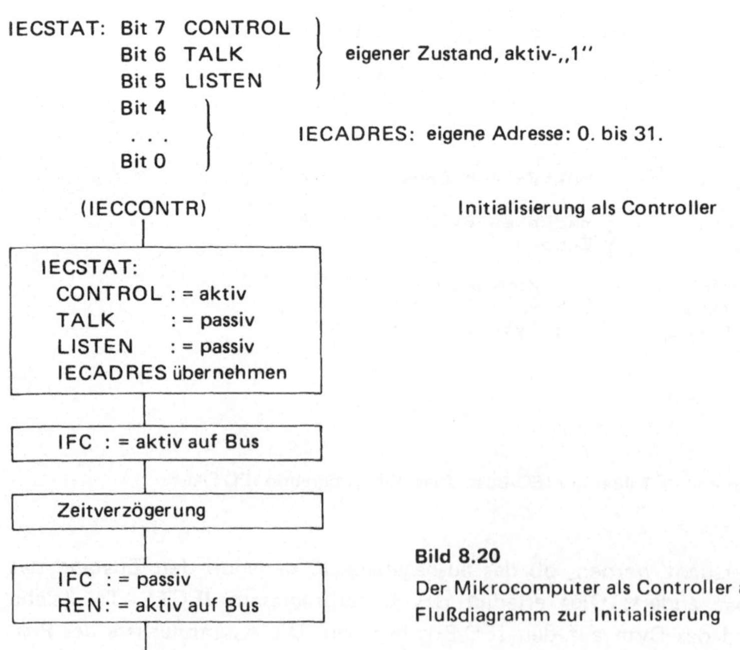

Bild 8.20
Der Mikrocomputer als Controller am IEC-Bus:
Flußdiagramm zur Initialisierung

```
;Eingang:          C: Peripherie-Adresse des IEC-Bus

;Ausgang:          E: Steuerleitungen, aktiv-"0"

IECSTAT: .B        1              ;eigene Adresse 00001 gesetzt

IECCONTR: PUSH     AF
          PUSH     BC
          LOAD     A,IECSTAT      ;eigene Adr. übernehmen
          AND      A,#37
          OR       A,#200         ;Status setzen
          LOAD     IECSTAT,A
          LOAD     E,#377         ; 'Leerlauf'
          CLR      E:IFC
          SET      C:STLEITG      ;Steuersignale senden
          LOAD     $(C),E
          LOAD     B,#0           ;Verzögerung ca. 1.3 msek
1$:       DECJ,NE  B,1$
          SET      E:IFC          ;Steuersignale senden
          CLR      E:REN
          LOAD     $(C),E
          POP      BC
          POP      AF
          RET
```

Bild 8.21 Der Mikrocomputer als Controller am IEC-Bus: Assemblerprogramm IECCONTR zur Initialisierung

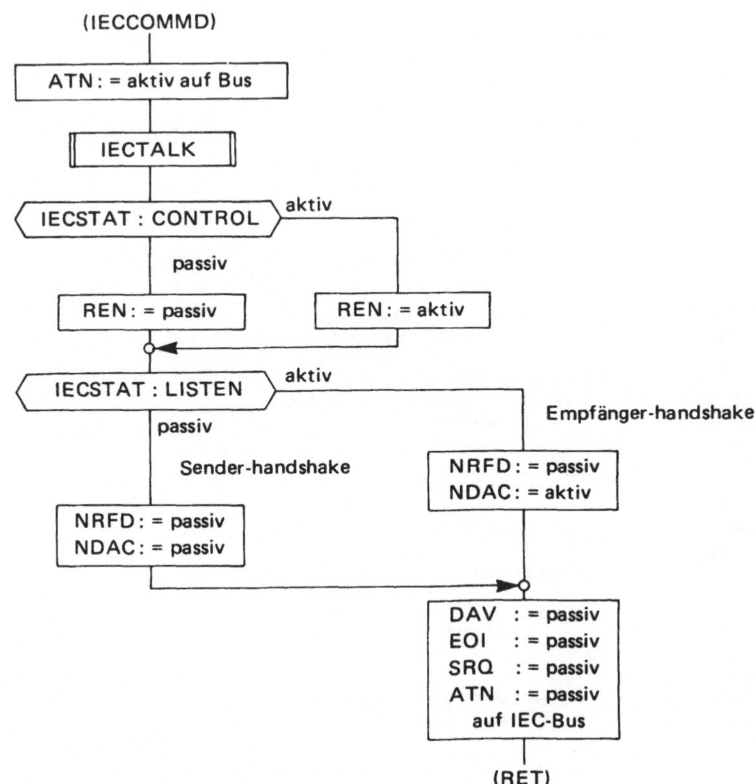

Bild 8.22 Der Mikrocomputer als Controller am IEC-Bus: Flußdiagramm für das Senden der Steuersignale

Nun sendet der Mikrocomputer das Signal IFC (interface clear) an alle Teilnehmer. Dann wartet er etwa 1,3 ms, damit alle dieses Signal verarbeiten können. Anschließend wird IFC zurückgesetzt und mit REN (remote enable) werden alle angeschlossenen Geräte auf Fernbedienung geschaltet.

Im Makroprogramm IECCOMMD sendet der Mikrocomputer mittels IECTALK diejenigen Steuersignale, die im IEC-Stack stehen, auf den IEC-Bus (**Bild 8.22**). Da IECTALK seinerseits IECTSATN aufruft, kann sich dabei der Status geändert haben. Daher prüft das Programm IECCOMMD das Statuswort IECSTAT. Ist der Mikrocomputer immer noch Controller, so werden außer REN alle Steuersignale passiv gesetzt und ein neuer Controllerzyklus kann beginnen. Ist in IECSTAT das Listener-Bit gesetzt, so wird NDAC aktiv und ein Empfängerzyklus kann beginnen. Ist in IECSTAT sowohl das Controller- als auch das Listener-Bit passiv, so werden alle Steuersignale passiv gesetzt. In **Bild 8.23** findet der Leser das dementsprechende Assemblerprogramm IECCOMMD.

Ist ATN = aktiv, so könnte der Mikrocomputer selbst adressiert sein, sei es durch die eigene „Geräteadresse" (siehe oben) oder durch ein Universalkommando. Das notwendige Abändern des eigenen Zustandes im Statuswort IECSTAT übernimmt das Makroprogramm IECTSATN (**Bilder 8.24** und **8.25**). Das „NOP" müßte ergänzt werden, wenn man den Mikrocomputer noch klüger machen möchte.

```
;Eingang:          C: Peripherie-Adresse des IEC-Bus
;                  E: Steuerleitungen, aktiv-"0"
;                  HL: Pointer zum IEC-Stack, aktiv-"1"
;                  IEC-Stack: Kommandos, aktiv-"1"
;                        wie bei IECTALK

;Ausgang:          HL: Pointer zum IEC-Stack

            CONTROL =      7        ; Bits im IECSTAT
            TALK    =      6        ;  aktiv-"1"
            LISTEN  =      5

IECCOMMD: PUSH    AF
          SET     C:STLEITG        ;Steuerleitungen selek.
          CLR     E:ATN            ;'Attention' senden
          LOAD    $(C),E
          CALL    IECTALK          ;Kommandos senden
          SET     C:STLEITG        ;Steuerleitungen selek.
          LOAD    A,IECSTAT        ;Status-Wort
          SET     E:REN
          TEST    A:CONTROL        ;Controller-Funktion
          JUMP,EQ 1$               ; abgegeben ?
          CLR     E:REN
1$:       SET     E:NRFD           ;Talker-handshake
          SET     E:NDAC
          TEST    A:LISTEN         ;Listener geworden ?
          JUMP,EQ 2$
          CLR     E:NDAC           ;Listener-handshake
2$:       SET     E:DAV            ;'Leerlauf'
          SET     E:EOI
          SET     E:SRQ
          SET     E:ATN            ;'Attention' wegnehmen
          LOAD    $(C),E           ;auf Bus senden
          POP     AF
          RET
```

Bild 8.23 Der Mikrocomputer als Controller am IEC-Bus: Assemblerprogramm IECCOMMD für das Senden der Steuersignale

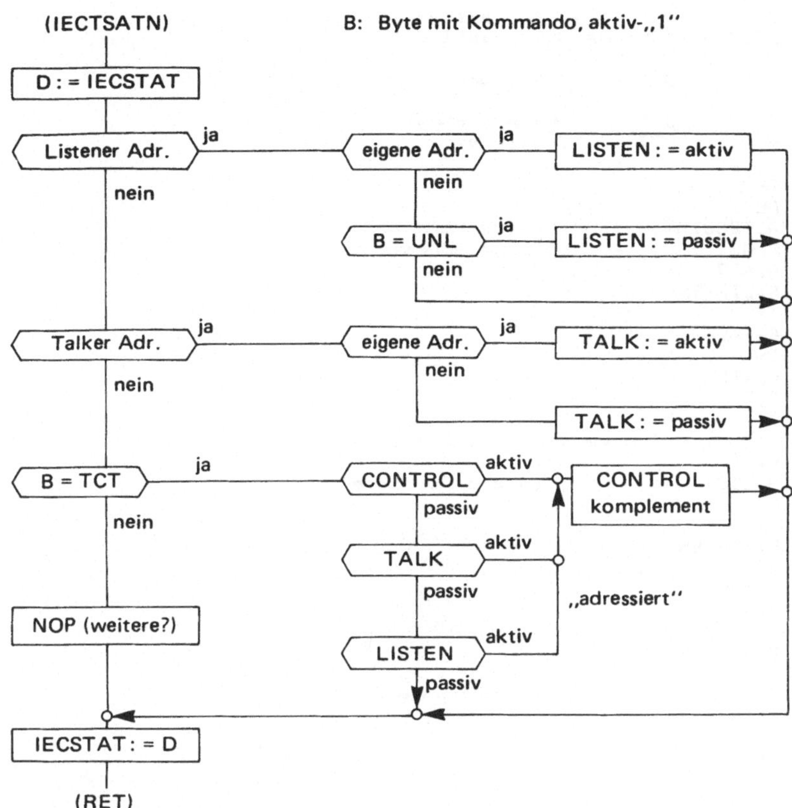

Bild 8.24 Der Mikrocomputer am IEC-Bus: Reaktion auf ATN-Signal. Flußdiagramm für IECTSATN

8.1.6 Anwendungsbeispiel

Als Beispiel wollen wir ein einfaches Meßsystem betrachten. An den IEC-Bus sind angeschlossen

- ein Frequenzgenerator als Listener,
- ein Voltmeter als Listener und Talker,
- ein Drucker als Listener,
- ein Mikrocomputer als Controller.

Den Ablauf eines Meßzyklusses zeigt das **Bild 8.26**. In dieser Abbildung haben wir auch gleich die zugehörigen beispielhaften Adressen nach Bild 8.3 aufgeführt. Diese Adressen können normalerweise an den Geräten durch Schiebeschalter eingestellt werden. Die Endezeichen sind in den Geräten fest einprogrammiert. Der guten Ordnung halber werden alle anfallenden Daten in Stacks abgelegt.

```
;Eingang:          B: Byte mit Kommando, aktiv-"1"
;                  IECSTAT: Status-Word, aktiv-"1"

;Arbeitsregister:          D:      Statuswort

          TCT       =      O11     ;take control
          UNL       =      O77     ;unlisten

IECTSATN: PUSH      AF
          PUSH      DE
          LOAD      A,IECSTAT      ;Status-Word holen
          LOAD      D,A            ;eigene Adresse
          AND       A,#37
          TEST      B:LISTEN
          JUMP,NE   1$
          TEST      B:TALK
          JUMP,NE   2$
          LOAD      A,#TCT
          COMP      A,B
          JUMP,EQ   3$
          NOP                  ;für weitere Entscheidungen
          JUMP      4$
1$:       SET       A:LISTEN       ;Listener Adresse
          COMP      A,B
          JUMP,NE   5$
          SET       D:LISTEN
          JUMP      4$
5$:       LOAD      A,#UNL
          COMP      A,B
          JUMP,NE   4$
          CLR       D:LISTEN
          JUMP      4$
2$:       SET       A:TALK         ;Talker Adresse
          SET       D:TALK
          COMP      A,B
          JUMP,EQ   4$
          CLR       D:TALK
          JUMP      4$
3$:       TEST      D:CONTROL      ;"take control"
          JUMP,NE   6$
          TEST      D:TALK         ;"adressiert" ?
          JUMP,NE   6$
          TEST      D:LISTEN
          JUMP,EQ   4$
6$:       XOR       A,A            ;Maske für CONTROL
          SET       A:CONTROL
          XOR       A,D            ;Komplement CONTROL
          LOAD      D,A
4$:       LOAD      A,D
          LOAD      IECSTAT,A      ;Status-Wort zurück
          POP       DE
          POP       AF
          RET
```

Bild 8.25 Der Mikrocomputer am IEC-Bus: Reaktion auf ATN-Signal. Assemblerliste für IECTSATN

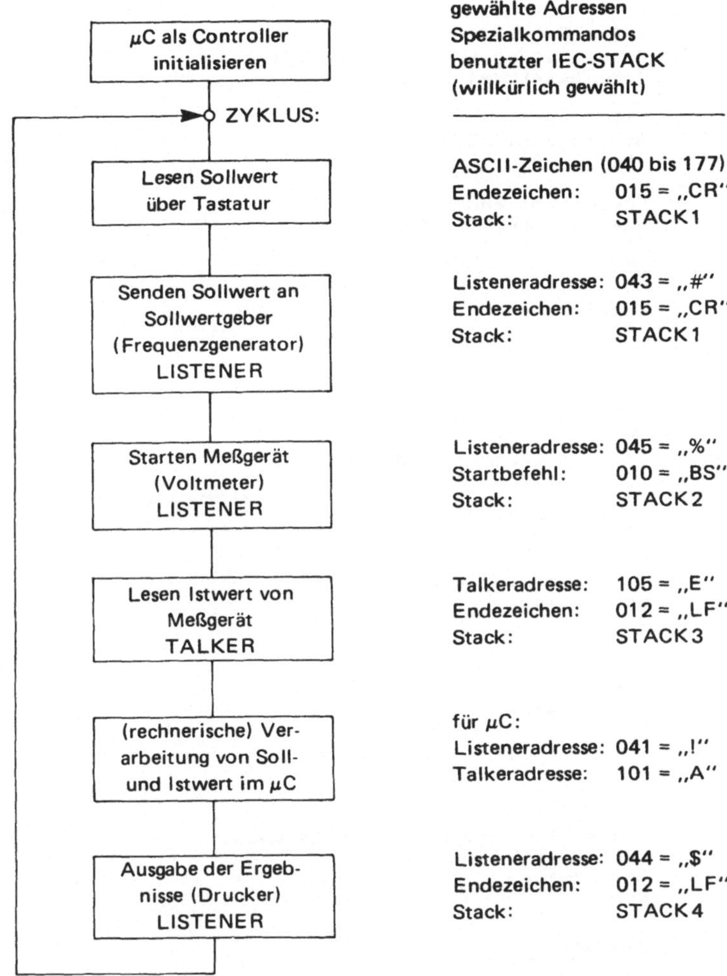

Bild 8.26 Meßzyklus am IEC-Bus: Schema

Die ausführliche STACK-Organisation findet der Leser in **Bild 8.27**. Man erkennt wieder die vier Stacks von Bild 8.26 für die Daten und findet neu vier Kommando-Stacks. Wir haben willkürlich 20 Speicherplätze für die Tastatureingabe (STACK 1) und 64 Speicherplätze für eine Druckerzeile unter der Marke ERGEBNIS reserviert (STACK 4).

Gemäß Bild 8.15 sind alle IEC-Stacks mit dem Endzeichen ESC „eingerahmt" (Stack 1 und 3 sind controller-intern).

Betrachten wir nun das Assemblerprogramm in **Bild 8.28** mit einem Seitenblick auf das zugehörige Flußdiagramm in Bild 8.26. Der Mikrocomputer erfährt, daß der IEC-Bus für ihn die Peripherieadresse 74 hat, und er wird mittels Programm IECCONTR (Bild 8.21) initialisiert.

```
; IEC - Stacks für Daten

STACK1: .B        006     ; ESC = ENDEZEICHEN
        .BLKB     024     ; Reservierung von Speicherplätzen
                          ; für Tastatureingabe

STACK2: .B        006     ; ESC
        .B        010     ; Startbefehl "BS"
        .B        006     ; ESC

STACK3: .B        012     ; Erwartetes Endezeichen "LF"
        .BLKB     020     ; Reservierung für Eingabe

STACK4: .B        006     ; ESC
ERGEBNIS:.BLKB    100     ; 64. Speicherplätze für Druckerzeile
        .B        012     ; Endezeichen "LF"
        .B        006     ; ESC

; IEC - Stacks für Kommandos

KOMMAND1:.B       006     ; ESC
        .B        077     ; UNL = "?"
        .B        043     ; Sollwertgeber = Listener
        .B        101     ; uC = Talker
        .B        006     ; ESC

KOMMAND2:.B       006     ; ESC
        .B        077     ; UNL = "?"
        .B        045     ; Messgerät = Listener
        .B        101     ; uC = Talker
        .B        006     ; ESC

KOMMAND3:.B       006     ; ESC
        .B        077     ; UNL = "?"
        .B        041     ; uC = Listener
        .B        105     ; Messgerät = Talker
                          ;        zugleich: TALK passiv
        .B        006     ; ESC

KOMMAND4:.B       006     ; ESC
        .B        077     ; UNL = "?" , zugleich LISTEN passiv
        .B        044     ; Drucker = Listener
        .B        101     ; uC = Talker
        .B        006     ; ESC
```

Bild 8.27 Meßzyklus am IEC-Bus: STACK-Organisation

Dann wird die Adresse von STACK 1 ins HL-Register eingelesen. Der Tastenkode wird mit Tastlese nach Register A gespeichert und von dort in den STACK 1 gebracht. Dies solange, bis ein von A eingelesenen Endezeichen CR das Ende der Tastatureingabe signalisiert.

Nun erfolgt die Anwahl des ersten Listeners (des Sollwertgebers) und des ersten Talkers (Mikrocomputer): Mittels Programm IECCOMMD (Bild 8.23) wird der Stack KOMMAND 1 ausgegeben. Mit dem Unterprogramm IECTALK (Bild 8.19) wird jetzt der Tastenkode des STACK 1 ausgegeben.

Im nächsten Schritt wird das Meßgerät als Listener angewählt, indem ihm der Stack KOMMAND 2 gesendet wird. Gestartet wird das Gerät mit dem Befehl BS im STACK 2. Die Übermittlung erfolgt wieder mit IECTALK.

```
            IECADR   =         074     ; Peripherieadresse IEC-Bus
STEUERL: .W          0                 ; Zwischenspeicher Steuerltg

START:   LOAD        C,#IECADR
         CALL        IECCONTR           ;Initialisieren als Controller
ZYKLUS:                       ; Sollwert von Tastatur lesen
         LOAD        HL,#STACK1
1$:      INC         HL                 ; nächster Platz im Stack
2$:      CALL        TASTLESE           ; Lesen Zeichen nach A
         JUMP,CS 2$                     ; siehe Bild 4.7  !
         LOAD        (HL),A             ; Speichern Kode im Stack
         COMP        A,#015             ; CR eingegeben ?
         JUMP,NE 1$
         INC         HL                 ; Stack abschliessen mit ESC
         LOAD        (HL),#006


                              ; Sollwertgeber starten
         LOAD        HL,#KOMMAND1      ; Stackadresse
         CALL        IECCOMMD
                              ; und Sollwert senden
         LOAD        HL,#STACK1
         CALL        IECTALK


                              ; Messgerät starten
         LOAD        HL,#KOMMAND2
         CALL        IECCOMMD
         LOAD        HL,#STACK2
         CALL        IECTALK


                              ; Messgerät lesen
         LOAD        HL,#KOMMAND3
         CALL        IECCOMMD
         LOAD        HL,#STACK3
         CALL        IECLISTN

; hier eventuell IECSTAT (CONTROL/TALK/LISTEN) untersuchen,
;  ob "Falschmeldungen" eingegangen sind !

         LOAD        STEUERL,DE        ; retten

RECHNUNG: .....                ; Programm verarbeitet die Werte von
                               ; STACK1 und STACK3 und füllt die 64
                               ; Speicherplätze von ERGEBNIS (STACK4)

         LOAD        DE,STEUERL
         LOAD        C,#IECADR         ; vorsichtshalber

                              ; Ausgabe der Ergebnisse
         LOAD        HL,#KOMMAND4
         CALL        IECCOMMD
         LOAD        HL,#STACK4
         CALL        IECTALK
         JUMP        ZYKLUS
```

Bild 8.28 Meßzyklus am IEC-Bus: Assemblerprogramm

Das Abrufen des Meßergebnisses geschieht durch Senden des Stack KOMMAND 3. Der Mikrocomputer wird dort als Listener und das Meßgerät als Talker geschaltet. Eingelesen wird in die Speicherplätze in STACK 3 mittels Unterprogramm IECLISTN (Bild 8.17). Bevor nun der Mikrocomputer auf irgendeine Weise Sollwert (d.h. eingegebener Wert) und Istwert (d.h. Meßwert) miteinander verarbeitet, wird der Zustand der Steuerleitungen auf den Speicherplatz STEUERL gerettet (vgl. Bild 8.11). Schließlich wird der Drucker auf

Für Schnittstelle zwischen µC/IEC-Bus bzw. Gerät mit µP/IEC-Bus:	68 488 (Motorola, AMI, Thomson) 8291 (evtl. mit Controller 8292) (Intel, Siemens) µPD 7210 (NEC) TMS 9914 (Texas Instr.)
Für Schnittstelle zwischen Gerät ohne µP/IEC-Bus:	96LS488 (Fairchild) HEF 4738V (Valvo)

Bild 8.29 Einige hochintegrierte Interface-Bausteine für den IEC-Bus

genau gleiche Weise wie zuvor das Meßgerät als Listener angewählt (KOMMAND 4). Der Mikrocomputer ist Talker und übermittelt mittels IECTALK seine Daten ERGEBNIS zum Druck.

Damit ist ein Zyklus durchlaufen und ein neuer Tastaturwert kann eingelesen werden.

8.1.7 Hochintegrierte Interface-Bausteine

Wer heutzutage ein IEC-Bussystem aufbauen will, ist nicht mehr gezwungen, sich das Interface Mikrocomputer/IEC-Bus selbst zu konstruieren, wie wir es in Abschnitt 8.1.4 vorführten. Die Industrie bietet eine Reihe hochintegrierter Bausteine an, wie die Tabelle in **Bild 8.29** zeigt. Diese Bausteine ähneln im Prinzip den parallelen Interface-Bausteinen, z.B. PIA (vgl. Kapitel 9). Wer diese komplexen Bausteine verwendet, muß auf jeden Fall auf die Datenblätter der Hersteller zurückgreifen, so daß wir uns hier auf eine Vorstellung der Bausteine anhand von Blockschaltbildern beschränken können (**Bilder 8.30** bis **8.33**).

8.1.8 Hardware-Interface IEC-Bus/Meßgerät

Im vorhergehenden war stets nur die Rede von dem Interface zwischen Mikrocomputer und IEC-Bus. Das Interface zwischen Teilnehmer (z.B. Meßgerät) und IEC-Bus haben wir nicht beachtet. Dies ist zu rechtfertigen damit[1] daß der Markt eine Fülle von IEC-Bus-fähigen Geräten anbietet, die „steckerfertig" sind. Es kommt aber durchaus vor, daß ein spezielles Einzelgerät an den IEC-Bus anzuschließen ist, das dafür nicht vorbereitet ist. Dies kann z.B. eine einfache Siebensegmentanzeige sein oder ein steuerbarer Frequenz-generator [8.7] usw..

Dafür geeignete Interface-Bausteine sind der HEF 4738V [8.8] und der 96LS488 [8.9]. Letzterer zeichnet sich aus durch die Tatsache, daß er mit sehr wenigen zusätzlichen ICs auskommt (**Bild 8.34**). Man sieht, daß die Arbeitsweise dieses Interface-Bausteins durch die vier Schalter M festgelegt werden kann (gezeichnet: Listener) und seine Adresse durch die fünf Schalter S. Der Taktgenerator ist eingebaut und beim Einschalten erfolgt ein

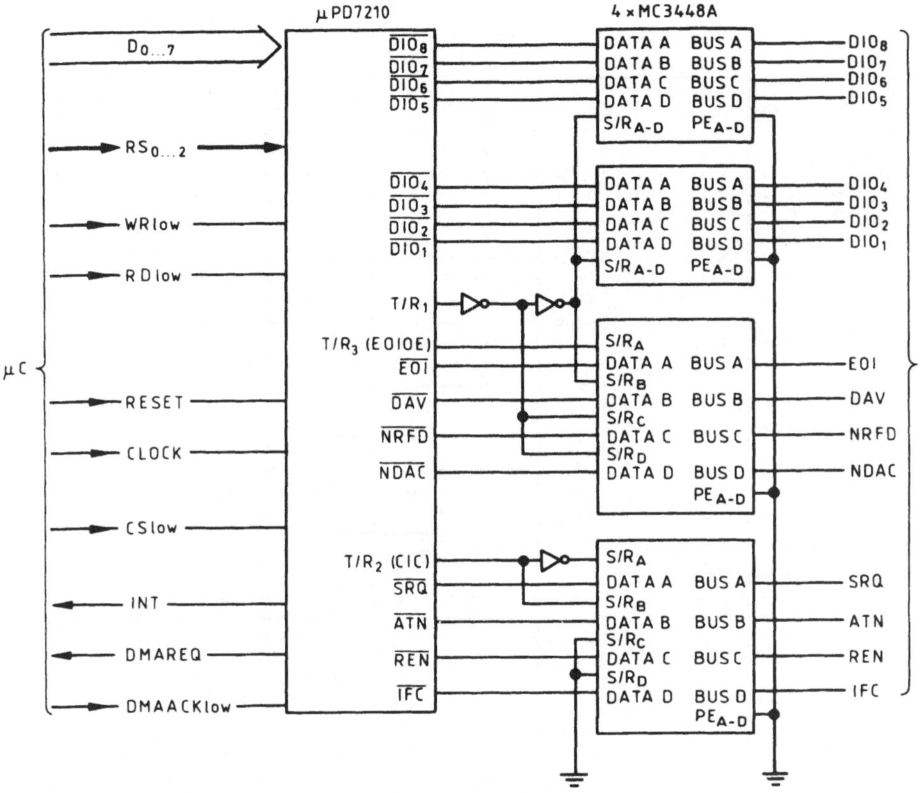

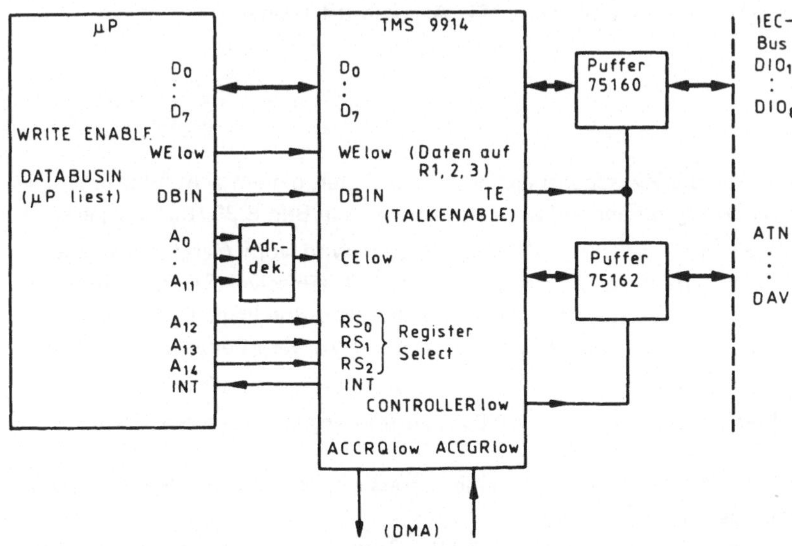

Bild 8.30 Schnittstelle Mikrocomputer/IEC-Bus mit dem Interface-Baustein μPD 7210 [8.3]

Bild 8.31 Schnittstelle Mikroprozessor/IEC-Bus mit dem Interface-Baustein TMS 9914 [8.4]

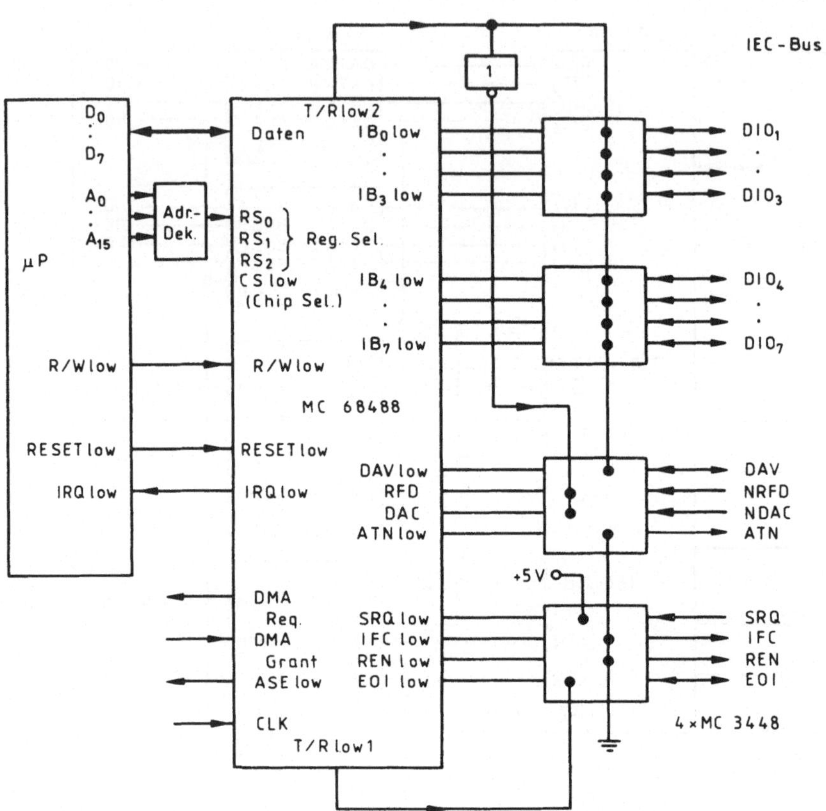

Bild 8.32 Schnittstelle Mikroprozessor/IEC-Bus mit dem Interface-Baustein MC 68 488 [8.5].
MC 3448 ist spezieller Sende-/Empfangsbaustein. ASE: Adress Switch Enable

automatischer Reset. Für die Zwischenspeicherung der Daten dienen acht Flipflops. Die
Wirkungsweise der Schaltung sei anhand des Zeitdiagramms in **Bild 8.35** (Listener) erklärt.

Man beachte im folgenden: RXRDY (Receiver Ready) wird vom Gerät aktiv gesetzt,
wenn es bereit ist, ein Datenbyte zu empfangen. RXST (Receiver Strobe) wird vom
96LS488 aktiv gesetzt, wenn ein gültiges Datenbyte auf dem Bus liegt. Es bleibt solange
aktiv, bis das Gerät über RXRDY signalisiert, daß es das Byte verarbeitet hat. Das Protokoll im einzelnen:

1. Das Gerät meldet seine Bereitschaft, ein Byte zu empfangen, indem es RXRDY aktiv
    setzt.

2. Vorausgesetzt, der 96LS488 ist als Listener adressiert, so setzt er NRFD passiv, er
    ist also empfangsbereit.

3. Bemerkt der augenblickliche Talker, daß NRFD passiv ist, so setzt er DAV aktiv,
    d.h. seine Daten können übernommen werden.

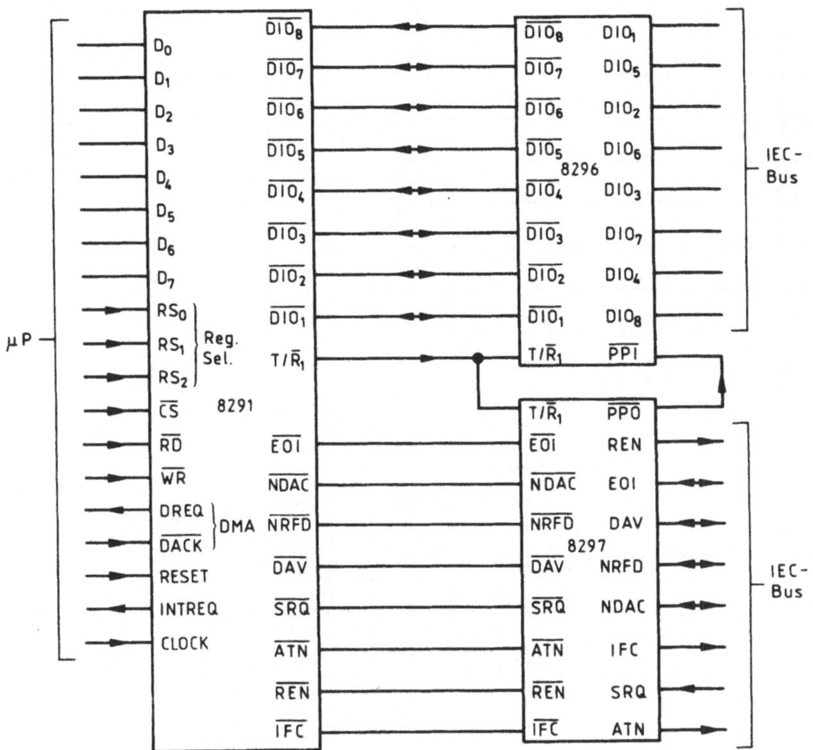

Bild 8.33 Schnittstelle Mikroprozessor/IEC-Bus mit Interface-Baustein Intel 8291 [8.6]

4. Der 96LS488 setzt jetzt RXST aktiv, um das Gerät zu informieren, daß die GPIB-Daten jetzt gültig sind und setzt NRFD aktiv, um weitere eventuelle Daten abzublocken.

5. Nachdem RXST aktiv wurde, setzt das Listenergerät (so schnell es eben kann) RXRDY passiv und zeigt damit, daß es das Datenbyte übernimmt.

6. RXST und NDAC bleiben während dieser Zeitspanne aktiv, wodurch das Byte auf dem Bus stehen bleibt und in Ruhe übernommen werden kann.

7. Dann setzt der 96LS488 RXST und NDAC passiv, gesteuert von der abfallenden Flanke von RXRDY: Er betrachtet die Datenübernahme als vollzogen.

8. Daraufhin setzt der Talker DAV passiv, für ihn ist die Übertragung des Byte beendet.

9. Der 96LS488 setzt NDAC aktiv als Meldung, daß das Datenbyte übernommen ist.

10. Nehmen wir an, das Gerät sei noch mit der Verarbeitung der Daten beschäftigt: Während dieser Zeit hält es RXRDY passiv.

11. Jetzt ist das Gerät fertig: RXRDY wird aktiv, NRFD wird passiv und ein neuer Transferzyklus kann beginnen.

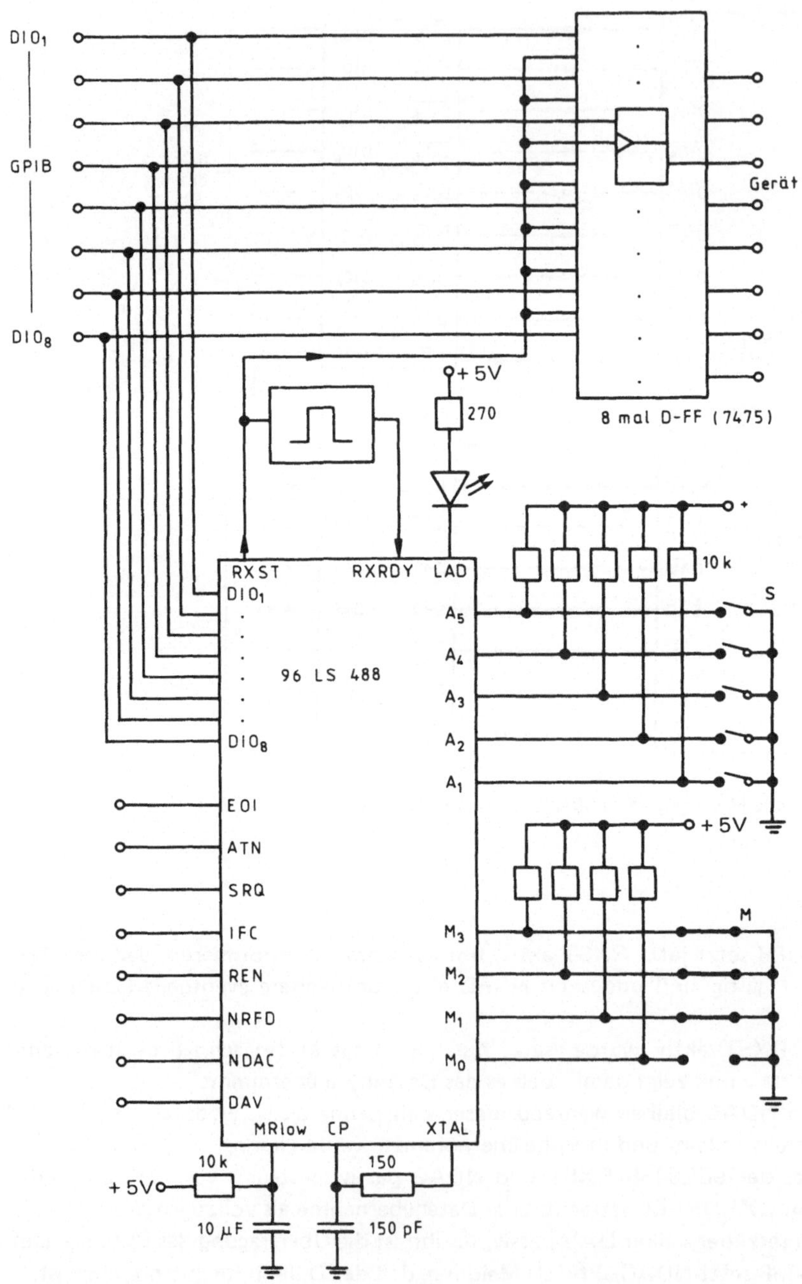

Bild 8.34 Anschluß eines Listeners an den GPIB mittels integriertem Interface-Baustein 96LS488
[8.9]

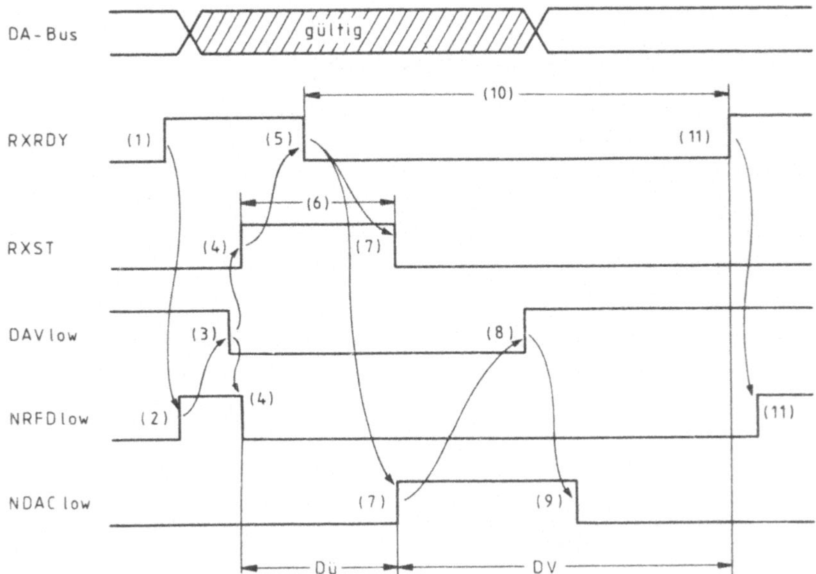

Bild 8.35 Übernahmeprotokoll bei einem durch 96LS488 gesteuerten Listener.
GPIB: aktiv-0; 96LS488: aktiv-1. (Die Zahlen beziehen sich auf den Text)

In unserem Ausführungsbeispiel wird die Zeit, die zwischen der ansteigenden Flanke von RXST (Beginn der Datenübernahme, DU) und der ansteigenden Flanke von RXRDY (Ende der Datenverarbeitungszeit, DV) vergeht, von einem Monoflop bestimmt.

Dieses Monoflop ist gewissermaßen Teil des Gerätes und bestimmt die Zeit, die (mindestens) vergehen muß, bis ein weiteres Datenspiel beginnen darf.

8.2 Der VME-Bus

8.2.1 Allgemeines

Im Oktober 1981 legte eine Gruppe unabhängiger Firmen (Motorola, Mostek, Signetics/Philips, Thomson) das Buskonzept VME vor, das für zukünftige mikroprozessorgesteuerte Systeme gedacht ist. Es ist vom Versa-Bus des 16-Bit-Mikroprozessors 68000 abgeleitet worden, jedoch nunmehr auf DIN-Kartenformate und -Stecker abgestimmt und weiterentwickelt (IEEE P1014) [8.10]. Eine Vielzahl anderer Firmen hat sich obiger Gruppe bereits angeschlossen. Es handelt sich um einen asynchronen Bus ohne Multiplexbetrieb für bis zu 32 Daten- und Adreßleitungen. Mehrere Controller (Master) können an den Bus angeschlossen werden. Über deren Priorität entscheidet ein Schiedsrichter (arbiter). Die maximale Datenübertragungsrate wird mit 48 Mbyte/s angegeben.

Die Steckleiste mit 96 Stiften in drei Reihen a, b, c gemäß DIN paßt zur Europakarte (100 × 160 mm).

Doppeleuropakarten (160 × 230 mm) sind ebenfalls spezifiziert. Die Daten und Adressen sind aktiv high, die Steuersignale aktiv low; alle mit TTL-Pegel.

8.2.2 Die Busphilosophie

Man kann den VME-Bus in sieben Funktionsblöcke aufteilen:

- den Datentransferbus mit handshake,
- den Adreßbus mit Adreßmodifier,
- die Bus-Arbitration (Buszuteilung),
- die Interrupt-Verarbeitung,
- die Systemhilfssignale,
- die serielle Übertragung,
- die Stromversorgung.

Die ersten drei Blöcke werden mit ihren Stiftbelegungen in **Bild 8.36** gezeigt. Über sie wird im folgenden noch die Rede sein. Die letzten vier Blöcke mit ihren Stiftbelegungen sind in **Bild 8.37** gezeigt.

Stift		Signal		Erläuterungen	Gruppe
a1	c1	D0	D8		
...		.....		16 Datenleitungen	
a8	c8	D7	D15		
a18		AS		Adress Strobe	Datentransfer-bus
a14		WRITE		Schreiben/Lesen	
a12		DS0		Data Strobe	
a13		DS1			
a16		DTACK		Data Transfer Acknowledge	
	c11	BERR		Bus Error	
	c13	LWORD		Langwort (32 Bit)	
b16	a23	AM0	AM4		
b17	c14	AM1	AM5	Adressmodifier	
b18		AM2			
b19		AM3			Adreßbus
a24	c30	A7	A8		
..	..	..	..	23 Adreßleitungen	
a30	c15	A1	A23		
b12		BR0			
..		..		Bus Request	
b15		BR3			
b2		BCLR		Bus clear	Busarbitration
b1		BBSY		Bus busy	
b4		BG0IN			
		BG0OUT			
..		...		Bus Grant Daisy Chain	
..		BG3IN			
b11		BG3OUT			

Bild 8.36 VME-Bus: Teilbusse für Datentransfer, Adressen und Arbitration

Stift	Signal	Erläuterungen	Gruppe
b30 . . b24	IRQ1 . . . IRQ7	Interrupt Request	Interrupt- verarbeitung
a20	IACK	Interrupt Acknowledge	
a21 a22	IACKIN IACKOUT	Interrupt Daisy Chain	
a10 c12 c10 b3	SYSCLK SYSRESET SYSFAIL ACFAIL	System-Takt (ohne μP) Systemreset Systemfehlermeldung Stromversorgungsfehler	Hilfs- signale
b21 b22	SERCLK SERDAT	serieller Takt serielle Daten	serielle Daten- übertragung
abc32 b31 c31 a31 a8, 15 c9	+ 5V + 5V + 12V − 12V GND	Notstrom	Stromversorgung

Bild 8.37 VME-Bus: Teilbusse für Interrupt, Hilfssignale, serielle Übertragung und Stromversorgung

8.2.3 Datenübertragung mit handshake

Die Datenübertragung zwischen Sender (master) und Empfänger (slave) läuft im handshake-Verfahren ab [8.11].

Lesezyklus (**Bild 8.38**):

1. Das Anliegen der gültigen Adresse auf dem Adreßbus wird dem Empfänger durch AS (adress strobe) angezeigt.
2. WRITE wird inaktiviert.
*3. Durch Aktivierung der beiden Leitungen DS0 und DS1 (data strobe) wird dem Sender mitgeteilt, daß der Empfänger empfangsbereit ist.
*4. Der Sender legt die Daten auf den Datenbus und signalisiert deren Gültigkeit durch DTACK (data acknowledge).
*5. Die erfolgte Datenübernahme meldet der Empfänger durch die Rücknahme von DS0 und DS1.
6. Daraufhin macht der Sender den Datenbus wieder frei.

(Die Aufspaltung des Signals DS wurde vorgenommen, um mit dem handshake gleichzeitig die Datenbreite (Byte, Wort (16 Bit), Langwort (32 Bit)) zu signalisieren.)

Der Schreibzyklus läuft entsprechend ab: Der Sender meldet die übernahmebereiten Daten mit DS0 und DS1. Die Übernahme wird angezeigt durch DTACK.

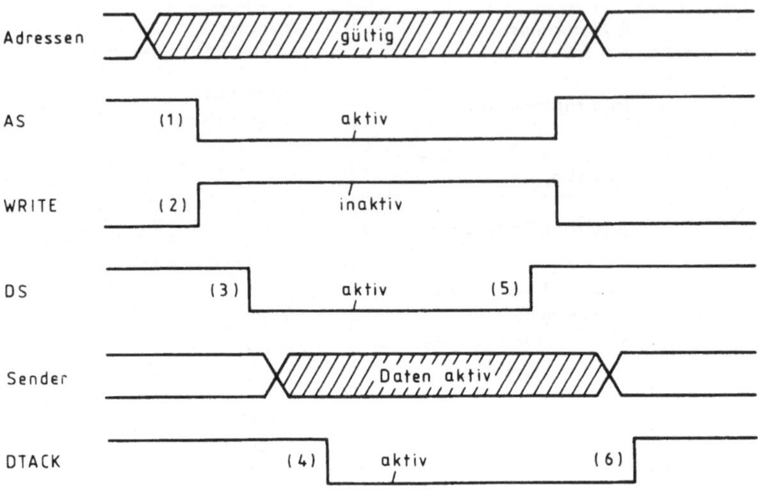

Bild 8.38 Lesezyklus beim VME-Bus. (Die Ziffern beziehen sich auf den Text)

Der Leser erkennt ein Zweidrahthandshake (gekennzeichnet durch *):

VME: DS0 und DS1;	IEC: DAV;
DTACK;	DAC.

Das dem IEC-Bussignal NRFD entsprechende Signal kann hier entfallen, da immer nur zwei Partner zusammenarbeiten.

8.2.4 Buszuteilung (arbitration)

Das Kennzeichen eines modernen Mikroprozessor-Busses ist, daß er verschiedenen, im Prinzip gleichberechtigten Mikroprozessor-Moduln (master) die Teilnahme am Busverkehr gestattet. Zur Vermeidung von Kollisionen dieser Master wird ein Schiedsrichter oder Zuteiler (arbiter) eingeführt, der den Bus nach bestimmten Regeln den Mastern zuteilt (arbitration).

Wir erläutern dies an einem Beispiel (**Bild 8.39**):

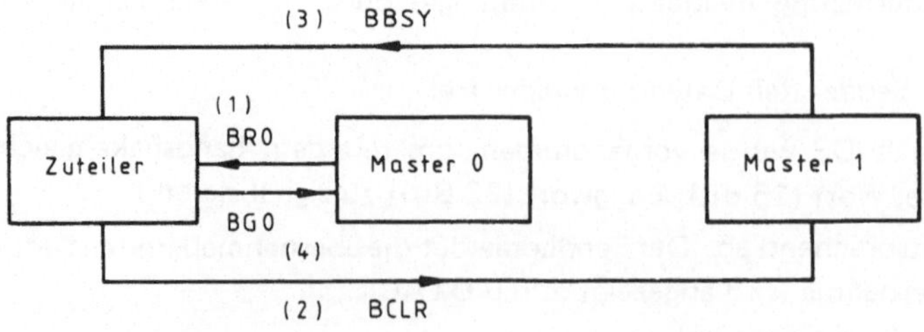

Bild 8.39 VME-Bus: Buszuteilung (arbitration). (Die Ziffern beziehen sich auf den Text)

Der Master 1 habe den Bus augenblicklich belegt und der Master 0 (mit höherer Priorität) wünscht ihn zu belegen. Dann geschieht folgendes:

1. Master 0 sendet BR0 (Bus request).
2. Der Zuteiler (arbiter) prüft die Prioritäten. Im Beispiel hat der Anfragende höhere Priorität, also sendet der Zuteiler an Master 1 die Aufforderung BCLR (Bus clear). (Ein Anfrager niederer Priorität hätte warten müssen.)
3. Der Master 1 unterbricht an geeigneter Stelle seine Arbeit und meldet dies mit Inaktivierung von BBSY (Bus busy).
4. Daraufhin teilt der Arbiter dem anfragenden Master 0 den Bus zu.

Sind mehr als vier Master an den VME-Bus anzuschließen, so wendet man eine Prioritätskette an (daisy chain).

Jede Bus-Request-Leitung (BR0...BR4) kann eine Prioritätenkette bilden. In **Bild 8.40** ist dies am Beispiel BR4 gezeigt. Nehmen wir an, der Master n der Kette Nr. 4 wünscht den Bus. Er sendet das Signal BR4. Nehmen wir weiter an, kein anderer Master sei im Augenblick auf dem Bus (BBSY inaktiv). Dann liefert der Arbiter BG4. Dieses läuft jetzt in den Master 1 der Kette 4 hinein. Hat dieser bevorrechtigte Master kein Interesse am Bus, so gibt er das Signal BG4 weiter an Master n. Der Master n übernimmt jetzt den Bus und meldet das mit BBSY. Bei dieser Prioritätenkette hat also derjenige Master Priorität, der geographisch näher am Zuteiler sitzt.

8.2.5 Interruptverarbeitung

Beim Blick auf Bild 8.37 erkennt der Leser, daß sieben Interruptleitungen IRQ1 ... 7 zur Verfügung stehen. Wir wollen für den Fall, daß nur ein interruptfähiger Mikroprozessor am Bus hängt, eine typische Interruptverarbeitung beschreiben [8.11].

1. Interruptanforderung: Diese erfolgt über eine IRQ-Leitung (IRQ7 hat höchste Priorität). Der Mikroprozessor sendet die Quittung IACK (interrupt acknowledge). Ohne IACK kann der Anforderer auf weitere Signale nicht reagieren.

   Sind mehr als sieben Interruptanforderer an den Bus anzuschließen, so wird eine Prioritätenkette gebildet, wie vorher für die Buszuteilung beschrieben: Das Signal IACK läuft vom Mikroprozessor durch alle für einen Interrupt zugelassenen Module einer IRQ-Ebene hindurch, bis es auf dasjenige Modul trifft, das den Interrupt angefordert hatte.

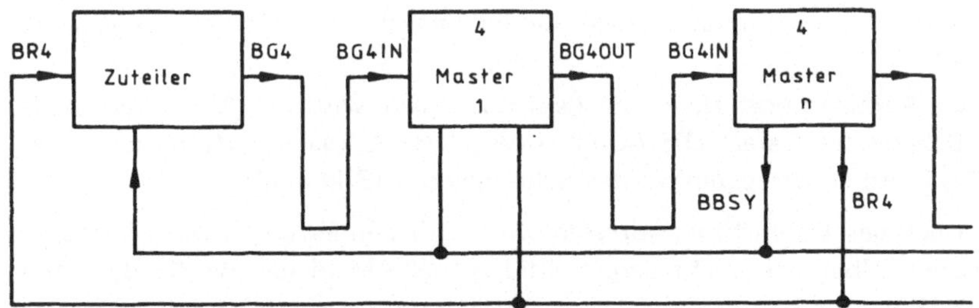

Bild 8.40 VME-Bus: Buszuteilung mit Daisy chain Nr. 4

2. Interrupterkennung: Der Mikroprozessor fragt über die Adressenleitungen A1...3 jetzt
   die Interruptebenen 1...7 ab. Ist der Interruptanforderer gefunden und akzeptiert, so
   darf er seine Vektornummer auf den Datenbus legen.
3. Interruptbearbeitung: Über die Vektornummer findet der Mikroprozessor die Adresse
   des Unterprogramms, das er im Falle dieses Interrupts abzuarbeiten hat.

8.3 Der IEEE P896-Bus

8.3.1 Allgemeines

Seit 1979 bemüht sich eine Arbeitsgruppe des IEEE (International Electric and Electronic
Engineers) um die Definition eines hersteller- und prozessorunabhängigen Busses für zukünftige mikroprozessorgesteuerte Systeme. Nunmehr liegt ein Normvorschlag vor [8.12].
Ob der neutrale P896-Bus sich gegen den VME-Bus behaupten kann, bleibt abzuwarten.
Es handelt sich um einen Bus mit 32 Multiplexleitungen für Daten und Adressen. Bis zu
32 Controller (master) können an diesen Bus angeschlossen werden. Über deren Priorität
entscheidet ein Schiedsrichter (arbiter). Der Stecker ist eine Ausführung mit 2 x 32 Stiften
nach DIN 41612. Die Reihen a und c werden belegt. Alle Signale haben TTL-Pegel und
sind aktiv low (auch Daten und Adressen).

8.3.2 Die Bus-Philosophie

Man kann den P896-Bus in fünf Funktionsblöcke aufspalten:

- den gemultiplexten Adreß- und Datentransferbus,
- die Busarbitration,
- die Bussteuerung,
- die serielle Übertragung,
- die Stromversorgung.

In **Bild 8.41** sind diese Blöcke mit ihren Stiftbelegungen gezeigt. Es fällt auf, daß keinerlei
Interruptleitungen vorgesehen sind. Das ist damit zu erklären, daß der Verkehr zwischen
den Busteilnehmern über den Busverteiler (arbiter) geregelt wird. Die Teilnehmer ihrerseits
können mit ihren Peripheriegeräten natürlich per Interrupt verkehren.

8.3.3 Datenübertragung mit handshake

Der Datenaustausch findet zwischen Sender und Empfänger statt. Beim P896-Bus wird
ein zum Senden fähiges Modul „master" genannt, das als „commander" wirklich sendet.
Entsprechend heißt ein zum Empfang fähiges Modul „slave" und, wenn es wirklich empfängt, „responder".

Die Nachricht, ob Adressen oder Daten auf dem Bus liegen, wird mit AM (adress mode)
gegeben. AM = 0 bedeutet Daten. Die Adreß- bzw. Datenübergabe läuft im handshake-
Verfahren ab. Als Beispiel betrachten wir den Schreibzyklus (**Bild 8.42**).

1. Das Anliegen gültiger Daten bzw. Adressen wird vom Sender durch IS (information
   strobe) angezeigt. Über das (nicht dargestellte) Signal AM meldet der Sender, ob er
   Adressen oder Daten sendet.
2. Der Empfänger übernimmt die Daten.

Stift	Signale		Erläuterungen	Gruppe
15 · · · · 30	AD1 AD3 · · AD31	AD0 AD2 · · AD30	32 Multiplexleitungen	Adressen- und Datentransfer
4 5	FR BB		Fairness Bus Busy	Buszuteilung (arbitration)
6 7 8	BR BP3 BP1	BP4 BP2 BP0	Bus Request Bus Priorität	
10 11 12 13 14	IK IS RO AM C1	 C2 C0	Information Acknowled. Information Strobe Response Adreßmode (0 = Daten) Command 0—2	Bussteuerung
3	SI	SK	serielle Information und Takt	serielle Datenübertragung
2, 31 1, 32 4, 5, 9 10, 11, 12	5V 0	5V 0 GND GND		Stromversorgung und Masse

Bild 8.41 P896-Bus: Übersicht der Signale. (Die linke Seite der Signale entspricht der Stiftreihe a, die rechte c. Reihe b ist nicht belegt.)

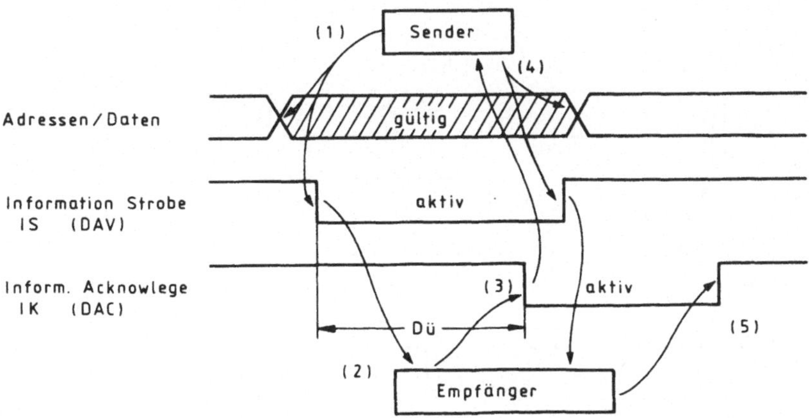

Bild 8.42 P896-Bus: Schreibzyklus mit handshake. (Die Ziffern beziehen sich auf den Text)

3. Die abgeschlossene Datenübernahme meldet der Empfänger mit IK (information acknowledge). Einen erkannten Übertragungsfehler würde der Empfänger mit RO (response) anzeigen.
4. Wird IK aktiv, so setzt der Sender IS wieder inaktiv und nimmt die Daten vom Bus.
5. Der Anfangszustand wird wieder hergestellt durch Rücksetzen von IK durch den Empfänger.

Der Leser erkennt die Verwandtschaft zum Dreidrahthandshake des IEC-Busses:

        P896: IS   IEC: DAV
               IK   DAC
               (RO)   (RFD) .

Bei diesem Vergleich ist das dritte Signal eingeklammert, da keine völlige Entsprechung vorhanden ist: RO bedeutet eine Störungsmeldung (error).

8.3.4 Buszuteilung (arbitration)

Auch der P896-Bus ist ein Multiprozessorbus, der 32 gleichberechtigten Mikroprozessor-Moduln (master) die Teilnahme erlaubt. Der zur Vermeidung von Kollisionen der einzelnen master als Schiedsrichter arbeitende Buszuteiler (arbiter) arbeitet folgendermaßen (**Bild 8.43**):

1. Der lokale Busrequest setzt die BR-Leitung aktiv (nur, wenn diese vorher passiv war).
2. Jedes Modul vergleicht jetzt seinen Prioritätsvektor BP0...4 mit dem des anfragenden Moduls.
3. Alle niederrangigeren Module schalten sich jetzt vom Bus ab.
4. Hat das anfragende Modul augenblicklich die höchste Priorität, so hat es „gewonnen".
5. Ist BB (bus busy) inaktiv, so wird diese Leitung vom anfragenden Modul jetzt aktiv gesetzt und BR inaktiv. Das Modul hat jetzt commander-Funktion.
6. Ist die „Regierungszeit" des Moduls zu Ende, so setzt es BB inaktiv.

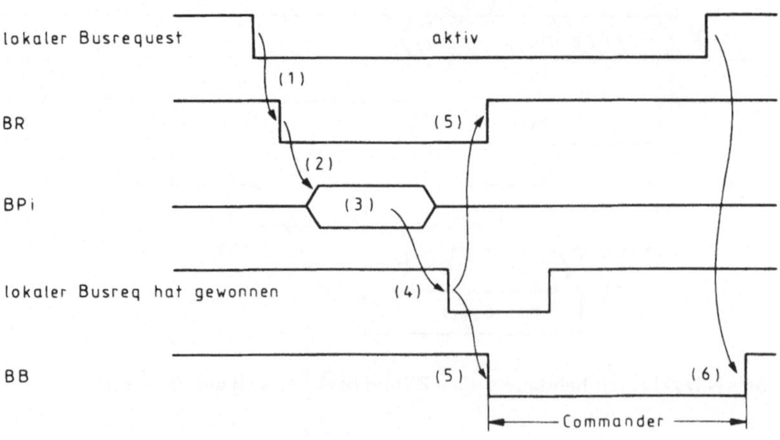

Bild 8.43 P896-Bus: Buszuteilung (arbitration)

Der beschriebene Ablauf fand ohne Berücksichtigung des Fairness-Signals (FR) statt. Mit diesem Signal kann man erreichen, daß ein bedientes Modul sich vor neuer Bedienung hinten an die Warteschlange anzustellen hat.

8.3.5 Buspegel und Busabschluß

Wie eingangs erwähnt, hat der P986-Bus TTL-Pegel. Das genaue Pegeldiagramm zeigt **Bild 8.44a**. Das Busabschlußnetzwerk hält das Potential im Leerlauf auf 3,2 V (wie beim IEC-Bus). Es muß durch die Treiber auf mindestens 1,2 V herabgezogen werden können.

Dem in **Bild 8.44b** gezeigten Busabschlußnetzwerk liegt diese und die folgende Überlegung zugrunde:

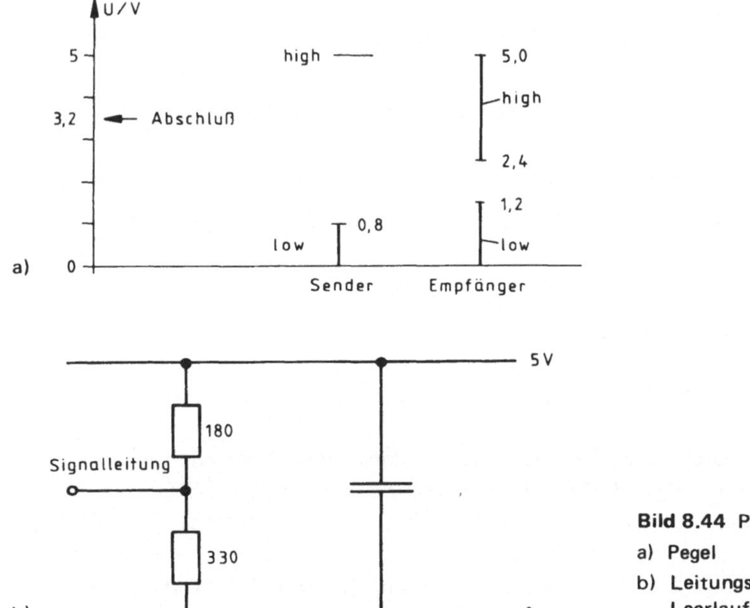

Bild 8.44 P986-Bus
a) Pegel
b) Leitungsabschluß für 3,2 V Leerlauf und Z = 116,5 Ohm

Die Impulsanstiegszeiten des P896-Bus liegen zwischen 5 ns und 50 ns. Bei vier Flanken pro Schwingung entspricht das Frequenzen zwischen 50 MHz und 5 MHz. Es leuchtet ein, daß hier Reflexionen an nicht oder falsch abgeschlossenen Leitungsenden auftreten können, die dann falsche Informationen ergeben. Reflexionsfreier Abschluß wird bekanntlich erreicht, wenn Abschlußwiderstand gleich Wellenwiderstand ist. Der Wellenwiderstand einer 0,5 mm breiten Leiterbahn auf einem Epoxydharzträger von 1,6 mm Dicke liegt bei 110 Ω [8.13]. So groß muß auch der Abschlußwiderstand sein. Diese Forderung und die Spannungsteilung auf 3,2 V ergibt die Schaltung in Bild 8.45. Sie muß pro Leitung einmal aufgebaut werden.

8.4 Der Multibus

8.4.1 Allgemeines

Der Multibus II der Firma Intel basiert auf dem Multibus I, welcher als IEEE 796 genormt wurde, und stellt dessen Weiterentwicklung dar [8.16]. Geht man von der Zahl der angebotenen Multibus-kompatiblen Produkte aus, so ist der Multibus II gegenüber dem vergleichbaren VMEbus (und dem P986-Bus) Marktführer.

Es handelt sich um einen synchronen Bus für 32 Daten- und Adreßleitungen, die gemultiplext werden. Auch die Steuerleitungen werden zum Teil gemultiplext.

Bis zu 20 intelligente Systemeinheiten (agents) können an den Bus angeschlossen werden. Deren Priorität legt eine zentrale Steuereinheit (CSM, Central Service Module) fest auf eine noch zu besprechende Art und Weise.

Der Stecker ist ein DIN-Stecker mit 96 Kontakten in drei Reihen a, b, c. Die Karten selbst entsprechen IEC-Norm, haben aber kein Europaformat: Einfachkarte 100 X 220 mm, Doppelkarte 233,4 X 220 mm.

Die Daten, Adressen und die Steuersignale sind alle aktiv low und haben TTL-Pegel.

8.4.2 Die Busphilosophie

Zunächst ist festzustellen, daß der Multibus II eine Busfamilie mit folgenden Mitgliedern ist:

- **iPSB.** Dieser parallele Systembus überträgt alle für das Gesamtsystem wichtigen Daten, Adressen und Steuersignale.
- **iLBX.** Mit dieser lokalen Buserweiterung kann eine Prozessorplatine ihr zugehörige Erweiterungen „huckepack" nehmen, ohne mit dem dazugehörigen Datenverkehr den großen PSB zu belasten.
- **iSSB.** Dieser 1 Bit breite serielle Systembus ist langsamer, aber auch entsprechend einfacher (billiger) als der große PSB. Er arbeitet wie Ethernet mit CSMA/CD (Carrier Sensitive Multiple Access with Collision Detection), ist also entsprechend leistungsfähig.
- **Multichannel DMA** I/O Bus. Dieser Bus dient dem direkten Datentransfer zwischen Peripheriegeräten und Speicherplatinen (DMA, direct Memory Access).
- **iSBP.** Mittels dieses I/O-Erweiterungsbusses kann eine Prozessorplatine direkt mit der ihr zugehörigen Peripherie verkehren.

Man kann den iPSB, mit dem wir uns im folgenden ausschließlich und unter der Bezeichnung „Multibus" beschäftigen werden, in 7 Funktionsblöcke aufteilen:

- Die Adressen-/Datensignale,
- die Buszuteilung (arbitration),
- die Systemsteuersignale,
- die zentralen Steuersignale,
- die Ausnahmezyklussignale,
- die serielle Übertragung,
- die Stromversorgung.

Der Leser bemerkt, daß es hier keine Interruptsignale gibt. Die einzelnen Signale der verschiedenen Blöcke zeigt **Bild 8.45**.

Stifte	Bezeichnung		Bemerkungen
7 a b	AD0, 1 (lsb)		
8 a c	AD2, 3		
9 a b c	AD4, 5, 6		
10a	AD7		Adressleitungen für Request-Phase
11a b c	AD8, 9, 10		bzw.
12a c	AD11, 12		Datenleitungen für Reply-Phase
13a b c	AD13, 14, 15		
14 c	AD16		
15a b c	AD17, 18, 19		
16a c	AD20, 21		
17a b	AD22, 23		
18a c	AD24, 25		
19a b c	AD26, 27, 28		
20a c	AD29, 30		
21a	AD31 (msb)		
10 c	PAR0		Paritätsbit für AD0 −AD7
14a	PAR1		AD8 −AD15
17 c	PAR2		AD16 −AD23
21 c	PAR3		AD24 −AD31
32 b	SC0		"aktiv" zeigt Request-Phase an
31 b	SC1		blockiert restliche agents
			Request-Phase Reply-Phase
29 c	SC2	System-	Datenbreite Zyklusende
29 b	SC3	steuer-	Datenbreite Requestor Ready
29a	SC4	signale	Adressbereich Replier Ready
28 c	SC5		Adressbereich Fehlermeldung
28a	SC6		READ/WRITE Fehlermeldung
27 c	SC7		− Fehlermeldung
27 b	SC8		Parität für SC4 − SC7
27a	SC9		Parität für SC0 − SC3
23a	BUSREQ	Bus-	Busanforderung
26a c	ARB1, 0	zuteilung	
25a c	ARB3, 2		Identifizieradresse
24a c	ARB5, 4		
23 b	RST		Reset
25 b	RSTNC		Reset not completed
2 b	DCLOW	zentrale	Spannung bricht zusammen
1 b	PROT	Steuer-	Protektion bei Spgs.ausfall
4 c	BCLK	signale	Bustakt
6 c	CCLOK		zentraler Takt
6a	LACHn		ID-Latch für Buszuteilung
4 b	SDA	serielle	serielles lokales Netz
5 b	SDB	Daten	
23 c	BUSERR	Ausnahme-	Busfehler bei AD, SC
5a	TIMOUT	zyklussignale	Taktfehler
1a c	0 Volt		
usw.			
2a c	5 Volt	Stromversor-	
usw.		gung	
3a c	+12 V		
30a c	−12 V		
3 b	5 Volt		Batterie

Bild 8.45 Funktionsblöcke und Signale des Multibus II

8.4.3 Datenübertragung mit handshake

Die Datenübertagung findet während des sog. Transferzyklus statt. Genauer gesagt: Der Transferzyklus unterteilt sich in die Anforderungsphase (request phase), in der die Steuersignale SC0 ... SC9 und die Adressen übertragen werden, und die Antwortphase (reply phase), in der dann die Daten im handshake-Verfahren übertragen werden. Betrachten wir exemplarisch den bei einem READ-Prozeß ablaufenden handshake (**Bild 8.46**):

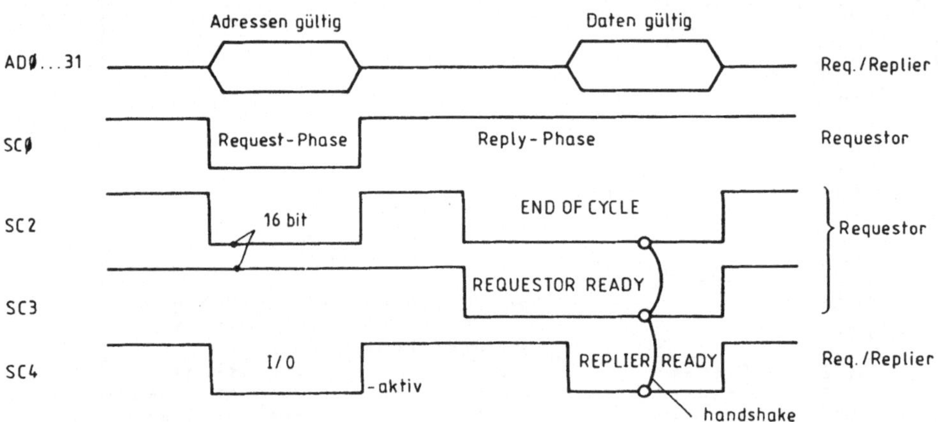

Bild 8.46 Transfer-Zyklus eines einzelnen READ-Vorgangs von einer I/O-Adresse. (Die Signale sind aktiv low.) [8.16]

In der Anforderungsphase gibt der Daten anfordernde Teilnehmer (requesting agent) die Adressen auf den Adreß/Datenbus. Mit SC0 = aktiv kennzeichnet er die Anforderungsphase. In der anschließenden Antwortphase signalisiert der Anforderer mit aktivem SC3 (= REQUESTOR READY) und SC2 (= END OF CYCLE), daß er einmalig Daten übernehmen kann. Der antwortende Teilnehmer (replying agent) gibt darauf die Daten auf den Adreß/Datenbus. Daneben gibt er mit aktivem SC4 (= REPLIER READY) zu erkennen, daß die Daten übernommen werden können.

Hat der Anforderer nunmehr die Daten übernommen, so setzt er SC3 und SC2 zurück.

Wir haben es also mit einem Zweidraht-handshake zu tun: Datenanforderung mit REQUESTOR READY, Datenübergabe mit REPLIER READY. Das Signal END OF CYCLE nimmt am handshake nicht teil, sondern der Anforderer gibt damit an, ob es sich um einen einmaligen Datentransfer (z. B. mit einer I/O-Peripherie) oder um einen sequentiellen Transfer (z. B. mit dem Speicher) handelt.

An dem Signal SC4 ist das Multiplexen der Steuersignale gut zu sehen: In der Anforderungsphase signalisiert der Anforderer damit, daß er den I/O-Adressenraum anwählt, in der Antwortphase gibt der Antwortende damit an, daß er Daten zur Verfügung stellt (REPLIER READY).

Die hier nicht erwähnten Steuersignale SC1, SC5 ... 9 (vgl. die Tabelle in Bild 8.45) sind natürlich an der Datenübertragung ebenfalls beteiligt, spielen aber für den handshake keine Rolle.

8.4.4 Buszuteilung (arbitration)

Der Multibus kann bis zu 20 intelligente Teilnehmer aufnehmen, von denen aber natürlich immer nur einer den Bus zugeteilt bekommen kann. Diese Zuteilung folgt den im folgenden beschriebenen Regeln:

Beim Einschalten teilt das CSM zunächst jedem Kartensteckplatz eine feste Identifizieradresse ID zu (**Bild 8.47a**). Dies geschieht über die Leitungen ARB0 ... 4 (ARB5 = 1). Das Signal für die Übernahme in das ID-Register des Teilnehmers ist LACHn und Adresse n.

Beispiel: Dem Teilnehmer in Steckplatz 7 werde sein ID = 8 zugewiesen (vgl. Bild 8.47a). Dann ist ARB4 ... 0 = 01000 und der Übernahmebefehl ist die Kombination AD7 und LACHn (latch).

Während des Betriebes erfolgt die Buszuteilung im Zuteilungszyklus (arbitration cycle), der aus Feststellungsphase und Übernahmephase besteht. In der Feststellungsphase wird festgelegt, wer den Bus bekommt, in der Übernahmephase übernimmt der Gewinner den Bus. Gibt der Gewinner den Bus wieder frei, so wird in demselben Zuteilungszyklus eine neue Feststellungsphase begonnen und der nächstfolgende Teilnehmer dieses Zuteilungszyklusses bekommt den Bus. Damit ist gewährleistet, daß zuerst die alte Warteschlange abgearbeitet wird, bevor eine neue gebildet wird.

Wir wollen an einem Beispiel die Prozedur erläutern, die die Intel-Ingenieure für die Buszuteilung ausgeklügelt haben. Wir betrachten drei Teilnehmer 1, 2 und 3, welche gleichzeitig ihre IDs auf die Busleitungen ARB0 ... 5 geben (**Bild 8.47b**). Der Wettbewerb um den Bus hat also damit begonnen, daß jeder den Bus beanspruchende Teilnehmer seinen eigenen ID und das Signal BUSREQ aktiviert. Die Signale der einzelnen Teilnehmer sind AND-verknüpft (wired AND), so daß sich in der Startphase hier der resultierende Bus-ID = 100000 ergibt (ARB5 ist immer 1). Jeder Teilnehmer bildet jetzt einen neuen „Wettbewerbs"-ID nach folgender Regel: Er vergleicht, vom msb zum lsb absteigend, jedes Bit des eigenen ID mit dem entsprechenden des Bus-ID. Es wird dadurch ein „Wettbewerbs"-ID gebildet, daß gleiche Bits übernommen werden, jedoch vom ersten ungleichen Bit ab alle niederwertigeren Bits auf 1 gesetzt werden. Die Verundung aller „Wettbewerbs"-IDs ergibt jetzt den neuen Bus-ID. Diese Prozedur wird wiederholt, bis der Bus-ID mit dem ID des siegreichen Teilnehmers übereinstimmt, der damit die Verfügung über den Bus erhält.

In unserem Fall ergibt sich der Bus-ID zunächst zu 100011. Nun wird obige Regel nochmals angewandt. Die Verundung ergibt nunmehr den Bus-ID 100010. Dieser Bus-ID ist identisch mit dem ID des Teilnehmers 1, der damit die Verfügung über den Bus erhält.

Steckplatz-Nr.	0	1	2	3	4	5	6	7	8	9	10	11	12	13	14	15	16	17	18	19
a) Zuteilungs-ID	0	1	2	3	4	6	7	8	12	14	15	16	17	19	23	24	25	27	28	29

		Start							1. Schritt							2. Schritt						
Tln 1:	ID =	1	0	0	0	1	0		1	0	0	0	1	1		1	0	0	0	1	0	Tln 1
Tln 2:	ID =	1	0	0	0	1	1		1	0	0	0	1	1		1	0	0	0	1	1	gewinnt
Tln 3:	ID =	1	0	0	1	0	0		1	0	0	1	1	1		1	0	0	1	1	1	
b) Bus:	ID =	1	0	0	0	0	0		1	0	0	0	1	1		1	0	0	0	1	0	

Bild 8.47 Buszuteilung beim Multibus
a) Zuordnung der Identifizieradressen ID   b) Beispiel für die Auswahl-Sequenz

Der Leser erkennt die beiden Prinzipien der hier angewandten Zuteilungsphilosophie:

1. Die Teilnehmer erledigen die Zuteilungsfrage untereinander, ohne Mitwirkung des CSM.
2. Je niedriger der Teilnehmer-ID, desto höher seine Priorität.

8.5 Der Ethernet-Bus

8.5.1 Allgemeines zum LAN

Ein lokales Netz (LAN, Local Area Network) ist ein einadriges Netzwerk, welches viele gleichberechtigte Einzelrechner telefonnetzähnlich seriell miteinander verbindet, und ist zu unterscheiden von einem vieladrigen, parallelen Bussystem, welches meist rechner-intern verläuft. Um die erwartete starke Entwicklung auf diesem komplexen Gebiet über-schaubar zu halten, hat der internationale Normenausschuß ISO ein sog. Siebenschichten-modell entwickelt, das OSI (Open System Interconnect) von ISO, welches **Bild 8.48** zeigt.

Das amerikanische IEEE-Kommittee hat die unteren Schichten des ISO-Modells detaillier-ter genormt (**Bild 8.49**). Die drei verschiedenen Netzstrukturen gemäß IEEE 802.3, 802.4 und 802.5 sind in **Bild 8.50** gezeigt. Das CSMA/CD-Verfahren (Carrier Sense Multiple Access/Collision Detect, IEEE 802.3) arbeitet folgendermaßen (Bild 8.50a; 8.50b und c vgl. Abschnitt 8.6):

Teilnehmer A prüft (Carrier Sense), ob der Bus frei ist. Wenn ja, sendet Tln A. Er kann entweder nur einen Tln (z. B. B) oder mehrere Tln gleichzeitig (z. B. B und C) adressieren

Nr.	Bezeichnung	Erläuterungen
7	Anwendungsschicht (Application Layer)	stellt die auf dem Netzwerk basierenden Dienste für die Programme des Endanwenders bereit (Datenübertragung, elektronische Post, usw.)
6	Darstellungsschicht (Presentation Layer)	legt die Anwenderdaten-Strukturen fest, wie sie dann zur Sitzungsschicht gegeben werden (Formatierung, Ver-schlüsselung)
5	Sitzungsschicht (Session Layer)	definiert das Interface zwischen Endanwender und Netzwerk und baut die Kommunikationsdialoge auf und managt sie
4	Transportschicht (Transport Layer)	stellt den Datentransport sicher zwischen den Teilnehmern (Fehlererkennung und -behandlung)
3	Netzwerksschicht (Network Layer)	legt die Wege der Daten und ihr Rangieren zwischen den Netzen fest
2	Datenverbindungsschicht (Data Link Layer)	legt die Datenformatierung für die Übertragung fest und definiert die Zugriffsart zum Netzwerk (CSMA/CD oder Token). Man unterteilt noch in „Mediumszugriff-Steuerung" und „Logische Ankopplungs-Steuerung"
1	Physikalische Schicht (Physical Layer)	definiert die elektrischen und mechanischen Eigenschaften der Leitung, Pegeldefinition

Bild 8.48 OSI-Modell (Open Systems Interconnect) von ISO (International Standardisation Organisation)

3. Netzwerkschicht	Netzwerkverwaltung und Netz/Netz-Verwaltung	IEEE 802.1		
2. Datenverbindungs- schicht	Logische Verknüpfungs- Steuerung	IEEE 802.2		
	Mediumszugriff-Steuerung	802.3	802.4	802.5
1. Physikalische Schicht	elektronischer und mechanischer Aufbau	CSMA/CD	Token-Bus	Token-Ring

Bild 8.49 Die unteren OSI-Schichten und die NORM IEEE 802.1

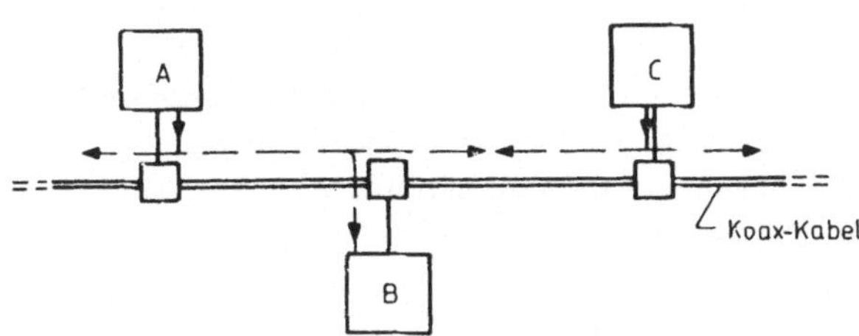

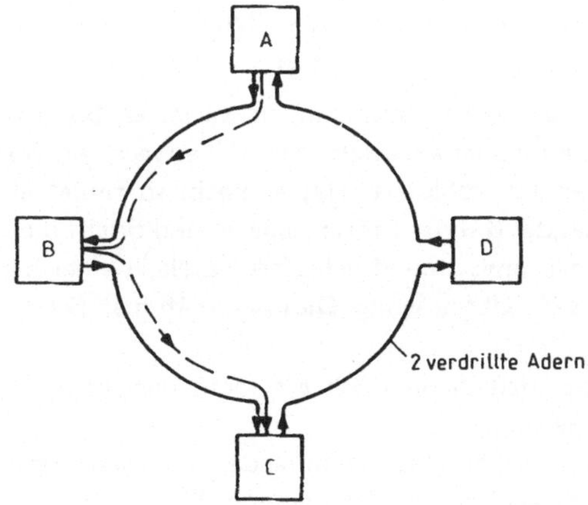

Bild 8.50 Die drei LAN-Strukturen
a) CSMA/CD (IEEE 802.3)
b) Token-Ring (IEEE 802.5)
c) Token-Bus (IEEE 802.4)

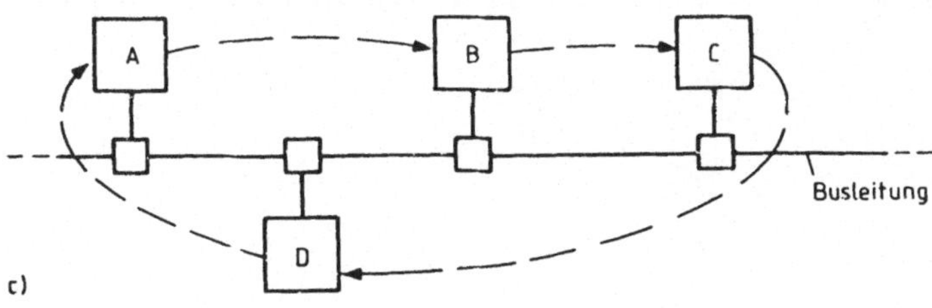

(Multiple Access). Beginnt zufällig Tln C zu senden, solange A noch sendet, so entsteht eine Kollision. Diese wird von Tln C entdeckt (Collision Detection) und er wiederholt seine Sendung eine angemessene Zeitspanne später.

Im folgenden beschäftigen wir uns mit dem wichtigsten Vertreter der Netze gemäß IEEE 802.3, nämlich Ethernet. Ethernet beruht auf Spezifikationen, welche von den Firmen DEC, Intel und Xerox entwickelt und 1980 vorgelegt wurden [8.14].

Das Netz besteht physikalisch aus 50 Ohm-Koaxialkabel, mit dem bis zu 100 unabhängige Computer (PCs) miteinander verbunden werden können, welche mit einer Übertragungsrate von 10 MBaud miteinander kommunizieren können.

Es gibt auch vereinfachte Versionen von Ethernet, z. B. Cheaperuct.

Der Pegel entspricht dem bei TTL.

8.5.2 Die Bus-Philosophie

Der neuartige Grundgedanke ist das CSMA/CD-Verfahren (Carrier Sense Multiple Access/ with Collision Detection, Träger abtastender Mehrfachzugriff/mit Kollisionserkennung): Alle Sender und Empfänger sind gleichberechtigt an den Bus angeschlossen. Die Nachricht steckt im seriellen Datenpaket. Dieses besteht aus

- einer 64 Bit langen Präambel,
- Empfänger- und Absenderadresse mit je 48 Bit,
- Datenartkennzeichnung mit 16 Bit
- dem eigentlichen Datenblock, der zwischen 368 und 12000 Bit lang sein kann,
- Fehlerprüfkode aus 32 Bit (CRC, cyclic redundancy code).

Der Mindestabstand zwischen zwei Paketen beträgt 96 Bit.

Will ein Sender ein adressiertes Datenpaket absenden, so wartet er, bis auf der Leitung Ruhe herrscht. Dann setzt er seine Daten ab. Gleichzeitig überwacht er, ob sein Datenpaket mit dem eines anderen Senders kollidiert. Hat er Pech, so findet eine Kollision statt. In diesem Fall hängt der Sender 6 Bytes Störanzeige an und bricht die Übertragung ab. Der Empfänger weiß dann, daß etwas schief gelaufen ist. Nach einer kleinen Wartezeit versucht der Sender nochmals die Übertragung. Dies bis zu 16 mal. Dann wird Fehlermeldung gegeben.

Der Leser könnte nun annehmen, daß dieses doch ein recht unsicheres Übertragungsverfahren sei. Dazu folgende Überlegung:
Die Firma Xerox hat in einer statistischen Untersuchung der Busauslastung eine typische Auslastung von nur 1 % und eine maximale Auslastung von 37 % festgestellt. Im ungünstigsten Fall ist also die Wahrscheinlichkeit des erfolgreichen Sendens etwa 2:3. Das heißt, bei drei Versuchen kommt der Sender im Schnitt auch bei Hochbetrieb zweimal durch. Bei typischer Auslastung ist der Sender in 99 von 100 Fällen beim ersten Versuch erfolgreich.

8.5.3 Das hardware-Interface

Es leuchtet ein, daß das Interface zwischen Bus und Minicomputer recht komplex sein muß. Zu seinen Aufgaben gehört:

- Datenpufferung,
- Seriell/parallel- und Parallel/seriell-Umsetzung,
- Datensicherung mittels CRC,
- Erkennung der Adresse,
- Erkennung von Flags,
- Manchester-Kodierung und -Dekodierung der Information.

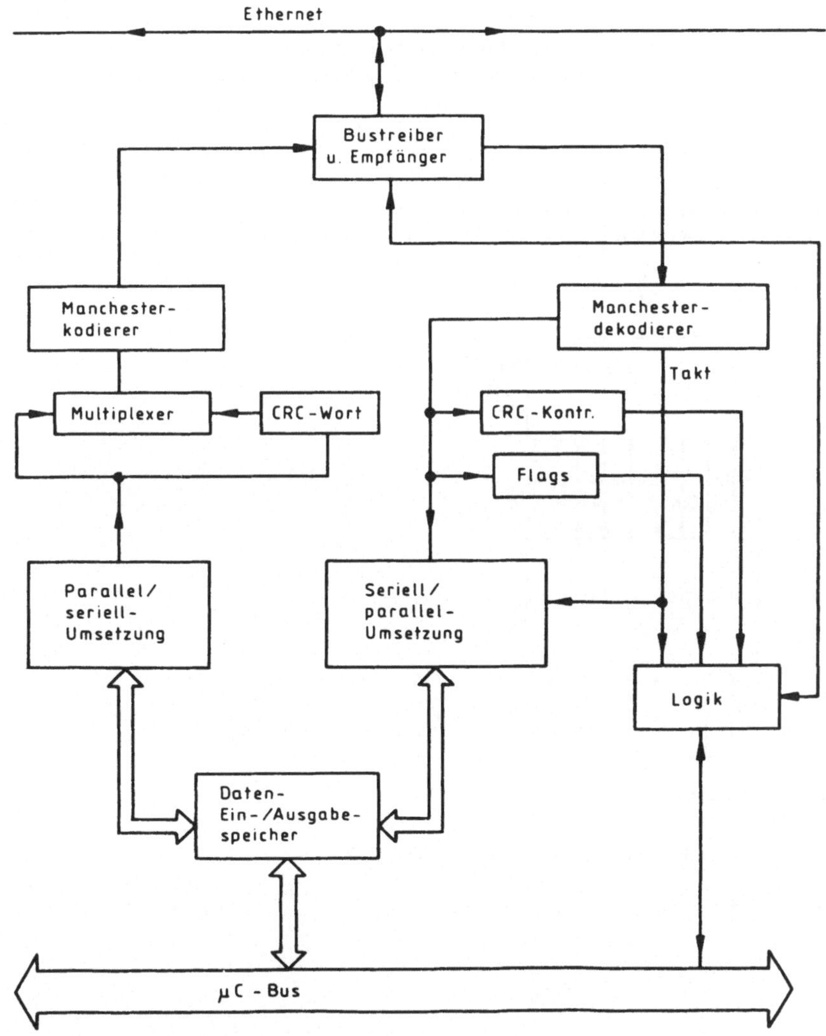

Bild 8.51 Ethernet: Blockbild des hardware-Interface

Den prinzipiellen Aufbau einer Schaltung, die das leistet, zeigt **Bild 8.51.** Es leuchtet ein, daß man diese Funktionen am besten mittels hochintegrierter Bausteine realisiert. Nachfolgend sind einige solche Bausteine aufgeführt:

Controller: 82586 (Lokaler Kommunikations-Controller, Intel),
                                         7990   (LAN-Controller für Ethernet, AMD, Mostek),
                                         8390   (Netzwerk Interface-Controller, National).

Serielles Netzwerk-Interface: 82501 (Ethernet serielles Interface, Intel),
                                         7991   (Serieller Interface Adapter, AMD, Mostek),
                                         8391   (Serielles Netzwerk-Interface, National).

Ein Beispiel für die Anwendung dieser Bausteine zeigt **Bild 8.52.**

Zur Fehlererkennung dient, wie bereits erwähnt, das CRC-Langwort (32 Bit). Der Leser kennt aus dem vorangehenden bereits die Kodesicherungen mittels Paritybit und mittels checksum. Die Wahrscheinlichkeit, Mehrfachfehler (Fehlerbündel) zu erkennen, ist bei der RCR-Methode wesentlich höher als bei diesen Verfahren. Wir wollen im folgenden darauf eingehen.

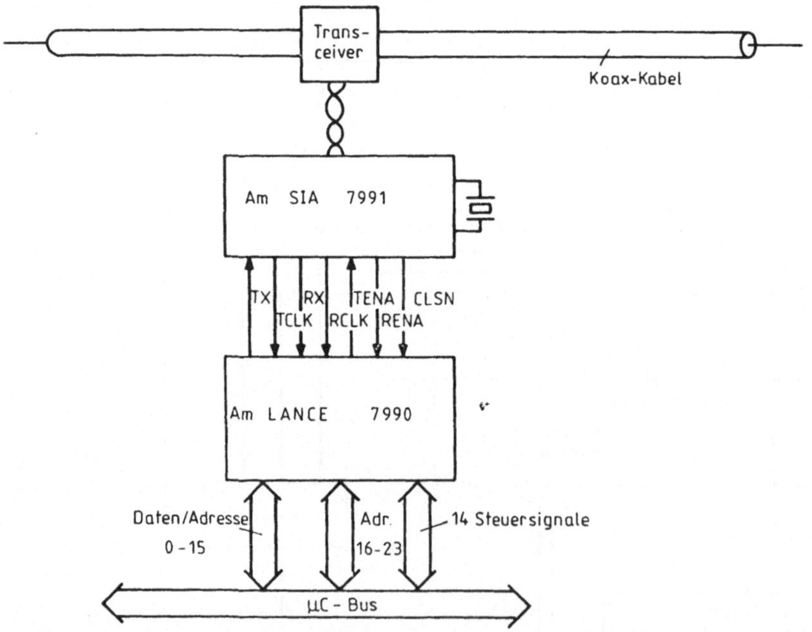

Bild 8.52 Ethernet-Interface mit hochintegrierten Bausteinen [8.17]
TX-Transmit   RCLK-Receive Clock   TCLK-Transmit-Clock
TENA/RENA-Transmit/Receive Enable   RX-Receive   CLSN-Collision

8.5.4 Fehlererkennung durch Divisionsrest (CRC)

8.5.4.1 Polynomdarstellung

Eine Information in serieller Darstellung ist eine Folge (geordnete Menge) von Zeichen $(A_k, ..., A_2, A_1, A_0)$, die man formal durch ein Polynom k-ter Ordnung über einer Variablen X darstellen kann [8.15], wobei die Zeichen A_i die Koeffizienten der i-ten Potenz von X sind:

$$A(X) = A_k \cdot X^k + ... + A_2 \cdot X^2 + A_1 \cdot X + A_0 .$$

Ist H(X) ein weiteres Polynom der Ordnung s,

$$H(X) = H_s \cdot X^s + ... + H_1 \cdot X + H_0 ,$$

so kann man durch Multiplikation ein neues Polynom B(X) der Ordnung $m = s + k$ gewinnen:

$$B(X) = A(X) \cdot H(X) = B_m \cdot X^m + ... + B_0 .$$

Die neuen Koeffizienten berechnen sich dabei gemäß:

$$B_m = A_k \cdot H_s ,$$
$$B_{m-1} = A_k \cdot H_{s-1} + A_{k-1} \cdot H_s ,$$
$$. . . . . .$$
$$B_1 = A_1 \cdot H_0 + A_0 \cdot H_1 ,$$
$$B_0 = A_0 \cdot H_0.$$

Ist ferner G(X) ein Polynom der Ordnung r, so kann man einen Quotienten Q(X) der Ordnung $m - r$ mit Rest R(X) von höchstens $(r - 1)$ter Ordnung bestimmen, so daß gilt:

$$B(X) = Q(X) \cdot G(X) + R(X) .$$

Dies wird als Division von B(X) durch G(X) bezeichnet.

Für die Anwendung bei der Fehlererkennung müssen die Koeffizienten der Polynome aus einem endlichen Zahlkörper stammen, den man als „Restklasse modulo p" gewinnen kann, sofern p eine Primzahl ist.

Wir wollen hier den für die Anwendung favorisierten Zahlkörper (Zahlbereich) mit $p = 2$ kurz skizzieren. Dieser Zahlbereich enthält nur die Ziffern 0 und 1, d.h. die bei einer (gewöhnlichen) ganzzahligen Division durch 2 einzig möglichen Reste.

Für diesen Zahlbereich gelten folgende Rechenregeln:

Addition: $0 + 0 = 0$, $0 + 1 = 1$,
                $1 + 0 = 1$, $1 + 1 = 0$ (denn $2 : p$ liefert Rest 0) .

Subtraktion: $0 - 0 = 0$, $0 - 1 = 1$.

Multiplikation: $0 \cdot y = 0$ (für $y = 0$ oder $y = 1$)
                $1 \cdot 1 = 1$.

Division: $y : 1 = y \cdot 1 = y$.

Die Addition läßt sich also durch die logische Verknüpfung XOR, die Subtraktion durch NOT und die Multiplikation durch AND verwirklichen.

```
a) Vorgabe: I = ( 1, 1, 0, 1, 0, 1 )      k = 5
            H = ( 1, 0, 0, 0, 0, )         s = 4
            G = ( 1, 0, 1, 1, )            r = 3


b) B = I * H    ( 1, 1, 0, 1, 0, 1 ) * (1, 0, 0, 0, 0 )
                ------------------------------------------
                1 1 0 1 0 1
                  0 0 0 0 0 0
                    0 0 0 0 0 0
                      0 0 0 0 0 0
                        0 0 0 0 0 0
                ------------------------------
                1 1 0 1 0 1 0 0 0 0    =   B


c) B = Q*G + R    (1, 1, 0, 1, 0, 1, 0, 0, 0, 0 ) : (1, 0, 1, 1)
                - 1 0 1 1
                  ----------                    = 1 1 1 1 0 1 1 = Q
                  1 1 0 0
                - 1 0 1 1
                  ----------
                    1 1 1 1
                  - 1 0 1 1
                    ----------
                    1 0 0 0
                  - 1 0 1 1
                    ----------
                      0 1 1 0 0
                    - 1 0 1 1
                      ----------
                        1 1 1 0
                      - 1 0 1 1
                        ----------
                        1 0 1 = Rest R


d) Probe (B - R) = (B + R) = Q * G mit Rest 0 :

        B = 1 1 0 1 0 1 0 0 0 0
        R =               1 0 1
    ----------------------------------------
    (B + R) : G = (1 1 0 1 0 1 0 1 0 1) : (1 0 1 1) = 1 1 1 1 0 1 1
                    ..
                    .. wie bei c)
                    ..
                    1 0 0 0
                  - 1 0 1 1
                    -------
                      0 1 1 0
                    - 1 0 1 1
                      -------
                      1 0 1 1
                    - 1 0 1 1
                      -------
                      0 0 0 = Rest R
```

Bild 8.53 Rechnung im Zahlbereich „Restklasse modulo 2".
a) Vorgaben b) Multiplikation c) Division d) Probe

Bild 8.47 zeigt an einem Beispiel die sich bei diesen Voraussetzungen abweichend von den üblichen Rechenregeln einstellenden Ergebnisse. Bei der als Probe bezeichneten Division bilden wir $(B - R) : G$. Diese Division muß ohne Rest aufgehen. (Man beachte, daß im benutzten Zahlbereich gilt:

$$B(X) - R(X) = B(X) + R(X) .$$

Auch $B + R$ muß sich also ohne Rest dividieren lassen.

8.5.4.2 Das Prinzip der Fehlererkennung

Um etwaige Fehler bei der Informationsübertragung erkennen zu können, wird der eigentlichen Information $I = (I_k,...,I_0)$ eine Kontrollinformation $R = CRC$ (cyclic redudancy code) in geeigneter Weise angehängt (**Bild 8.48**). Diese wird vom Sender als Rest $R(X)$ einer Division durch ein Generatorpolynom $G(X)$ gewonnen. Die empfangene Nachricht, also I und R, wird ebenfalls durch $G(X)$ dividiert. Geht die Division auf, so wird die Übertragung als fehlerfrei angenommen.

8.5.4.3 Die Bildung des Kodevektors

Zunächst wird die Information I mit dem speziellen, einfachen Polynom

$$H(X) = X^s \quad \text{mit} \quad s = r + 1$$

multipliziert. Das Ergebnis sei B (vgl. Bild 8.47b). Die Multiplikation mit diesem $H(X)$ bedeutet ganz einfach, daß der Information I noch $r + 1$ Nullen angehängt werden:

$$(I_k,...,I_0, 0,...,0) .$$

Nun erfolgt die Division durch $G(X)$, wodurch sich B ergibt (Bild 8.47c).

Addiert man dazu rechtsbündig den sich ergebenden Rest $R = (R_p,...,R_0)$ mit $p = r - 1$, so ergibt sich die gesamte zu übertragende Folge

$$B + R = (I_k, ... , I_0, 0, R_p, ... , R_0)$$

mit $m = (k+1) + 1 + (p+1) = k+s+1$ Zeichen. Die Folge $B+R$ wird Kodevektor genannt.

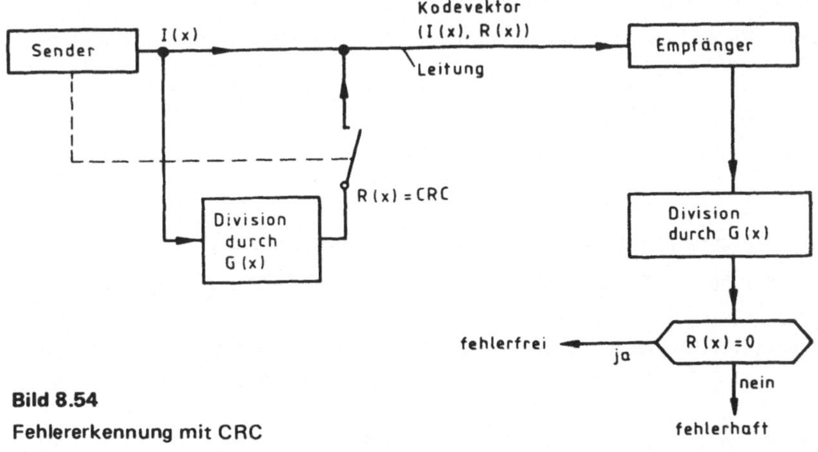

Bild 8.54

Fehlererkennung mit CRC

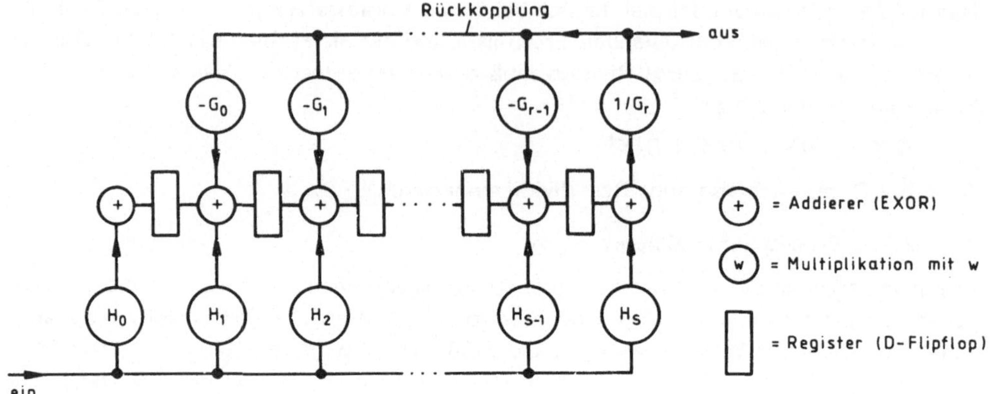

Bild 8.55 Multiplikations- und Divisionsschaltung

Dividiert der Empfänger diesen Kodevektor durch das ihm bekannte Generatorpolynom $G(X)$, so muß sich der Rest $(0,\dots,0)$ ergeben. Ist dies der Fall, so gelten die ersten $k + 1$ Zeichen als korrekt übertragene Information I.

8.5.4.4 Schaltung zur Erzeugung des Kodevektors

Eine Schaltung, die eine Bitfolge gleichzeitig mit $H(X)$ multipliziert und durch $G(X)$ dividiert, hat Peterson angegeben [8.15]. Sie ist in **Bild 8.49** in allgemeiner Form gezeigt, wobei zu beachten ist, daß die Glieder mit H_s und G_r rechts übereinander stehen müssen. Die gezeichnete Position der Glieder mit H_0 und G_0 ergibt sich für den Sonderfall $s = r + 1$.

Die Schaltung, die wir hier für die Rechnung „modulo 2" benötigen, besteht aus Addiergliedern (EXOR-Schaltungen) und Schieberegistern (D-Flipflops), deren Ausgänge jeweils eine Taktzeit später zur Verfügung stehen. Die Multiplikationen sind so zu verstehen, daß ein Faktor 1 eine Verbindung, ein Faktor 0 eine Unterbrechung bedeutet. Zur Subtraktion und Division beachte man das in Abschnitt 8.4.4.1 ausgeführte.

Einfaches Beispiel: Wir wählen als Generatorfunktion $G(X)$ ein Polynom dritter Ordnung $(r = 3)$

$$G = (1,\ 0,\ 1,\ 1)\,.$$

Als Multiplikator benutzen wir gemäß obigem das Polynom vierter Ordnung $(s = r + 1)$

$$H = (1,\ 0,\ 0,\ 0,\ 0)\,.$$

Dies ergibt die Schaltung nach **Bild 8.50**, die folgendermaßen arbeitet:

1. Anfangs liegen die beiden Schalter in der Position a und die Schieberegister sind gelöscht (Ausgang = 0).
2. Über den Eingang werden nacheinander die $k + 1$ Informationen $I_k,\dots,I_0$ und anschließend noch $s = r + 1 = 4$ 0-Bits angeboten mit jeweils anschließender Taktung der Register.
3. Nach $k + 2$ Takten werden die beiden Schalter in die Position b umgelegt.

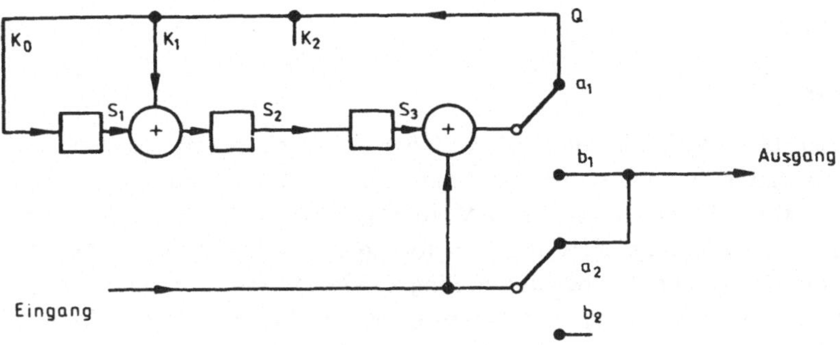

Bild 8.56 Rechenschaltung für das Beispiel

Takt	Schalter	Eingang	Q	Rückkopplung K0 K1 K2			Ausgang	Register nach dem Takt S1 S2 S3		
	a							0	0	0
1	a	1	1	1	1	0	1	1	1	0
2	a	1	1	1	1	0	1	1	0	1
3	a	0	1	1	1	0	0	1	0	0
4	a	1	1	1	1	0	1	1	0	0
5	a	0	0	0	0	0	0	0	1	0
6	a	1	1	1	1	0	1	1	1	1
7	a	0	1	1	1	0	0	1	0	1
8	b	0	–	–	–	–	1	0	1	0
9	b	0	–	–	–	–	0	0	0	1
10	b	0	–	–	–	–	1	0	0	0

Bild 8.57 Die Rechenschritte in der Schaltung nach Bild 8.50

Während der ersten k + 2 Takte wird die einlaufende Information also unverändert zum Ausgang gegeben und der Rest R über die Rückkopplung a1 (Division) in den Registern gebildet. Die letzten r Takte schieben dann den Inhalt R der Register zum Ausgang. In **Bild 8.51** sind die Zustände der Schaltung für die einzelnen Taktschritte für die eingegebene Information

$$I = (1, 1, 0, 1, 0, 1), \quad k = 5$$

gezeigt.

Auf der Empfängerseite benutzt man die gleiche Schaltung, aber während aller m = k + 1 + s Takte bleiben die Schalter in der Position a. Anschließend kontrolliert man, ob die Schieberegister Nullen enthalten. Ist dies der Fall, wird die Übertragung als fehlerfrei interpretiert.

8.6 Der Token-Ring

8.6.1 Allgemeines

Der Token-Ring nach IEEE 802.5 ist eine weitere Möglichkeit, ein lokales Netz zu reali-
sieren. (Über lokale Netze, LANs, findet der Leser allgemeine Informationen im Abschnitt 8.5.1). Diese Möglichkeit wurde von IBM aufgegriffen und 1986 auf den Markt
gebracht. Die einzelnen Teilnehmer sind dabei ringförmig angeordnet (Bild 8.50b). Man
findet auch Netzkonfigurationen, bei denen der Ring zu einem Stern „verbogen" ist, er
bleibt aber logisch dennoch ein Ring. Die Übertragungsrate beträgt typisch 4 MBaud
[8.18]; bis zu 40 MBaud sollen möglich sein.

8.6.2 Die Ring-Philosophie

Die Arbeitsweise des Token-Rings ist folgende (Bild 8.50b):

Ein Token (= Zeichen, Bitmuster) wird von Teilnehmer zu Teilnehmer weitergegeben.
Solange kein Tln senden will, ist es ein „Frei"-Token (**Bild 8.58a**). Will jetzt z. B. Tln A
senden, so fängt er sich das „Frei"-Token und wandelt es in ein „Belegt"-Token um
(**Bild 8.58b**). Diesem „Belegt"-Token wird die adressierte Nachricht, z. B. an Tln C, an-
gehängt. Diese Nachricht macht die Runde, bis sie schließlich bei Tln C ankommt. Tln C
kopiert sie und sendet sie mit einem Quittierungszeichen versehen weiter zu Tln A.
Tln A prüft die Richtigkeit der Kopie und gibt bei positivem Resultat wieder ein „Frei"-
Token auf den Ring.

Man erkennt, daß im Gegensatz zum CSMA/CD-Verfahren keine Kollisionen auftreten
können. Die Transportzeiten sind hier konstant, was bedeutet, daß im Niedriglastbereich
der Token-Ring langsamer ist.

Ergänzend sei noch der Token-Bus nach IEEE 802.4 erwähnt (Bild 8.50c). Hier sind die
Teilnehmer linear hintereinander angeordnet, wie bei einem Bus üblich. Logisch sind sie
über ihre Adressen im Ring angeordnet. Das Token-Spiel läuft also genauso wie beim Ring
von Tln zu Tln ab, geordnet nach fallender Adressenpriorität.

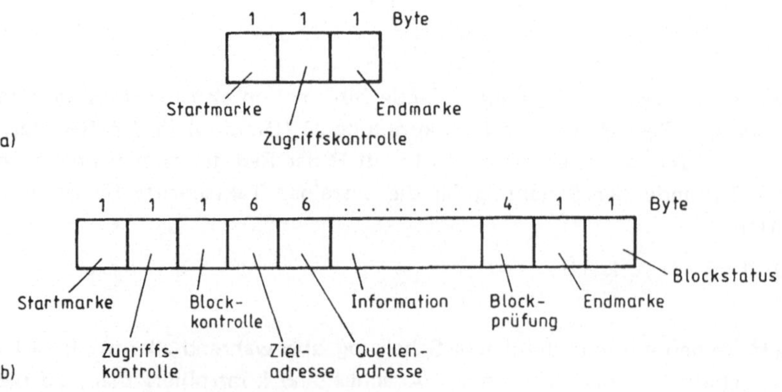

Bild 8.58 Datenformate beim Token-Ring
a) „Frei"-Token   b) Datenblock

8.6.3 Das hardware-Interface

Die Kontrolle und Steuerung des oben beschriebenen Datentransports verlangt einige Intelligenz, so daß man eine aufwendige hardware erwarten darf. Der Baustein-Satz TMS380 von Texas Instruments [8.18] für den Token-Ring umfaßt 5 Bausteine **(Bild 8.59)**:

- Das System-Interface SIF 38030 kann mit 8-, 16- und 32-Bit-Mikroprozessoren im Host-Computer kommunizieren. Es hat eine 24-Bit-Adresse. Das SIF wird durch Befehle vom Host-Computer und vom Kommunikationsprozessor CP gesteuert. Es ist ein Baustein mit 100 Anschlüssen.
- Der Kommunikationsprozessor CP 38010 enthält eine komplette 16-Bit-CPU mit 2.75 Kbyte RAM. In diesem RAM werden die gesendeten bzw. zu sendenden Datenblöcke zwischengespeichert. Seine Befehle erhält der CP vom
- Protokoll-Handler PH 38020. Dieser Baustein enthält in einem 16 Kbyte-ROM die Software, die für die Abwicklung des Datentransports gemäß IEEE 802.5, also Token-Ring, erforderlich ist. Der PH ist auch zuständig für die Manchesterkodierung und -dekorierung, er fängt das „Frei"-Token ein, führt die Adreßerkennung durch und erledigt die CRC-Prüfung. Außerdem führt er den Selbsttest durch.

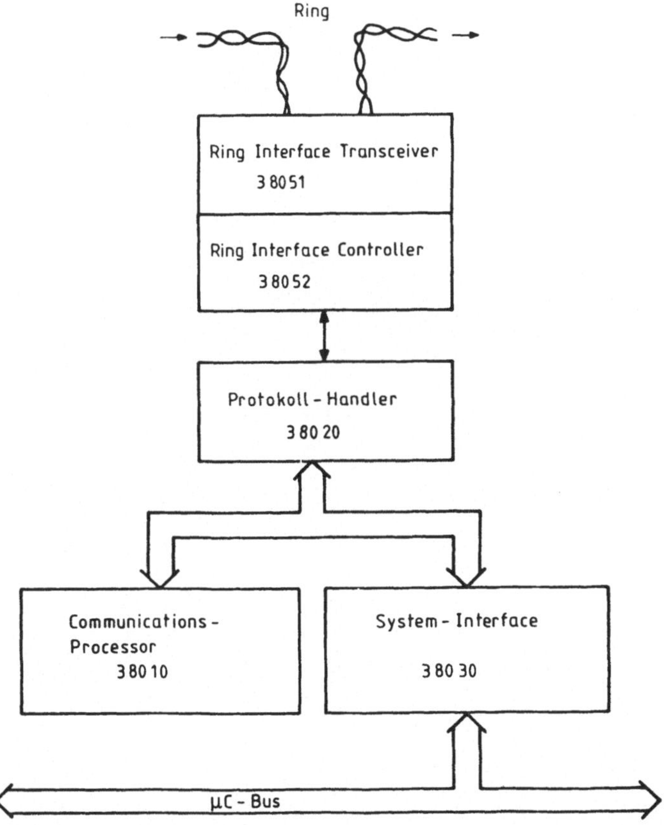

Bild 8.59 Das TMS 380-Interface zwischen Token-Ring und Mikrocomputer-Bus [8.18]

- Das Ring-Interface besteht aus zwei Bausteinen: 38051 und 38052. Hier ist die analoge und digitale Schaltung für die Anbindung an die Token-Ringleitung untergebracht. Das wichtigste ist dabei die sichere Separierung von Daten und Takt mittels PLL-Schaltung (Phase locked loop). Auch die Überwachung der Leitung auf Störungen findet hier statt.

Dieser Baustein-Satz ist für eine Übertagungsrate von 4 MBaud ausgelegt.

9 Interface-Bausteine für Parallel- und Seriellbetrieb

Wir beschreiben im folgenden die Wirkungsweise einiger hochintegrierter, universell anwendbarer Interface-Bausteine. Diese Bausteine sind alle per software auf verschiedene Betriebszustände einstellbar. Wer diese Bausteine einsetzen will, der sollte zusätzliche Information aus den Unterlagen der Hersteller heranziehen.

9.1 Parallele Ein- und Ausgabe

Bausteine zur parallelen Ein- und Ausgabe schalten den Mikroprozessorbus in der Art einer Weiche auf die Busse mehrerer Teilnehmer A, B usw.. Dies können Anzeigen, Tastaturen, Drucker usw. sein. Der Datenverkehr ist bitparallel und bidirektional.

9.1.1 PIA-Baustein 6821

Der Baustein 6821 (Peripherial Interface Adapter, PIA) der Firma Motorola u.a. ist der Familie der 6800-Mikroprozessoren angepaßt [8.5]. Er ist aber mit anderen Mikroprozessoren ebenfalls einsetzbar. Zu der Familie der 6500-Mikroprozessoren passend existiert ein entsprechender hardware-kompatibler Baustein 6521 [9.1]. Der PIA verbindet den Mikroprozessor-Bus wahlweise mit dem Bus der Peripherie A oder B.

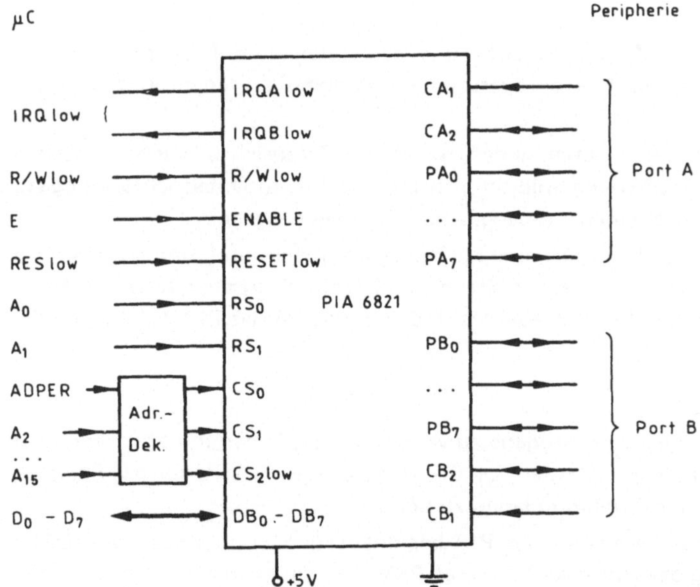

Bild 9.1 Blockbild des Parallelbausteins PIA 6821. Beim 6800 wird ADPER durch VMA mit A15=1 ersetzt

Der PIA wird vom Adreßbus her über einen Adreßdekoder mit Hilfe der Eingänge CS0, CS1, CS2 adressiert (CS heißt chip select). Der bidirektionale Datenverkehr zwischen Prozessor und PIA erfolgt über die Datenein- und Datenausgänge DB0...DB7 (vgl. **Bild 9.1**).

9.1.1.1 Die Register

Wie in Bild 9.1 zu sehen ist, hat der PIA zwei Parallelausgänge (Ports), den Port A und den Port B. Zu jedem dieser Ports gehören drei 8 Bit breite Register (**Bild 9.2**):

- ein Datenregister,
- ein Datenrichtungsregister
- ein Steuerregister.

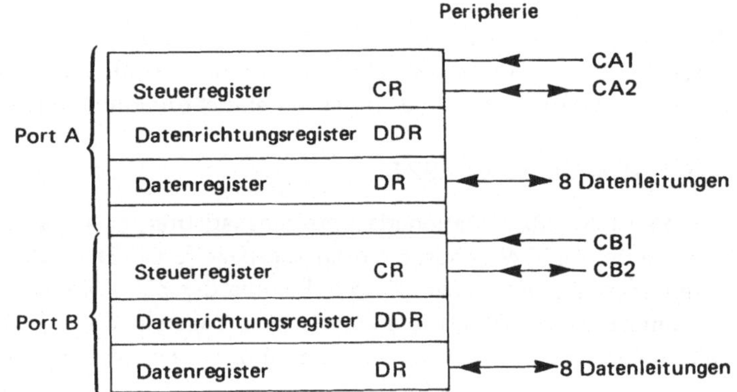

Bild 9.2 Register des PIA

Das Datenregister dient zur Zwischenspeicherung der Daten vom Mikroprozessor zur Peripherie und umgekehrt, da Mikroprozessor und Peripherie asynchron zusammenarbeiten.

Das Datenrichtungsregister setzt durch seinen Inhalt die Datenrichtung jeder einzelnen Datenleitung fest. Jeder Peripheriedatenleitung ist also ein Bit im Datenrichtungsregister zugeordnet. Eine „1" bedeutet einen Ausgang, eine „0" einen Eingang.

Das Steuerregister des PIA ist eigentlich eine Mischung aus Steuer- und Statusregister. Die Tabelle in **Bild 9.3** gibt Auskunft über die Steuer- und Statuseigenschaften der 8 Bit im Steuerregister. Einen direkten Einfluß auf das Arbeitsverhalten des PIA haben lediglich die Bits 0...5.

9.1.1.2 Programmierung

Um den PIA-Baustein zur Ein- oder Ausgabe zu verwenden, muß man ihn programmieren (initialisieren). Zu diesem Zweck werden für die Register des PIA Peripherie-Speicheradressen reserviert, um sie per Programm laden zu können.

Nehmen wir an, der Adressenbereich für den PIA beginnt bei der Peripherieadresse ADPIA. Dann würde die Verteilung der Adressen für diesen PIA wie folgt aussehen:

Port A: Adresse ADPIA + 0 —— Datenregister und Datenrichtungsregister,
            Adresse ADPIA + 1 —— Steuerregister.

a)

Bitnr.	7	6	5	4	3	2	1	0
	C1 Status	C2 Status	in/out	IRQ 0/1	IRQ zulassen	DR/DDR	IRQ 0/1	IRQ zulassen

$\longleftarrow$ C2 $\longrightarrow$ $\longleftarrow$ C1 $\longrightarrow$

b)

Bitnr.	Wert	Wirkung
0	0	Interruptdurchschaltung (C1 → IRQ) gesperrt
	1	Interruptdurchschaltung zugelassen
1	0	1/0-Übergang von C1 aktiviert IRQ
	1	0/1-Übergang von C1 aktiviert IRQ
2	0	Datenrichtungsregister DDR am Datenbus
	1	Datenregister DR am Datenbus
3	0	Interruptdurchschaltung (C2 → IRQ) gesperrt
	1	Interruptdurchschaltung zugelassen
4	0	1/0-Übergang von C2 aktiviert IRQ
	1	0/1-Übergang von C2 aktiviert IRQ
5	0	C2 ist Eingang (wie C1)
	1	C2 ist Ausgang (handshake möglich)
6	0/1	Status von C2 (Interrupt Flag)
7	0/1	Status von C1 (Interrupt Flag)

Bild 9.3 Steuerregister (Control Register, CR) des PIA 6821
Das Register ist je einmal für Port A und B vorhanden
a) Registerplätze b) Bedeutung der Bits

Port B: Adresse ADPIA + 2 — Datenregister und Datenrichtungsregister,
Adresse ADPIA + 3 — Steuerregister.

Man sieht an diesem Adressenplan, daß für drei Register der jeweiligen Seite zwei Adressen reserviert sind; d.h., das Datenregister und das Datenrichtungsregister benutzen abwechselnd dieselbe Adresse. Die Entscheidung darüber, welches der beiden Register momentan unter dieser Adresse angesprochen wird, fällt im Steuerregister, Bit Nr. 2 (vgl. Bild 9.3). Sorgt man dafür, daß auf Platz 2 eine „1" steht, so wird das Datenregister der niedrigeren Adresse zugeteilt; steht auf Platz 2 eine „0", so wird das Datenrichtungsregister der niedrigeren Adresse zugeteilt.

9.1.1.3 Anwendungsbeispiel

Betrachten wir die Initialisierung des PIA-Bausteins für den gewählten Adressenbereich, wobei Port A als Ausgang und Port B als Eingang zu programmieren sei (**Bild 9.4**). Der Mikroprozessor sei der 6800. Im Vergleich zum Z80 ist dessen Adressierung der Peripherie etwas anders [2.1, 8.5].

Nach den angegebenen Programmschritten kann man über die acht Datenleitungen des Ports A Daten ausgeben, indem man diese auszugebenden Daten auf die Peripherieadresse ADPIA lädt. Über die acht Datenleitungen des Port B kann man von der Peripherie her Daten einlesen.

```
a)     ADPIA  =  Adresse des PIA (ADPIA+0,...,ADPIA+3)
               z.B. ADPIA = 8000hexa = 100000oktal

       CLR ADPIA+1    Steuerregister löschen, d.h. Bit2 = 0
                      d.h. Datenrichtungsregister  =  ADPIA+0

       LOAD A,#377    Datenrichtungsinformation
                      1111 1111 = 377oktal   in Reg.A laden

       LOAD ADPIA+0,A   Reg.A ins Datenrichtungsregister
                        speichern, somit Port A = Ausgang

       LOAD A,#004    Steuerinformation 0000 0100 = 004 in Reg.A

       LOAD ADPIA+1,A   Reg.A ins Steuerregister speichern, d.h.
                        Bit2 = 1 , d.h. Datenregister  =  ADPIA+0



b)     CLR ADPIA+3    Steuerregister löschen, d.h. Bit2 = 0
                      d.h. Datenrichtungsregister  =  ADPIA+2

       LOAD A,#000    Datenrichtungsinformation
                      0000 0000 =  000  in Reg.A laden

       LOAD ADPIA+2,A   Reg.A ins Datenrichtungsregister
                        speichern, somit Port B = Eingang

       LOAD A,#004    Steuerinformation 0000 0100 = 004 in Reg.A

       LOAD ADPIA+3,A   Reg.A ins Steuerregister speichern, d.h.
                        Bit2 = 1 , d.h. Datenregister  =  ADPIA+2
```

Bild 9.4 Initialisierung des PIA 6821 mit μP 6800
a) Port A als Ausgang   b) Port B als Eingang

9.1.2 Schnittstellenbaustein 8255

Der Baustein 8255 der Firma Intel (auch Siemens, NEC usw.) ist angepaßt an die Mikroprozessoren der Familie 8080. Er ist aber mit jedem anderen Mikroprozessor ebenfalls einsetzbar [9.2]. Er ist komplexer als der ihm entsprechende 6821.

Der 8255 hat peripherieseitig die drei Ports A, B und C (**Bild 9.5**). Die Zuordnung des Mikroprozessor-Busses auf die drei Ports erfolgt über die zwei Adreßleitungen A0 und A1, wie in **Bild 9.6** gezeigt.

Die drei Ports können auf drei verschiedene Arten verwendet werden:

- Betriebsart 0 (Grundbetriebsart): Jeder der drei Ports A, B und C ist Ein- oder Ausgabekanal.
- Betriebsart 1 (handshake-Betriebsart): Die Ports A und B sind Ein- oder Ausgabekanäle. Der Port C führt acht Steuer- und Statussignale zur Synchronisierung des Datenaustausches (Interrupt, handshake).
- Betriebsart 2 (bidirektionale Betriebsart): Der Port A ist bidirektionaler Ein- und Ausgabekanal. Der Port C führt fünf Steuer- und Statussignale.

Kombinationen der drei Betriebsarten sind möglich.

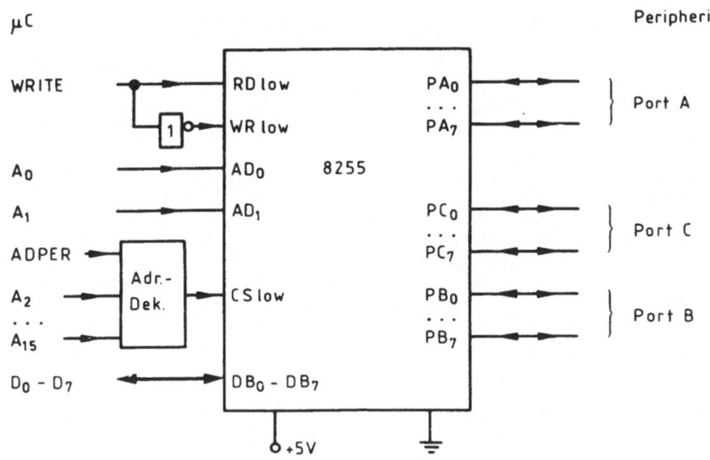

Bild 9.5 Blockbild des Parallelbausteins 8255

WRlow	RDlow	Richtung
1	0	Port zum Bus
0	1	Bus zum Port

CSlow	A0	A1	Verbindung
0	0	0	μP-Bus an Port A
0	0	1	μP-Bus an Port B
0	1	0	μP-Bus an Port C
0	1	1	μP-Bus an Steuerregister
1	x	x	hochohmig (tristate)

Bild 9.6 Die Zuordnung der Kanäle beim 8255

9.1.2.1 Das Steuerregister

Über die Betriebsart des 8255 entscheidet das Steuerwort im Steuerregister (**Bild 9.7a**). Das Bit 7 im Steuerregister seinerseits entscheidet darüber, ob

- die Einstellung der Betriebsart stattfindet, oder ob
- die 8 Bits des Port C einzeln gesetzt werden.

Für Bit 7 = 1 ist die Bedeutung der einzelnen Bits des Steuerworts in der Tabelle in Bild 9.7b aufgeführt. Man erkennt, daß in diesem Zustand die Betriebsart eingestellt und die Datenrichtung der Ports festgelegt wird.

Bei Bit 7 = 0 können alle 8 Bit des Port C einzeln nach Bedarf gesetzt werden. Damit kann man den Port C z.B. jedem Datenübergabeprotokoll anpassen. Das Steuerwort, mit dem man jeweils vom Mikroprozessor her gezielt jedes Bit auf 1 oder 0 setzen kann, zeigt **Bild 9.8.**

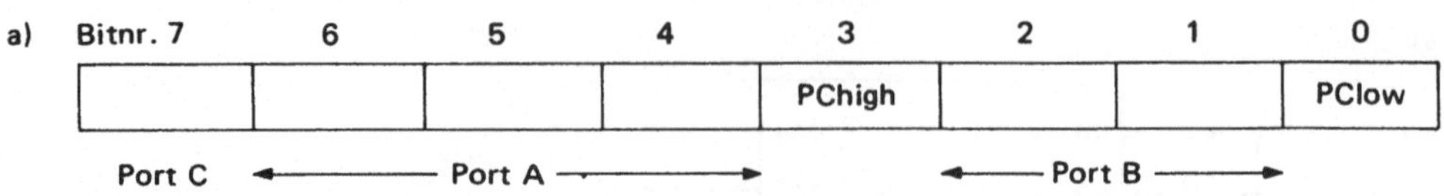

b)

Bitnr.	Wert	Wirkung
0	0	Port C (low bits): Ausgabe
	1	Eingabe
1	0	Port B: Ausgabe
	1	Eingabe
2	0	Port B: Betriebsart 0
	1	Betriebsart 1
3	0	Port C (high bits): Ausgabe
	1	Eingabe
4	0	Port A: Ausgabe
	1	Eingabe
5, 6	0 0	Port A: Betriebsart 0
	0 1	Betriebsart 1
	1 x	Betriebsart 2
7	0	Port C wird bitweise programmiert
	1	Betriebsart wird eingestellt

Bild 9.7 Steuerregister des 8255
a) Bitplätze
b) Bedeutung der Bits bei Bit 7 = 1

Bitnr. 7	6	5	4	3	2	1	0
0	x	x	x	Bitadresse 2	Bitadresse 1	Bitadresse 0	y

Bild 9.8 Das Steuerwort beim bitweisen Setzen von Port C

9.1.2.2 Der Port C

Schon aus obigem ist zu erkennen, daß der Port C eine Sonderrolle spielt. Je nach gewähl-
ter Betriebsart ist er

- normaler Port wie A und B (Betriebsart 0),
- Status- und Steuerport für die Ports A und B (Betriebsart 1),
- Status- und Steuerport für den Port A (Betriebsart 2).

Die Bedeutung der einzelnen Leitungen von Port C ist bei Betriebsart 1 und 2 etwas
verschieden. Für Betriebsart 1 ist die Belegung des Port C in **Bild 9.9a** angegeben. Die
Bedeutung und Wirkung der einzelnen Bits entnimmt man der Tabelle in Bild 9.9b. Für
Betriebsart 2 findet man die entsprechende Bitbelegung in **Bild 9.10.**

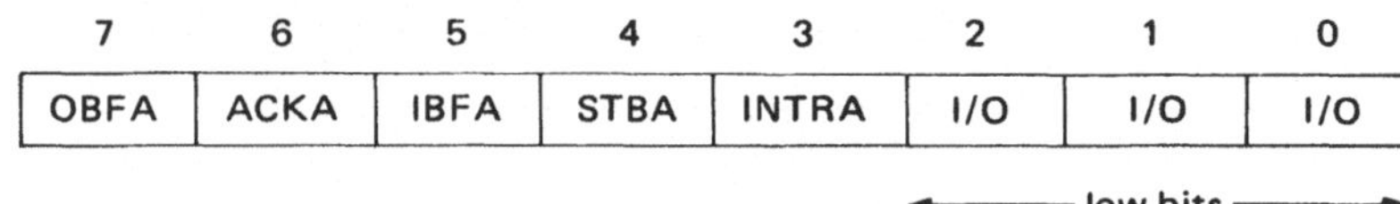

a) Bitnr. von Port C

7	6	5	4	3	2	1	0
OBFA	ACKA	I/O	I/O	INTRA	ACKB	OBFB	INTRB

◄─── high bits ───►

b)

Bit	Bezeichnung	Wirkung
STB	Strobe Input	„0" lädt Daten ins interne Inputregister
IBF	Input Buffer full	„1" zeigt vollzogenes Laden vom Port an
INTR	Interrupt Request	„1" setzt Interrupt bei der CPU
OBF	Output Buffer full	„0" zeigt vollzogene Ausgabe an den Port an
ACK	Acknowledge Input	„0" zeigt Datenübernahme von den Ports an
I/O	Input/Output	Datenleitungen

Bild 9.9 Die Leitungen des Port C bei Betriebsart 1
a) Zuordnung der Bits zu den Leitungen
b) Bedeutung der Bits

Bitnr. von Port C

7	6	5	4	3	2	1	0
OBFA	ACKA	IBFA	STBA	INTRA	I/O	I/O	I/O

◄─── low bits ───►

Bild 9.10 Die Leitungen des Port C bei Betriebsart 2
(Bedeutungen der Bits siehe Bild 9.9b)

9.1.2.3 Initialisierungsbeispiele

Es gibt verschiedene sinnvolle Kombinationen der einzelnen Betriebsarten. Bei jeder Betriebsart gibt es wieder verschiedene Zusammenstellungen von Ein- und Ausgabefunktion der einzelnen Ports. Wir haben in **Bild 9.11** einige Beispiele der Initialisierung (= Setzen der Betriebsparameter) zusammengestellt.

In Bild 9.11a wird der Baustein 8255 für die Betriebsart 0 initialisiert. Die Festlegung der Ports A und B als Eingang und des Port C als Ausgang ist willkürlich.

In Bild 9.11b wird der 8255 für die Betriebsart 1 initialisiert. Die Festlegung des Port A als Ausgang und des Port B als Eingang ist willkürlich. Die Bitzuweisung des Port C ist festgelegt gemäß Bild 9.9a.

In Bild 9.11c wird der 8255 für die Betriebsart 2 bezüglich Port A und die Betriebsart 0 bezüglich Port B initialisiert. Damit ist Port A automatisch bidirektional und die Bits des Port C sind gemäß Bild 9.10 festgelegt.

Für alle Betriebsarten könnte man in einem zweiten Programmiervorgang jetzt die einzelnen Bits des Port C festlegen.

Beispiel: Auf der Leitung 3 des Port C soll eine „1" stehen. Wir setzen das Bit 3 gemäß Bild 9.8 mit dem Steuerwort

0 x x x 0 1 1 1 .

```
a)     PORT  =  Adresse des 8255 (PORT+0,...,PORT+3)


       Steuerwort:   ┌─────────────────┐
                     │ 1 0 0 1 0 0 1 0 │
                     └─────────────────┘

    LOAD A,#222          Steuerwort in Reg.A laden
                        Port A und B sind Eingang
                        Port C ist Ausgang

    LOAD PORT+3,A        Steuerwort in das Steuerregister des
                        8255 speichern,
                        PORT+3 ist Adresse des Steuerregisters



b)     Steuerwort:   ┌─────────────────┐
                     │ 1 0 1 0 0 1 1 x │   x = 0 oder 1
                     └─────────────────┘   ( x = 0 benutzt )

    LOAD A,#246         Steuerwort in Reg.A laden
                        Port A ist Ausgang,
                        Port B ist Eingang
                        Port C
                         Bit 4 und 5 sind Ausgang
                          sonstige Bits sind Steuersignale
                           Bit 3 : INTR A (Ausgang)
                               6 : ACKlow A (Eingang)
                               7 : OBFlow A (Ausgang)

    LOAD PORT+3,A        Steuerwort in das Steuerregister des
                        8255 speichern,
                        PORT+3 ist Adresse des Steuerregisters



c)     Steuerwort:   ┌─────────────────┐
                     │ 1 1 x x x 0 1 0 │   x = 0 oder 1
                     └─────────────────┘   ( x = 0  benutzt )

    LOAD A,#302         Steuerwort in Reg.A laden
                        Port A ist Zweiweg-Bus
                        Port B ist Eingang
                        Port C
                         Bit 0,1 und 2 sind Ausgang
                          sonstige Bits sind Steuersignale
                           Bit 3 : INTR A (Ausgang)
                               4 : STBlow A (Eingang)
                               5 : IBFlow A (Ausgang)
                               6 : ACKlow A (Eingang)
                               7 : OBFlow A (Ausgang)

    LOAD PORT+3,A        Steuerwort in das Steuerregister des
                        8255 speichern,
                        PORT+3 ist Adresse des Steuerregisters
```

Bild 9.11 Beispiele für die Initialisierung des 8255.
a) Betriebsart 0   b) Betriebsart 1   c) Betriebsart 0 und 2 kombiniert

9.2 Serielle Ein- und Ausgabe

Bausteine zur seriellen Ein- und Ausgabe stellen bidirektional die Verbindung her zwischen
dem bitparallelen Mikroprozessor-Bus und Peripheriegeräten mit serieller Schnittstelle.
Dies können Fernschreiber, Modems für Telefonübertragung usw. sein. Die Übertragung
kann asynchron oder synchron ablaufen (vgl. Abschnitt 3.3.4).

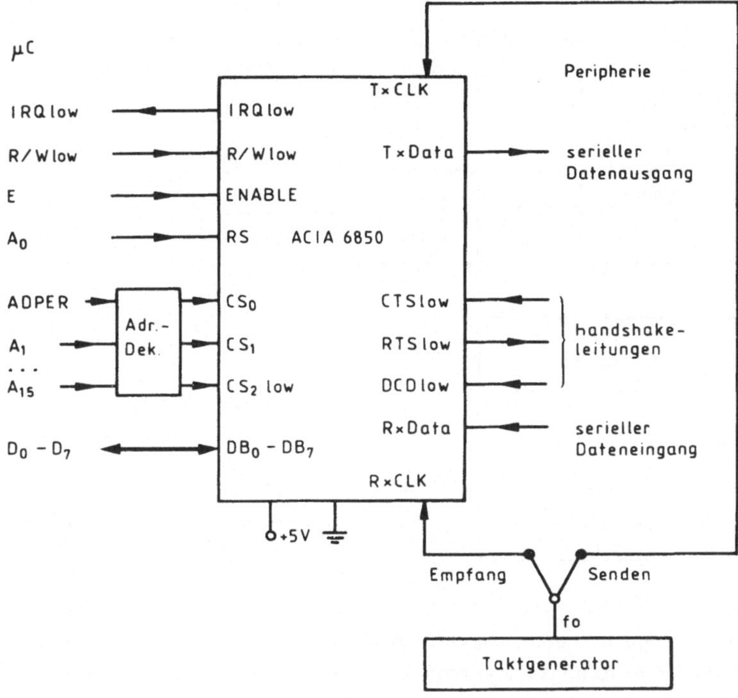

Bild 9.12 Blockbild des ACIA 6850. Beim 6800 wird ADPER durch VMA mit A 15 = 1 ersetzt.

RS = Register Select   CS = Chip Select
CTS = Clear to Send   RTS = Request to Send
DCD = Data Carrier Detect   RxData = Receive Data
TxData = Transmit Data

9.2.1 ACIA-Baustein 6850

Bei dem ACIA 6850 (Asynchronous Communications Interface Adapter) handelt es sich um einen Baustein, mit dessen Hilfe man ein paralleles 8 Bit breites Datenwort bitseriell und asynchron über eine Leitung an externe Geräte überträgt. Umgekehrt wird ein bitseriell ankommendes 8-Bit-Datenwort in ein paralleles umgewandelt und somit dem Mikrocomputer-Datenbus angepaßt [8.5] **Bild 9.12.**

9.2.1.1 Die Register

Wie bei dem PIA-Baustein werden auch für den ACIA-Baustein Peripherieadressen für die ACIA-Register reserviert, um diese per Programm ansprechen zu können. Beim ACIA sind vier Register adressierbar:

- Das Sende-Datenregister,
- das Empfangs-Datenregister,
- das Steuerregister,
- das Statusregister

(vgl. **Bild 9.13**).

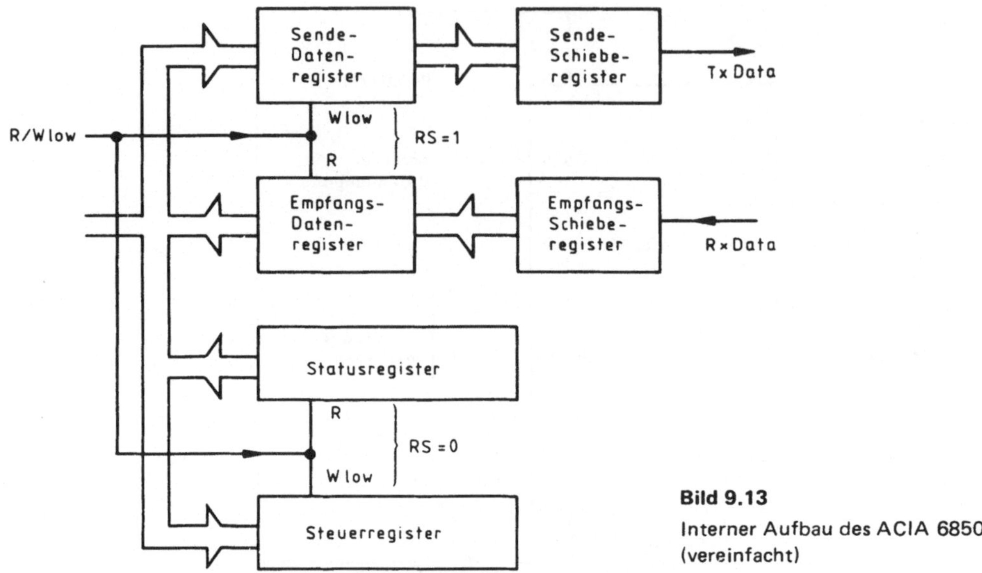

Bild 9.13

Interner Aufbau des ACIA 6850 (vereinfacht)

Sende- und Empfangs-Datenregister haben dieselbe Adresse (RS = 1). Das Sende-Datenregister kann nur geladen, das Empfangs-Datenregister kann nur gelesen werden. Welches der beiden Register angesprochen wird, entscheidet zusätzlich die R/W-Leitung:

Schreibt der Mikroprozessor in den ACIA, so ist die R/W-Leitung = 0 und das Sende-Datenregister ist angewählt. Liest der Mikroprozessor von dem ACIA, ist R/W = 1 und das Empfangs-Datenregister wird angewählt.

Für das Steuerregister und Statusregister (RS = 0) gilt das gleiche, da sie ebenfalls dieselbe Adresse haben. Das Steuerregister wird bei R/W = 0 geladen, das Statusregister wird bei R/W = 1 gelesen.

Das Steuerregister bestimmt das Verhalten des ACIA, indem man geeignete Steuerwörter in dieses per Programm einschreibt. Das Statusregister ist ein reines Melderegister, dessen Flags (Meldebits) durch wichtige Ereignisse im ACIA gesetzt werden.

Steuerregister

Ein im Steuerregister des ACIA befindliches Steuerwort (Bitmuster) bestimmt dessen Sende- oder Empfangsverhalten. Die Anordnung der Bits im Steuerwort zeigt **Bild 9.14**.

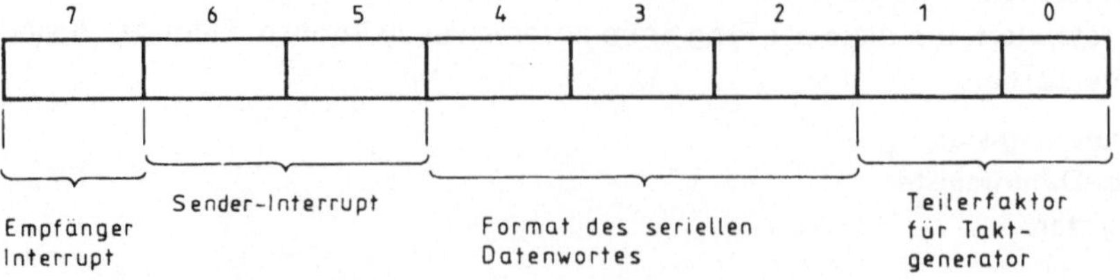

Bild 9.14 ACIA 6850: Die Bits des Steuerregisters (Control Register)

B_1	B_0	Funktion
0	0	$f_0 : 1$
0	1	$f_0 : 16$
1	0	$f_0 : 64$
1	1	Master Reset

Bild 9.15 Steuerregister des
ACIA 6850:
Die Frequenzteiler-Bits

B_4	B_3	B_2	Datenwort
0	0	0	7 Bits + gerade Parität + 2 Stopbits
0	0	1	7 Bits + ungerade Parität + 2 Stopbits
0	1	0	7 Bits + gerade Parität + 1 Stopbit
0	1	1	7 Bits + ungerade Parität + 1 Stopbit
1	0	0	8 Bits + 2 Stopbits
1	0	1	8 Bits + 1 Stopbit
1	1	0	8 Bits + gerade Parität + 1 Stopbit
1	1	1	8 Bits + ungerade Parität + 1 Stopbit

Bild 9.16 Steuerregister des ACIA 6850: Die Wortformat-Bits

B_6	B_5	Wirkung	
0	0	RTSlow = aktiv,	Sender-Interrupt gesperrt
0	1	RTSlow = aktiv,	Sender-Interrupt zugelassen
1	0	RTSlow = passiv,	Sender-Interrupt gesperrt
1	1	RTSlow = aktiv,	Sender-Interrupt gesperrt, Senden des Pausenpegels

Bild 9.17 Steuerregister des ACIA 6850: Die Interrupt-Bits

Die Tabelle in **Bild 9.15** zeigt die Wirkung der Bits Nr. 0 und 1 auf die Teilung der Frequenz f_0 des Taktgenerators. Außerdem zeigt die Tabelle noch den Kode für den master reset (alle Register außer dem Steuerregister werden rückgesetzt). Das Format des gesendeten seriellen Wortes wird mit den Bits Nr. 2, 3 und 4 festgelegt (**Bild 9.16**). Für das in Bild 3.17 gezeichnete serielle Datenwort wäre beispielsweise die Bitkombination

0 0 0   oder 0 0 1

notwendig, wenn man Datenbit 7 als Paritybit benutzt. Vorteilhaft ist, daß die Berechnung des Paritybits und die Hinzufügung der Stopbits dem Mikroprozessor durch die hardware des ACIA abgenommen wird.

Zur Erläuterung der Wirkung der Bits Nr. 5, 6 und 7 des Steuerwortes ist die Kenntnis der Interrupt-Möglichkeiten des ACIA erforderlich.

ACIA als Sender: Interrupt Request geht zum Mikroprozessor, wenn: der Interrupt zugelassen ist (Bit 5 und 6) und das Sende-Datenregister leer ist.

ACIA als Empfänger: IRQ geht zum Mikroprozessor, wenn: der Interrupt zugelassen ist (Bit 7) und das Empfänger-Datenregister voll ist, oder ein Datenwort vom folgenden überschrieben wurde, bevor es der Mikroprozessor abgeholt hat, oder kein Datenträger mehr vorhanden ist.

Die Tabelle in **Bild 9.17** zeigt die Wirkung der Bits 5 und 6 im einzelnen, während Bit 7 oben hinreichend erklärt wurde. Man sieht, daß die Interruptbits kombiniert sind mit dem auszusendenden Signal RTS (Request to Send, Aufforderung zum Senden).

a)

Bitnr. 7	6	5	4	3	2	1	0
IRQ	PE	OVRN	FE	CTS	DCD	TDRE	RDRF

b)

Bit	Bezeichnung	Zustand „1" bedeutet:
RDRF	Receive Data Register Full	Empfangenes Datenwort steht im DR. Rücksetzung, wenn vom μP gelesen wurde
TDRE	Transmit Data Register Empty	Inhalt des DR wurde gesendet
DCDlow	Data Carrier Detect	Keine Verbindung zur Gegenstation
CTSlow	Clear to Send	Gegenstation ist behindert
FE	Format Error	Fehler im Wortformat
OVRN	Receiver Overrun	Neues Zeichen hat altes überschrieben, bevor der μP es abgeholt hat
PE	Parity Error	Die Parität stimmt nicht
IRQ	Interrupt Request	Ein Interrupt wurde angefordert

Bild 9.18 Statusregister des ACIA 6850
a) Bits im Statusregister   b) Bedeutung der Bits

Statusregister

Wie bereits erwähnt, ist das Statusregister ein reines Melderegister und wird deshalb nur gelesen. In **Bild 9.18a** ist die Anordnung der Signalbits im Statusregister angegeben. Bild 9.18b zeigt die Bedeutung der einzelnen Signalbits.

9.2.1.2 Programmierung

Will man über den ACIA Daten ausgeben oder empfangen, so müssen per Programm in den Registern des ACIA die Voraussetzungen für den richtigen Datenverkehr geschaffen werden. Dies wird über die zugeordneten Peripherieadressen erreicht.

Beispiel: Adresse für Steuer- und Statusregister   — ACIA + 0.
          Adresse für Sende- und Empfangsregister   — ACIA + 1.
          Teilung der Taktfrequenz f_0 — 1 : 16.
          Datenwort: 7 Datenbits, ungerade Parität, 2 Stopbits.
          Interrupt gesperrt.

Das Steuerwort lautet dann 0 0 0 0 1 0 1 = 005 (oktal). In **Bild 9.19** findet man das zugehörige Programm zur Initialisierung.

Beim Senden an ein externes Gerät muß das Bit Nr. 1 im Statusregister abgefragt werden:

TDRE = 1 ? (Ist das Sende-Datenregister leer?)

Wenn nein, muß der Mikroprozessor mit der Ausgabe warten, bis das alte Datenwort ausgesendet wurde. Wenn ja, wird das Datenwort vom Register A zur Peripherieadresse ACIA + 1 ausgegeben (**Bild 9.20**). Es wird dann beim nächsten Taktschritt gesendet.

Beim Empfangen vom externen Gerät muß das Bit Nr. 0 im Statusregister abgefragt werden:

RDRF = 1 ? (Steht im Datenregister ein neues Datenwort?)

```
ACIA = Adresse des ACIA (ACIA+0, ACIA+1)
                    ( z.B. ACIA = 9000hexa = 110000oktal )


     Steuerwort:        ┌─────────────────┐
                        │ 0 0 0 0 0 1 0 1 │
                        └─────────────────┘

  LOAD A,#003          Steuerwort für Master Reset in Reg.A
                       laden
  LOAD ACIA,A          Reg.A zum Steuerregister speichern
                       dadurch alle Register (ausser dem
                       Steuerregister) gelöscht
  LOAD A,#005          Steuerwort in Reg.A

  LOAD ACIA,A          Reg.A zum Steuerregister speichern
                       somit Bedingungen:
                        Taktteilung 1 : 16,
                        7 Datenbits, ungerade Parität,
                        2 Stopbits, Interrupt gesperrt
```

Bild 9.19 Programmschritte für die Initialisierung (µP 6800)


```
ACIA = Adresse des ACIA (ACIA+0, ACIA+1)
                    ( z.B. ACIA = 9000hexa = 110000oktal )

 WAIT: LOAD B,ACIA    Inhalt des Statusregisters in Reg.B

       BIT  B,#002    Bit1 im Statusregister testen

       JUMP,EQ WAIT   Rücksprung (Warteschleife), wenn Bit1=0

       LOAD ACIA+1,A  Zeichen aus Register A zum
                               Sende-Datenregister
```

Bild 9.20 Programmschritte beim Senden (µP 6800)


```
ACIA = Adresse des ACIA (ACIA+0, ACIA+1)
                    ( z.B. ACIA = 9000hexa = 110000oktal )

 WAIT: LOAD B,ACIA    Inhalt des Statusregisters in Reg.B

       BIT  B,#001    Bit0 im Statusregister testen

       JUMP,EQ WAIT   Rücksprung (Warteschleife), wenn Bit0=0

       LOAD A,ACIA+1  Zeichen aus Empfangs-Datenregister
                      zum Register A holen
```

Bild 9.21 Programmschritte beim Empfangen (µP 6800)

Wenn nein, muß der Mikroprozessor mit dem Einlesen warten. Dazu veranlaßt ihn die Warteschleife WAIT.

Ist RDRF = 1, so wird das Datenwort von der Peripherieadresse ACIA + 1 ins Register A geholt (**Bild 9.21**). Den funktionellen Ablauf beim Senden und Empfangen findet man in Abschnitt 9.2.2.5.

9.2.2 USART-Baustein 8251

Bei dem USART 8251 (Universal Synchronous Asynchronous Receiver and Transmitter) von Intel, Siemens u.a. handelt es sich um einen Baustein, mit dessen Hilfe man ein 8 Bit breites Datenwort bitseriell wahlweise synchron oder asynchron über eine Leitung an externe Geräte überträgt. Umgekehrt wird ein bitseriell ankommendes Datenwort vom USART 8251 in ein paralleles umgewandelt [9.2, 9.3]. Er entspricht dem ACIA 6850, ist jedoch komplexer als dieser, insbesondere, weil er auch Synchronbetrieb erlaubt.

Wir geben in **Bild 9.22** den prinzipiellen Unterschied zwischen synchroner und asynchroner Übertragung nochmals an.

Der innere Aufbau des 8251 kann vereinfacht ebenfalls durch Bild 9.13 dargestellt werden. Das Blockbild des USART 8251 zeigt **Bild 9.23**.

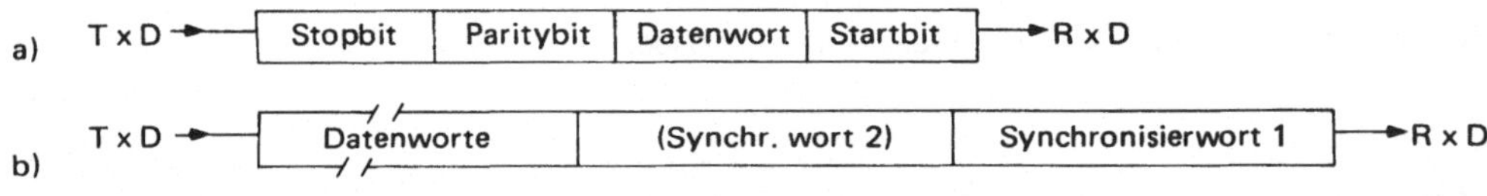

Bild 9.22 Serielle Übertragungsarten
a) asynchron   b) synchron

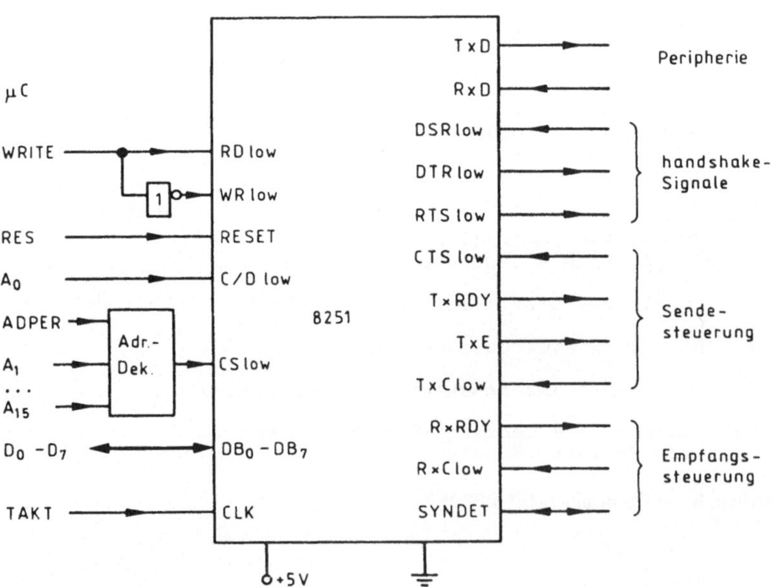

Bild 9.23 Blockbild des USART 8251

C/Dlow:	Kontrollwort/Datenwort	TxE:	Transmitter Empty
DSR:	Data Set Ready	TxC:	Transmitter Clock
DTR:	Data Terminal Ready	RxRDY:	Receiver Ready
RTS:	Request to Send	RxC:	Receiver Clock
CTS:	Clear to Send	SYNDET:	Synchronisation Detect
TxRDY:	Transmitter Ready		

9.2.2.1 Die Register

Der USART 8251 verfügt über folgende von außen ansprechbare Register (Bild 9.13):

- Sendeparallelregister,
- Empfangsparallelregister,
- 4 Steuerregister
  für Betriebsart, Kommandowort, 2 Synchronisierzeichen,
- Statusregister.

Die Anwahl der verschiedenen Register geschieht, wie in **Bild 9.24** gezeigt.

9.2.2.2 Betriebsartenwort und Kommandowort

Die Folge der Worte, wie sie der USART an seinem Paralleleingang erwartet, ist in **Bild 9.25** gezeigt. Den Datenworten gehen Steuerworte voraus.

Betrachten wir zunächst das Betriebsartenwort (mode instruction) in **Bild 9.26**. Hier ist zuerst festzulegen, ob synchron oder asynchron gearbeitet werden soll. Dies geschieht mit den Bits Nr. 0 und 1. Bei Asynchronbetrieb kann zusätzlich die Teilung der Frequenz f_0 des Taktgenerators gewählt werden (Bild 9.26b). Da bei Empfang immer in der Mitte eines Bits dessen Zustand abgefragt wird, muß die Taktfrequenz ein Vielfaches der Baudrate sein. Die Frequenzteilung 1:1 hat also nur Sinn, wenn Sender- und Empfängergenerator synchronisiert sind. Bei Asynchronbetrieb ist die Länge der Stopbits festzulegen (Bild 9.22). Dies geschieht mit den Bits Nr. 6 und 7 (Bild 9.26c).

Bei Synchronbetrieb dagegen legen diese Bits 6 und 7 fest, ob ein Synchronisierwort oder zwei gesucht werden sollen. Zusätzlich wird der SYNDET-Anschluß definiert: Bei interner Synchronisation zeigt der Empfänger damit das Einlesen der Synchronisationsworte an

C/Dlow	WRlow	RDlow	Verbindung mit dem μP (D_0–D_7)
1	0	1	Betriebsartenwort zum 8251 Kommandowort zum 8251 Synchronisationswort zum 8251
1	1	0	Statuswort vom 8251
0	0	1	Datenwort zum 8251
0	1	0	Datenwort vom 8251

Bild 9.24 USART 8251: Die Anwahl der Register

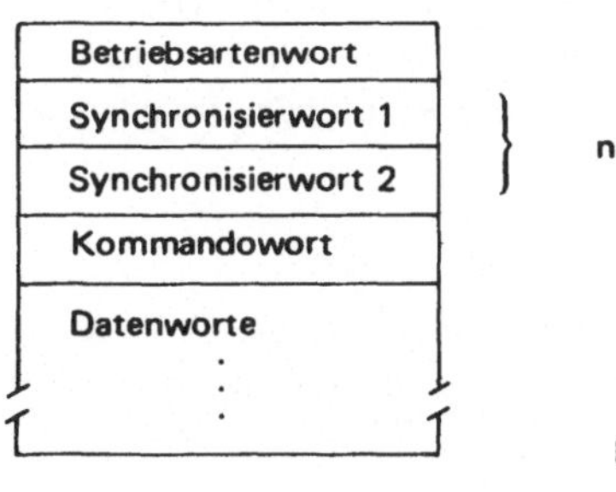

Bild 9.25 USART 8251: Datenblock

a) Bitnr.

	7	6	5	4	3	2	1	0
Asynchron	S_2	S_1	EP	PEN	L_2	L_1	B_2	B_1
Synchron	SCS	ESD					0	0

Parity   Wortformat   Betriebsart

b)

B_2	B_1	Wirkung
0	0	Synchronbetrieb
0	1	asynchron, f : 1
1	0	asynchron, f : 16
1	1	asynchron, f : 64

c)

S_2	S_1	asynchron	synchron
0	0	(ungültig)	2 SYNC-Zeichen, SYNDET Ausgang
0	1	Stopschritt 1 Bit	2 SYNC-Zeichen, SYNDET Eingang
1	0	Stopschritt 1,5 Bit	1 SYNC-Zeichen, SYNDET Ausgang
1	1	Stopschritt 2 Bit	1 SYNC-Zeichen, SYNDET Eingang

d)

L_2	L_1	Wortformat
0	0	5 Bit
0	1	6 Bit
1	0	7 Bit
1	1	8 Bit

Bild 9.26 USART 8251 : Betriebsartenwort
a) Anordnung der Bits   b) Baudratefaktor
c) Stopbits/externe Synchronisation   d) Wortlänge

(Normalfall). Wird dagegen von außen ein spezieller Synchronisationstakt zugeführt, so ist SYNDET dessen Eingangspforte.

Die Bits Nr. 2 und 3 gestatten es, die Länge der Datenworte einzugeben (vgl. Bild 9.26d). Die Bits Nr. 4 und 5 sind für die Erzeugung und Prüfung des Paritybits zuständig:

PEN   (parity enable) = 1 bedeutet, daß der USART ein Paritätsbit bildet und mitsendet.
EP   (even parity) = 1 bedeutet, daß der USART das gerade Paritybit sendet bzw. beim Empfang testet.
EP = 0 bedeutet ungerade Parität.

Damit ist das Betriebsartenwort definiert. Ihm folgt gemäß Bild 9.25 das Kommandowort. Die Anordnung der Bits im Kommandowort und ihre Bedeutung haben wir in **Bild 9.27** zusammengefaßt. Mit dem Kommandowort werden Sender und Empfänger freigegeben bzw. gesperrt und verschiedene Hilfsfunktionen gesteuert.

9.2.2.3 Statuswort

Das Statuswort gibt Auskunft über den jeweiligen Betriebszustand des USART. Es kann nur gelesen werden, und zwar gemäß Bild 9.24. Die Anordnung der einzelnen Bits im Statuswort zeigt **Bild 9.28**.

a)   Bitnr.

	7	6	5	4	3	2	1	0
	EH	IR	RTS	ER	SBREAK	RxENABLE	DTR	TxENABLE

b)

Bit	Bezeichnung	„1" bedeutet
TxENABLE	Transmit Enable	Sender freigeben
DTR	Data Terminal Ready	Ausgang DTRlow aktiv setzen
RxENABLE	Receive Enable	Empfänger freigeben
SBREAK	Send BREAK	low-Pegel senden
ER	Error Reset	Fehlerbits im Statusregister zurücksetzen
RTS	Request to Send	Ausgang RTSlow aktiv setzen
IR	Internal Reset	nächstes Steuerwort ist Betriebsartenwort (bei Änderung der Betriebsart)
EH	Enter Hunt Mode	Such-Mode starten (sucht Synchronisationswort)

Bild 9.27 USART 8251: Kommandowort
a) Anordnung der Bits im Steuerregister   b) Bedeutung der Bits

Bitnr. 7	6	5	4	3	2	1	0
DSR	SYNDET	FE	OE	PE	TxEMPTY	RxRDY	TxRDY

Bild 9.28 USART 8251: Statuswort

Die Bits DSR, SYNDET, TxEMPTY, RxRDY, TxRDY zeigen den jeweiligen Zustand des gleichnamigen Bausteinanschlusses an (vgl. Bild 9.23).

Die Bits Nr 3, 4 und 5 sind Fehleranzeigebits mit folgender Bedeutung:

PE = 1 (Parity Error) zeigt einen Paritätsfehler an.

OE = 1 (Overrun Error) wird gesetzt, wenn der Mikrocomputer ein Datenwort nicht richtig abgeholt hat, so daß es vom nachfolgenden Wort überschrieben wurde. Das überschriebene Wort ist verloren.

FE = 1 (Framing Error) wird bei Asynchronbetrieb gesetzt, wenn der USART entdeckt, daß ein vereinbartes Stopbit am Datenwortende fehlt.

Bei allen Fehlermeldungen ist die Reaktion auf den Fehler Sache des Mikrocomputers. Der USART hält nicht an. Das Rücksetzen der Fehlerbits geschieht mit dem Bit ER des Kommandowortes (vgl. Bild 9.27).

9.2.2.4 Programmierung

Den Ablauf eines Datenaustausches zwischen Mikrocomputer und USART zeigt das Flußdiagramm in **Bild 9.29**.

Ein Programmbeispiel zeigt **Bild 9.30**. Dort wird der USART 8251 für Asynchronbetrieb (Senden und Empfangen) initialisiert. Das Datenwort soll 8 Bit haben und 2 Stopbits. Die Parität soll nicht geprüft werden.

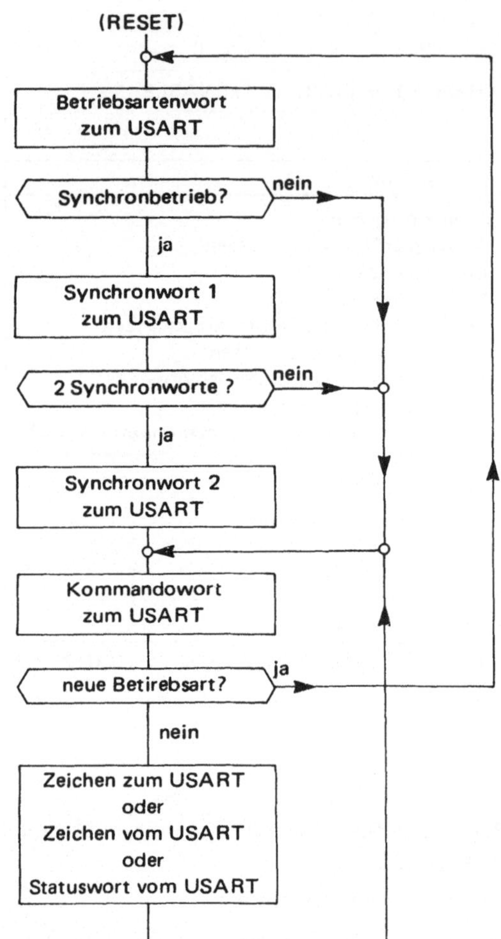

Bild 9.29 Datenaustausch USART 8251/μP

```
USART = Adresse des USART
        ( USART+0 : Datenwort, USART+1 : Status/Steuerwort )


     Betriebsartenwort:          | 1 1 0 0 1 1 1 0 |


     Kommandowort:               | 0 0 1 0 0 1 1 1 |


LOAD A,#316            Betriebsartenwort für:
                      2 Stopbits, keine Parität,
                      8-Bit-Zeichen, Taktteiler 1:16

LOAD $USART+1,A       in Steuerregister laden

LOAD A,#044           Kommandowort für:
                      RTS=aktiv, DTR=aktiv,
                      RxEnable, TxEnable

LOAD $USART+1,A       in Steuerregister laden
```

Bild 9.30

USART 8251:
Initialisierung für
Asynchronbetrieb

Die Daten laufen auf die Peripherieadresse USART. Das Betriebsartenwort sowohl wie das Kommandowort laufen auf die Peripherieadresse USART + 1.

9.2.2.5 Funktionsablauf

Nachdem sich der Leser vermutlich mit einiger Mühe durch die Beschreibung der Steuerworte und Betriebsarten des USART 8251 hindurchgearbeitet hat, kann er dem im folgenden beschriebenen Funktionsablauf ohne weiteres folgen [9.2].

Asynchrones Senden

Wann immer der Mikrocomputer ein Datenwort sendet, wird vom USART automatisch ein Startbit „0" und die programmierte Anzahl von Stopbits „1" hinzugefügt. Das Paritätsbit wird, je nach Betriebsartenwort, vor dem Stopbit eingefügt.

Dann wird das Zeichen seriell über den TxD-Ausgang gesendet. Die einzelnen Bits werden mit der fallenden Flanke des Taktes TxC im Verhältnis 1:1, 1:16 oder 1:64 ausgegeben, je nach Betriebsartenwort.

Liefert der Mikrocomputer keine Daten, bleibt der TxD-Ausgang auf „1" (mark), bis ein Break programmiert wird (dauernd „0").

Asynchroner Empfang

Normalerweise ist die RxD-Leitung „1". Eine fallende Flanke dieser Leitung wird als Startbit gedeutet. Dieses Startbit wird zur Sicherheit in der vermuteten Mitte nochmals abgetastet. Wird hierbei nochmals eine „0" festgestellt, so liegt tatsächlich ein Startbit vor und der Bitzähler beginnt zu zählen. Der Zähler tastet jeweils die Mitte von Datenbits, Paritybit (sofern vorhanden) und Stopbits ab. Bei einem Paritätsfehler wird das Fehlermeldebit PE gesetzt. Wird als Stopbit eine „0" gefunden, so wird das Fehlerbit FE gesetzt.

Mit dem Stopbit ist das Zeichen abgeschlossen. Es wird dann in das Empfangsparallelregister des USART geladen. RxRDY wird aktiv, um dem Mikroprozessor zu signalisieren, daß er das Datenwort abholen kann.

Synchrones Senden

Der TxD-Ausgang ist solange auf „1", bis der Mikroprozessor das erste Zeichen, normalerweise ein Synchronisierwort, zum USART sendet. Wenn die CTS-Leitung auf „0" geht, wird das erste Datenwort seriell gesendet. Alle Datenbits werden mit der fallenden Flanke des Taktes TxC und mit der Taktrate gesendet.

Hat die Übertragung einmal begonnen, so muß sie mit der Taktrate weiterlaufen. Wenn der Mikrocomputer dem USART nicht rechtzeitig ein neues Datenwort liefert, so werden in den Datenstrom automatisch Synchronisationsworte eingefügt. In diesem Fall geht der TxEMPTY-Ausgang auf „1" um anzuzeigen, daß der USART im Leerlauf Synchronisierworte sendet. Beim nächsten Datenwort geht TxEMPTY wieder auf „0".

Synchroner Empfang

Die Zeichensynchronisation kann hier intern oder extern erfolgen. Wurde die interne Synchronisation programmiert, so beginnt der Empfang mit dem Suchbetrieb (hunt mode): Die Daten am RxD-Eingang werden mit der Anstiegsflanke des Taktes RxC abgetastet.

Der Inhalt des Empfangsregisters wird ständig mit dem ersten Synchronisationswort verglichen, bis Übereinstimmung festgestellt wird. Wurde der USART für zwei Sync-Zeichen programmiert, so wird das zweite empfangene Wort ebenso verglichen. Hat der USART beide Sync-Zeichen gefunden, so wird der Suchbetrieb beendet, denn die Synchronität zwischen Sender und Empfänger ist hergestellt. Der SYNDET-Ausgang wird „1" gesetzt.

Bei externer Synchronisation wird ein „1"-Pegel von außen auf den SYNDET-Eingang gegeben.

Noch ein Wort zur Übertragungsgeschwindigkeit. Die Periodendauer des Systemtaktes (Eingang CLK) des USART muß nach Herstellerangaben zwischen $0,32\,\mu s$ und $1,35\,\mu s$ liegen. Arbeitet man mit einer Taktfrequenz von 2 MHz, so ergibt sich nach den Datenblättern beim Taktverhältnis 1:16 eine minimale Bitdauer von $4 \cdot 0,5\,\mu s \cdot 16 = 32\,\mu s$, d.h. ca. 30 kBaud Übertragungsrate. Bei 8 Bit pro Zeichen, 2 Stopbits und Paritybit, also bei insgesamt 12 Bit/Zeichen, ergibt sich eine maximale Übertragung von 2500 Zeichen pro Sekunde.

9.2.3 Prozessorunabhängige Peripheriebausteine

Es gibt unintelligente Geräte, die ohne Mikroprozessor arbeiten und dennoch eine normgerechte Parallel/seriell-Schnittstelle benötigen. Für diese Aufgabe wurden universelle asynchrone Sender/Empfänger (UARTs) entwickelt, die nicht über per software geladene Befehlsregister, sondern über entsprechende Eingänge direkt steuerbar sind. Ihren Status geben diese Bausteine (HD6402, AY51013) nicht softwaregesteuert über ein Statusregister aus, sondern durch den Zustand entsprechender Ausgänge.

Die Statusanzeigen sind, wie üblich: PE (Parity Error), FE (Framing Error), OE (Overrun Error), DR (Data Received), TBRE (Transfer Buffer Register Empty) und TRE (Transfer Register Empty). Vergleiche dazu Abschnitt 9.2.2.4.

Die Festlegung des seriellen Datenformates erfolgt über fünf Kontrollregistereingänge: mit PI (Parity Inhibit) = 1 wird die Bildung eines Paritybits beim Senden verhindert und ebenso die Kontrolle des Paritybits beim Empfang. Die Wahl, ob ggf. mit gerader oder ungerader Parität gearbeitet werden soll, wird mittels EPE (Even Parity Enable) getroffen. Die Anzahl der nachfolgenden Stopbits wird mit SBS (Stop Bit Select) festgelegt: SBS = 0 ergibt ein Stopbit, SBS = 1 dagegen zwei Stopbits. Die Länge des seriellen Wortes kann mit WLS1 und WLS2 (Word Length Select) eingestellt werden. Ein 7-Bit-Wort ergibt sich z.B. mit WLS2 = 1, WLS1 = 0.

Der Datenverkehr läuft über folgende Eingänge ab (**Bild 9.31**): Parallele Daten gehen auf die Eingänge TD0...TD7 (Transfer Data). Sie erscheinen nach der Umwandlung als serieller Datenstrom am Ausgang TRO (Transmit Register Output) des Bausteins. Die Umwandlung wird durch ein Signal TBRL (Transmitter Buffer Register Load) eingeleitet. Der Beginn eines übertragenen Wortes wird durch die negative Flanke des Startbits „0" definiert. Umgekehrt laufen serielle Daten in den Eingang RI (Receiver Input) und werden gemäß festgelegtem Wortformat in parallele Datenwörter umgesetzt. Diese Datenwörter erscheinen an den Ausgängen RD0...RD7 (Receiver Data). Eine mögliche Beschaltung des Bausteins zeigt Bild 9.31. Mit dem Anschluß RRD (Receiver Register Disconnect) = 1 werden während des Sendens die Ausgänge RD0...RD7 des Empfängerpufferregisters hochohmig geschaltet (tristate).

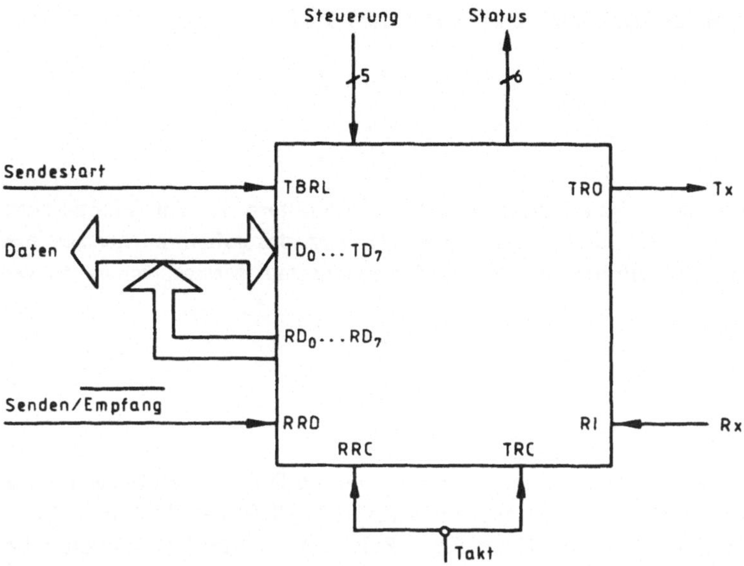

Bild 9.31 Vereinfachtes Blockbild eines prozessorunabhängigen UART-Bausteines

10 Floppy-Disk-Speicher am Computer

Das vermutlich häufigste Peripheriegerät von Mikrocomputern ist der Floppy-Disk-Speicher. Weder das dazugehörige hardware-Interface noch das software-Interface sind ohne genaue Kenntnis der Wirkungsweise dieses magnetischen Massespeichers zu verstehen.

10.1 Die Disketten

10.1.1 Eigenschaften

Die kennzeichnende Eigenschaft des Speichermediums Floppy-Disk (schwabblige Scheibe) ist das Hüllenmaß. Die „Großmutter" Standarddiskette (IBM 1970) hat 200,3 mm Durchmesser und steckt in einer flexiblen Hülle 8 × 8 Zoll. Die „Mutter" Minidiskette hat 130,2 mm Durchmesser und steckt in einer Hülle 5,25 × 5,25 Zoll. Die „Tochter" Mikrodiskette, die, aus Japan kommend, gerade die ersten Gehversuche macht, hat 85 mm Durchmesser und steckt in einer festen Hülle mit etwa 3,5 × 3,5 Zoll. Alle Disketten bestehen aus einem flexiblen Kunststoffträger (ca. 70 μm dick), der ein- oder zweiseitig mit Eisenoxid beschichtet ist. Sie stecken in der erwähnten, festverschlossenen Hülle (**Bild 10.1**).

Die Tabelle in **Bild 10.2** gibt Aufschluß über weitere Daten der Disketten. Die Speicherkapazität wurde jeweils für einseitige Beschriftung angegeben. Zur Veranschaulichung der diesbezüglichen Tabellenwerte diene eine Schreibmaschinenseite mit 60 Zeichen/Zeile und 40 Zeilen. Damit ergibt sich die Bruttokapazität (also ohne Formatierung) einer Minidiskette zu rund 200 Schreibmaschinenseiten.

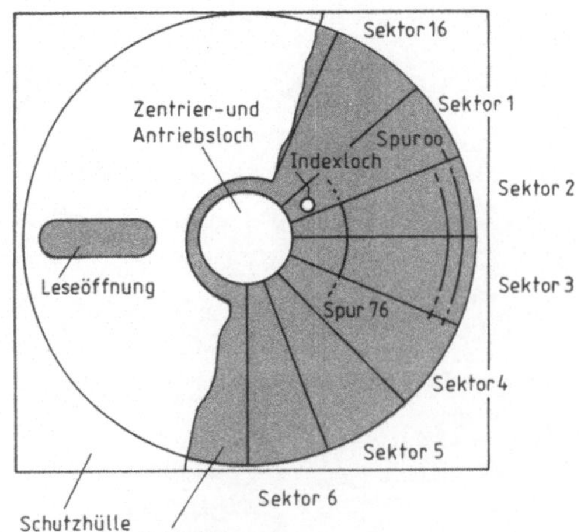

Bild 10.1 Minidiskette, softsektoriert

	Standard (8")	Mini (5,25")	Mikro (3,5")
Außenmaß Hülle	203,2 × 203,2	133,3 × 133,3	90 × 94 mm
Umdrehungen/ min	360	300	300
Bruttokapazität (DD), byte/Spur	10416	6250	6250
Spuren	77	77	70
Bruttogesamt- kapazität (DD), Bytes	802032	481250	437500
Schreibdichte innen, bit/mm	257	218	322
Übertragungs- geschwindigkeit kbit/s	500	250	250
Übertragungs- zeit (DD), μ s/Byte	16	32	32

Bild 10.2 Daten der Floppy-Disk-Systeme

10.1.2 Formatierung

Die Diskette wird vom Computer mit einem unsichtbaren magnetischen Koordinatennetz, der Formatierung, belegt (vgl. Bild 10.1). Die Formatierung besteht aus kreisförmigen Spuren (tracks), auf denen die seriellen Daten abgespeichert sind. Die Spurzahl kann entweder 35 (veraltet), 70, 77 oder 80 betragen. Jede Spur ist in Sektoren eingeteilt. Man unterscheidet

Hartsektorierung: Jeder der z. B. 16 Sektoren ist durch ein Loch gekennzeichnet, das elektrooptisch abgetastet wird. Der erste Sektor ist zusätzlich durch ein Indexloch markiert. Heute selten verwendet.

Softsektorierung: Der erste Sektor wird durch ein Indexloch markiert. Die restlichen Sektoren werden vom Computer per software festgelegt. Die Sektorenzahl pro Spur ist wählbar; sie ist von der Formatierung abhängig.

Unveränderlich ist in jedem Fall die Übertragungsgeschwindigkeit (vgl. Bild 10.2).

Jeder Nettodatenblock (normalerweise 128 oder 256 Bytes) bedarf zur Identifizierung einer markierten Adresse, bestehend aus: Diskettenseite, Spurnummer und Sektornummer. Dazu kommen Synchronisationsbytes. Schließlich wird sowohl das Identifizierfeld als auch das Datenfeld mit CRC-Bytes (cyclic redundancy check) zur Fehlererkennung versehen. Leider ist diese Anordnung nicht genormt. Weit verbreitet ist der IBM-Standard 3740 für einfache Dichte (SD, single density) und der IBM-Standard 34 für doppelte Dichte (DD, double density). In **Bild 10.3** ist der vollständige Aufbau eines mittleren Sektors für einfache und doppelte Dichte nach diesem Standard gezeigt.

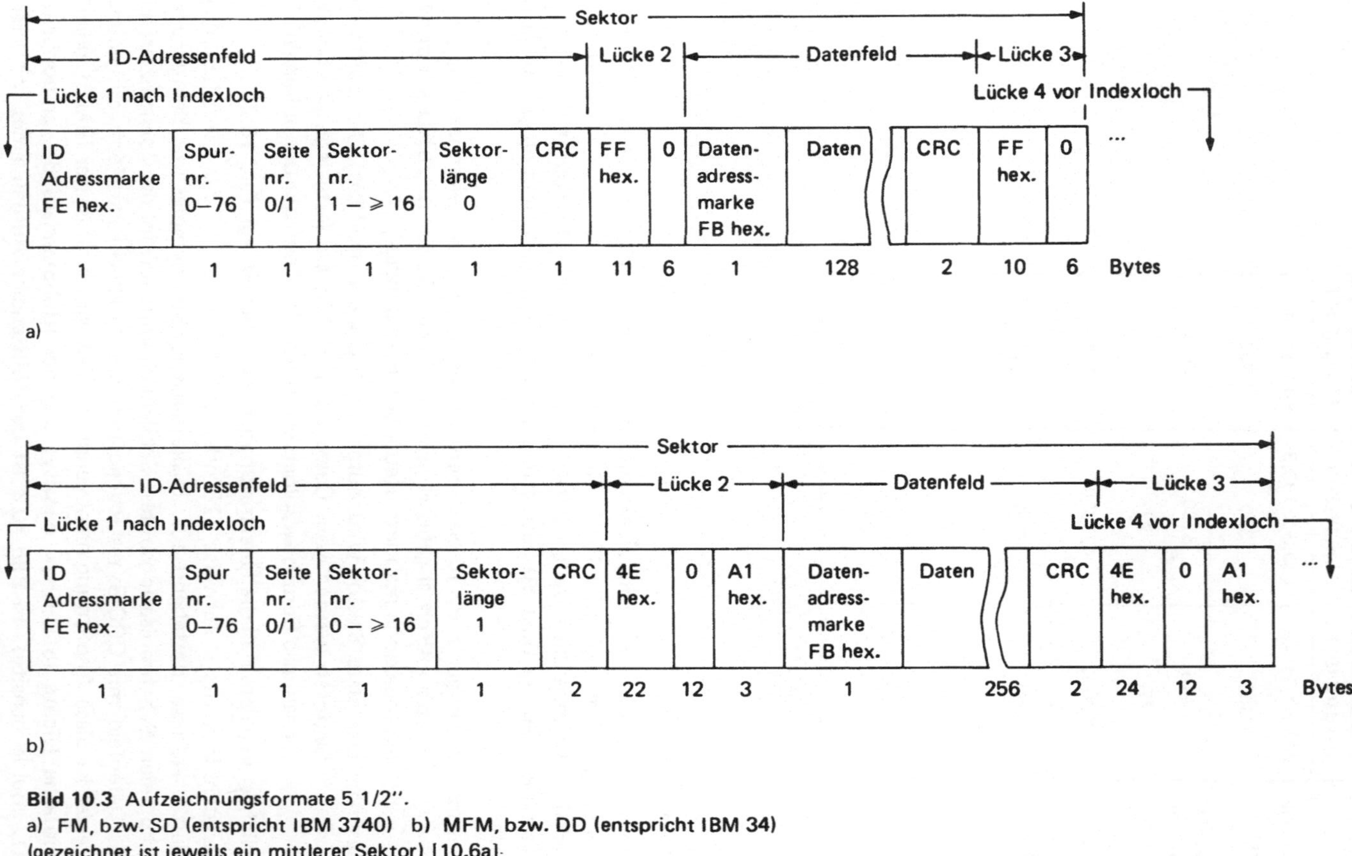

Bild 10.3 Aufzeichnungsformate 5 1/2''.
a) FM, bzw. SD (entspricht IBM 3740)　b) MFM, bzw. DD (entspricht IBM 34)
(gezeichnet ist jeweils ein mittlerer Sektor) [10.6a].

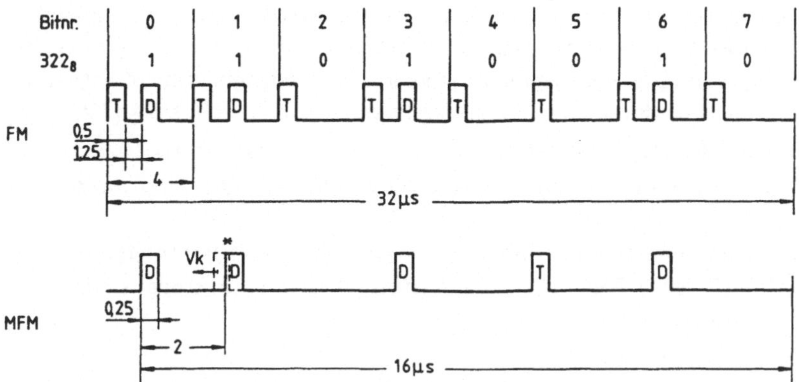

Bild 10.4 Schreibcodes für einfache (FM) und doppelte Schreibdichte (DD). Vk.: Vorkompensation

10.1.3 Aufzeichnungskodes

Bei der Aufzeichnung der einzelnen Datenbits auf die Diskette ist wichtig, daß der Takt mitgespeichert wird, da er zur Rückgewinnung des parallelen Datenwortes nötig ist. Üblich sind zwei Verfahren:

- Die FM-(frequency modulation) Kodierung für einfache Schreibdichte (SD). Wie **Bild 10.4** zeigt, gilt hier das einfache Bildungsgesetz:
  1. Schreibe Datenbit ,,1'' in die Zeilenmitte.
  2. Schreibe Taktbit an den Zellenanfang.
- Die MFM-(modified fm) Kodierung für doppelte Schreibdichte (DD). Wie Bild 10.4 zeigt, gilt hier:
  1. Schreibe Datenbit ,,1'' in die Zeilenmitte.
  2. Schreibe Taktbit an den Zeilenanfang, wenn
     a) vorher kein Datenbit geschrieben wurde und
     b) kein Datenbit nachfolgt.

Man erkennt, daß MFM sowohl zur Kodierung als auch zur Dekodierung mehr Aufwand erfordert.

Jeder Impuls stellt auf der magnetisierbaren Diskette einen kleinen Magneten dar. Man kann sich nun vorstellen, daß zwei gleiche Magnete, die dicht nebeneinander stehen, sich gegenseitig abstoßen, d.h., sich verschieben (Markierung * in Bild 10.4). Dies kann zu Lesefehlern führen. Man führt deshalb eine Vorkompensation durch in der Weise, daß man die Impulse vor dem Aufmagnetisieren so zusammenschiebt, daß sie nach dem Aufmagnetisieren den richtigen Abstand haben. Die Verschiebung beträgt 0,1 bis 0,3 μs. Die Vorkompensation wird vorzugsweise bei DD auf den inneren Spuren angewendet, wo die Bits besonders dicht beieinander stehen.

10.2 Das Laufwerk

Das Floppy-Disk-Laufwerk arbeitet ähnlich wie ein automatischer Plattenspieler: Die Diskette dreht sich, allerdings in ihrer Hülle, und wird vom kombinierten Aufnahme/

Wiedergabekopf abgetastet. Bei zweiseitiger Beschriftung befindet sich je ein Kopf ober- und unterhalb der Diskette. Der Kopf wird von einem Schrittmotor mittels Spindel oder Metallband über die gewünschte Spur gebracht und dann auf die Magnetschicht abgesenkt. Der mechanische Kontakt ist durch einen federbelasteten Gegenfilz recht stark [10.1].

Die elektrischen Laufwerksignale entsprechen sich bei allen Fabrikaten (**Bild 10.5**):

Der Diskettenmotor wird vom Computer eingeschaltet (MOTOR ON) und meldet dies zurück mit READY.

Der Schrittmotor erhält pro Schritt den Schrittbefehl (STEP COMMAND) und die Richtungsinformation (STEP DIRECTION). Die Statussignale zum Controller sind:

- Kopf ist über Spur 0 (TRACK 0),
- das Indexloch ist da (INDEX PULSE),
- die Diskette ist mechanisch schreibgeschützt (WRITE PROTECT).

Neben diesen auf die Mechanik bezogenen Signalen treten die mit dem Schreib- bzw. Lesevorgang direkt verknüpften Signale auf:

- Die zu schreibenden Daten (WRITE DATA),
- das begleitende WRITE GATE,
- die ausgelesenen Daten (READ DATA).

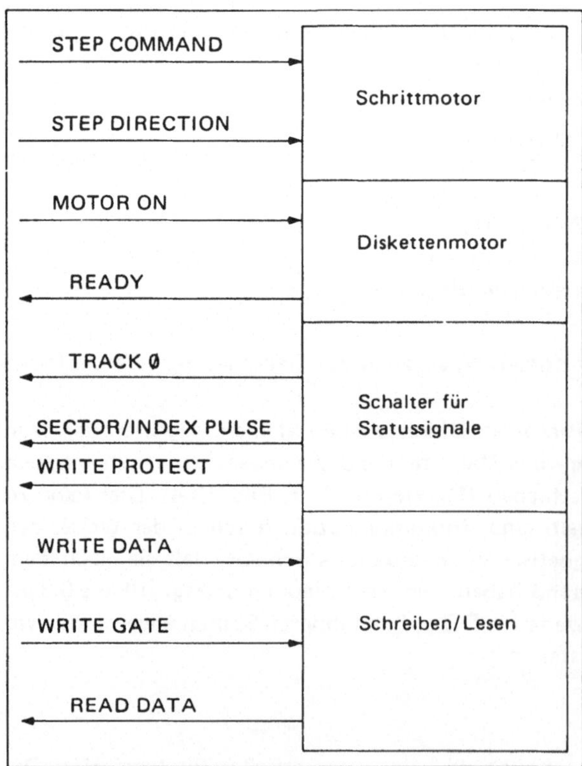

Bild 10.5 Laufwerksignale (Beispiel Micropolis [10.1]

10.3 Der Floppy-Disk-Controller

Darunter versteht man das Interface zwischen Laufwerk und Computer. Diese relativ umfangreiche Schaltung kann aus Standard-ICs aufgebaut sein (in unserem Labor arbeitet eine Ausführung mit 30 ICs). Sie kann aber auch mit einem hochintegrierten Spezialbaustein aufgebaut sein. Wir besprechen im folgenden den Controllerbaustein FD 1793 von Western Digital [10.2] (von Siemens als SAB 1793 angeboten [10.3]). Praktisch kompatibel dazu ist der Baustein uPD 765A [10.4] von NEC. Von Intel wird der entsprechende Baustein 8272 angeboten.

10.3.1 Blockschaltung

In **Bild 10.6** fallen zuerst 6 Register ins Auge.

● Datenschieberegister: Dieses 8-Bit-Register setzt aus den gelesenen seriellen Daten RAW READ das entsprechende Datenbyte zusammen bzw. es wandelt das Datenbyte in serielle Daten WRITE DATA um.

● Datenregister: Dieses 8-Bit-Register dient vor allem der Zwischenspeicherung des Datenbyte.

● Spurnummer-Register: Dieses 8-Bit-Register enthält die Spurnummer der gewünschten Kopfposition. Der Inhalt wird beim Schreiben, Lesen und Prüfen mit der Spurnummer des Identifizierfeldes ID verglichen.

● Sektornummer-Register: Dieses 8-Bit-Register enthält die Nummer des gewünschten Sektors.

● Befehlsregister: Dieses 8-Bit-Register enthält den vom Computer gelieferten, gerade in Ausführung befindlichen Befehl an den Controller.

● Statusregister: Dieses 8-Bit-Register enthält die Information über den gegenwärtigen Zustand der Anlage. In **Bild 10.7** findet man die Bedeutung der einzelnen Statusbits. Sie sind eine Folge des vorher ausgeführten Befehls.

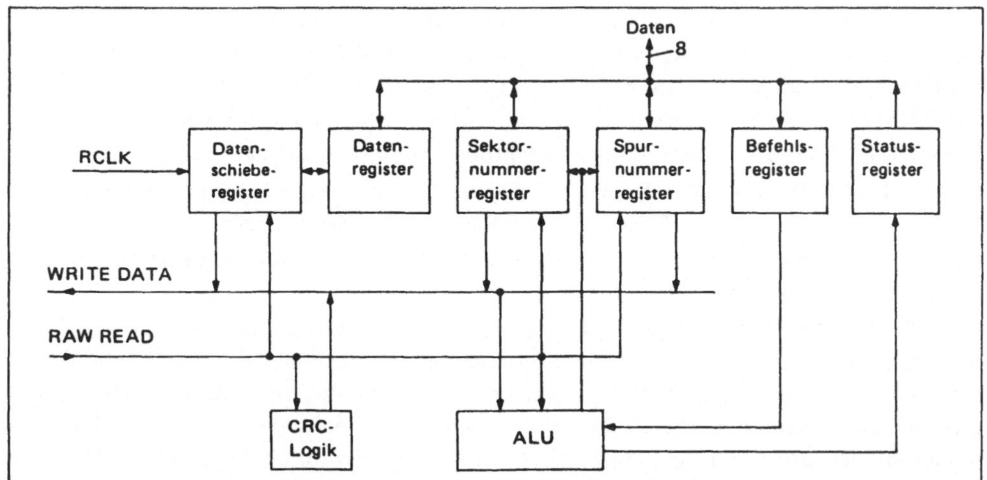

Bild 10.6 Vereinfachtes Blockbild des Controller-Bausteins FD 1793 (Western Digital)

Statusbit	Code	Bedeutung bei "1"
7	NOTREADY	Laufwerk nicht bereit
6	WRITEPROTECT	Diskette ist schreibgeschützt (per Hardware)
5	HEAD LOADED	Schreib-/Lesekopf ist angedrückt;
	WRITE FAULT	Fehler beim Schreiben
4	RECORD NOT FOUND	gewünschte Spur, bzw. Sektor, nicht gefunden;
	SEEK ERROR	gewünschte Spur nicht gefunden
3	CRC ERROR	Fehler im Datenfeld oder ID-Feld
2	LOST DATA	Computer hat auf DRQ nicht rechtzeitig reagiert
1	DATA REQUEST	Datenregister ist voll beim Lesen bzw. leer beim Schreiben. Entspricht Hardware-DRQ
0	BUSY	Befehl ist in Bearbeitung

Bild 10.7 Statussignale des FD 1793. Bei Mehrfachbedeutung hängt diese vom vorhergehenden Befehl ab

Das Zusammenwirken dieser Register steuert die arithmetisch/logische Einheit ALU, wie man sie auch im μP findet. Sie vergleicht, inkrementiert, dekrementiert, ändert die Register und überwacht das eingelesene ID-Feld. Die Kontrolle des Datenstromes auf Schreib- und Lesefehler führt die CRC-Logik selbständig durch. Das CRC-Verfahren (cyclic redundancy check) ist ein ausgefeilteres Prüfverfahren als das mit der auch üblichen Prüfsumme (checksum), vgl. Kapitel 8.5.4.

10.3.2 Die Befehle

Der Controller FD 1793 reagiert auf 11 Hauptbefehle, die ihrerseits noch modifizierbar sind. Die Befehle werden via Datenbus vom Computer ins Befehlsregister geladen. Nachstehend werden einige wichtige Befehle erläutert, die z. T. in unseren Flußdiagrammen wiederkehren. Bei Erhalt des Befehls (oktal) reagiert der Controller folgendermaßen:

STEP IN (137): Ein Schrittimpuls in Richtung Spur 77 wird ans Laufwerk abgegeben.

STEP OUT (177): Ein Schrittimpuls in Richtung Spur 0 wird ans Laufwerk abgegeben.

SEEK TRACK 0 (017): Die Spur 0 wird gesucht. Hat sie der Kopf gefunden, so wird ein Interrupt gesetzt und ins Spurnummer-Register wird 0 geschrieben.

SEEK (037): Wenn das Spurnummer-Register die gegenwärtige Position des Kopfes enthält, so wird dieser auf die im Datenregister angegebene Spur verschoben.

WRITE SECTOR (240): Der Kopf setzt auf. Wurde das ID-Feld der laut Spur- und Sektornummer-Register gewünschten Spurnummer, Sektornummer und Seitennummer gefunden und die CRC-Prüfung ergab dabei keinen Fehler, so wird ein BUSY-Signal erzeugt. Dann werden Lücke 2, Datenadreßmarke und Datenfeld mit einem DRQ (data request-Signal) pro Datenbyte geschrieben. Anschließend wird der berechnete CRC-Kode ans Datenfeld angehängt (vgl. Bild 10.3).

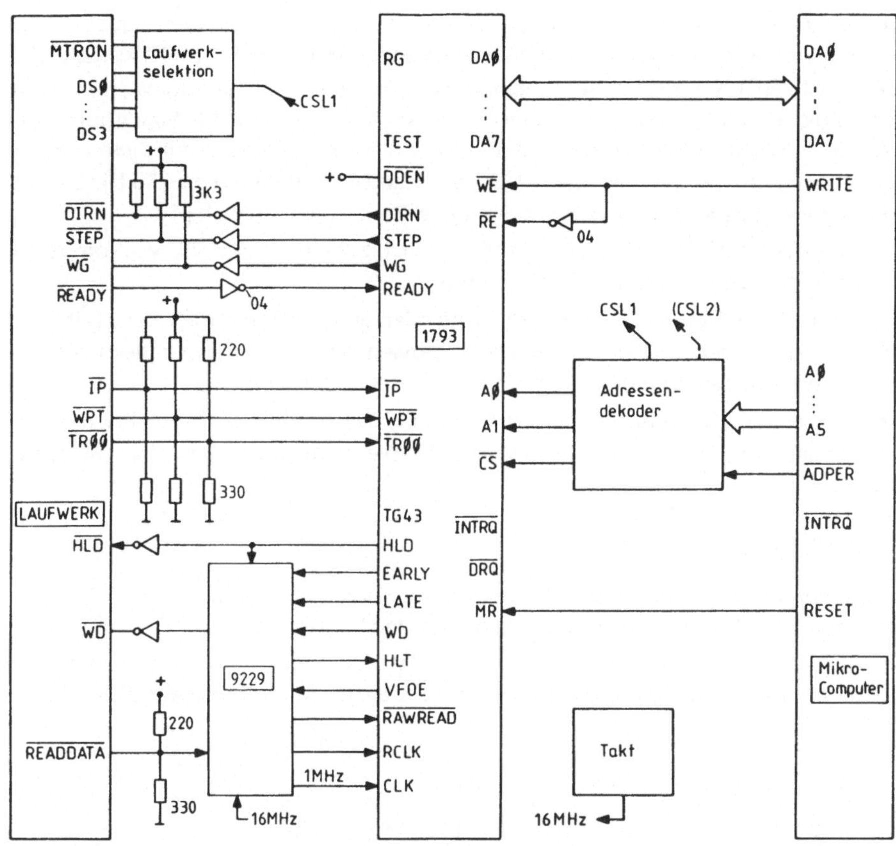

Bild 10.8 Vereinfachtes Schaltbild eines vollständigen Interfaces zwischen Floppy-Disk-Laufwerk und Computer

READ SECTOR (200): Der Kopf setzt auf. Wurde das ID-Feld der laut Spur- und Sektornummer-Register gewünschten Spurnummer, Sektornummer und Seitennummer gefunden und die CRC-Prüfung ergab keinen Fehler, so wird dem Computer das Datenfeld übermittelt. Bei jedem Datenbyte wird ein DRQ erzeugt. Parallel zur Ausgabe findet die CRC-Prüfung statt. Wird ein Fehler gefunden, so wird das CRC-Statusbit gesetzt.

10.3.3 Schaltung

Eine einfache Schaltung eines vollständigen Floppy-Disk-Controllers mit dem Baustein FD1793 zeigt **Bild 10.8.** Sie ist für einfache Schreibdichte ausgelegt (DDEN passiv), so daß auf die Vorkompensation verzichtet werden kann (TG43, EARLY und LATE) und keine Zeitprobleme zwischen der Verarbeitungszeit des μP einerseits und dem Datenfluß vom Floppy-System andererseits auftreten.

Wir lassen sämtliche Informationen vom Controller zum Computer über die Datenleitungen DA0 ... DA7 laufen, so daß die Anschlüsse INTRQ und DRQ nicht benötigt werden.

Eine Besonderheit ist die Lesetaktgewinnung in Bild 10.8. Der FD1793 benötigt zum Verarbeiten der vom Lesekopf stammenden Mischung von Daten und Takt (READ DATA = RAWREAD) ein RCLK- (read clock) Signal. Dies ist ein „Fenster"-Signal, das jeden RAWREAD-Puls einrahmt. Am zuverlässigsten erhält man dieses RCLK-Signal mit einer integrierten PLL-Schaltung, die durch VFOE aktiviert wird. Ein speziell für diesen Zweck entwickelter Datenseparator-IC ist der 9229 von Standard Microsystems [10.5]. Es sind aber auch relativ einfache Schaltungen mit Standard-Bausteinen möglich [10.2].

Bei der neuen Bausteinfamilie FD279X sind die PLL-Schaltung und die Vorkompensation bereits auf den Chip integriert [10.6 und 6a].

Man beachte, daß die Leitungen zwischen Controller und Laufwerk entweder mit 220/330-Ohm-Spannungsteilern reflexionsfrei abgeschlossen oder über Open-collector-Puffer angeschlossen sind. In beiden Fällen erzielt man Kurzschlußfestigkeit.

Die Adressierung des FD-Controllers ist so ausgelegt, daß mit einem Controller mehrere Laufwerke bedient werden können. In unserem Beispiel wird mit CSL1 (chip select) das gezeichnete Laufwerk aktiviert.

10.3.4 Zeitabläufe

Es ist zu prüfen, ob der Mikrocomputer imstande ist, Datenbytes im geforderten 16- bzw. 32 µs-Takt zu liefern. Betrachten wir dazu zunächst den Schreib- und den Lesezyklus:

READ-Zyklus: Mit der ansteigenden Flanke von DRQ zeigt der FDC an, daß in seinem Datenregister ein Datenbyte bereit steht zur Übergabe an den Mikrocomputer (**Bild 10.9a**).

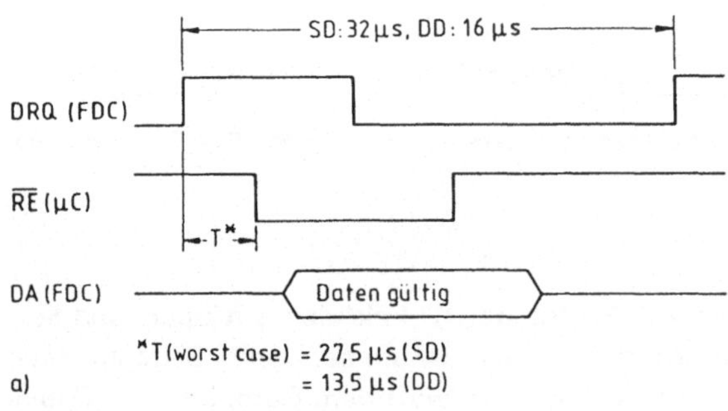

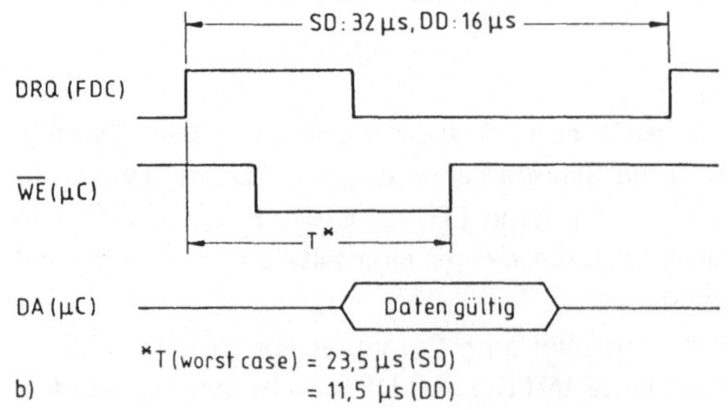

Bild 10.9 Zeitverläufe am FD 1793
a) READ-Zyklus
b) WRITE-Zyklus

Mit der fallenden Flanke von $\overline{RE}$ wird durch den Mikrocomputer die Übergabe der Daten auf die Datenleitungen veranlaßt. Die Zeitspanne T zwischen diesen beiden Ereignissen darf eine bestimmte Obergrenze Twc (worst case) nicht überschreiten, damit der FDC in der für ein Byte zur Verfügung stehenden Zeitspanne Zeit genug für die Datenübergabe hat.

WRITE-Zyklus: Mit der ansteigenden Flanke von DRQ zeigt der FDC an, daß sein Datenregister leer und bereit ist, vom Mikrocomputer ein neues Datenbyte zu empfangen (Bild 10.9b). Mit der fallenden Flanke von $\overline{WE}$ werden die Daten vom Datenbus ins Datenregister des FDC übernommen. Mit der wieder ansteigenden Flanke von $\overline{WE}$ muß diese Übernahme beendet sein. Die Zeitspanne T bis dahin darf eine bestimmte Obergrenze Twc nicht überschreiten, damit der FDC in der für ein Byte zur Verfügung stehenden Zeitspanne gerade noch Zeit genug für die Übernahme dieses Byte hat.

Betrachten wir die Zeiten für den WRITE-Zyklus bei einfacher Dichte SD.

Der Mikrocomputer fragt dauernd das Statusregister des FDC auf ein gesetztes DRQ-Bit ab (Polling). Die Schleife lautet beim Z80 (**Bild 10.10**):

Abfrage DRQ	(LOAD A, $n;	11 Takte)
Prüfen DRQ	(TEST r:n;	8 Takte)
Rücksprung	(JUMP, cc nn;	10 Takte)

und ist DRQ gesetzt:

Datenübergabe	(OUTI;	16 Takte).

Verwendet man einen Z80 mit 4 MHz Taktfrequenz, so stehen für die DRQ-Abfrageschleife

$$23{,}5 \; \mu s - 16 * 0.25 \; \mu s = 19.5 \; \mu s$$

zur Verfügung. Die Abfrage dauert im ungünstigsten Falle (DRQ wurde gerade verpaßt)

$$(0.5 + 8 + 10) * 0.25 \; \mu s + (11 + 8 + 10) * 0.25 \; \mu s = 11.875 \; \mu s.$$

Die Abfrage läßt sich also in der zur Verfügung stehenden Zeit von 19.5 μs durchführen.

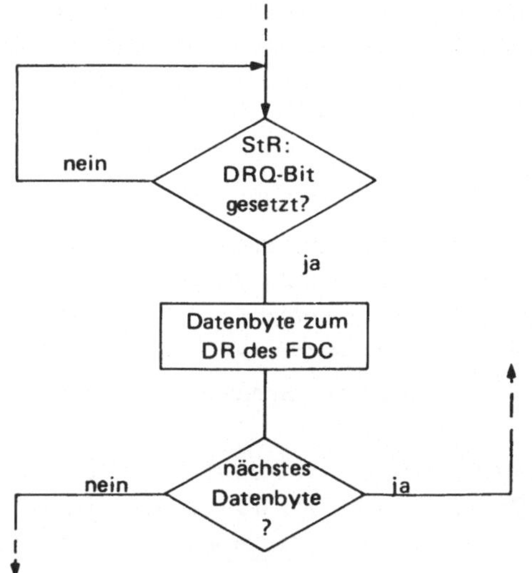

Bild 10.10 Abfrage des Statusregisters des FDC

Der Leser kann leicht nachprüfen, daß sowohl DD mit dem 4MHz-Prozessor als auch SD mit dem 2,5-MHz-Prozessor mittels Polling nicht möglich ist. Man kann dann auf die Interrupt-Technik zurückgreifen [10.7], oder, vorzugsweise, auf die DMA-Technik.

10.4 Die Programmierung des Schreib- und Lesevorganges

Ein Programm, das sämtliche mit Disketten zusammenhängenden Operationen durchführt, nennt man Disk Operating System, DOS. Es erledigt folgende Aufgaben:

- Daten aufzeichnen,
- Aufzeichnungen lesen,
- Aufzeichnungen löschen,
- Diskettenverzeichnis verwalten,
- Kontrolle des Speicherbereichs.

Beispielsweise enthält das bekannte, für den 8080 geschriebene 8-Bit-Betriebssystem CP/M (control program for microprocessors) für die Diskettenoperationen den Block BDOS (basis DOS) [10.8]. Im folgenden beschreiben wir vereinfacht in Flußdiagrammform die Programme, die direkt mit dem FD-Controller in Dialog treten. Sie stellen gewissermaßen die unterste Stufe der DOS-Hierarchie dar.

10.4.1 Basisprogramme SCHREIBEN, LESEN und POSITIONIEREN

Im Programm POSSEK (**Bild 10.11a**) werden das Daten- und Sektornummer-Register mit den Werten der Spurnummer und Sektornummer geladen und der SEEK-Befehl zum Befehlsregister geschickt. Nach einer Zeitverzögerung kann das Statusregister abgefragt werden, ob der SEEK-Befehl beendet ist. Danach enthält das Spurnummer-Register die neue Spurnummer, so daß die Voraussetzungen für den WRITE- und READ-Befehl erfüllt sind.

Die Basisprogramme WDISK und RDISK (Bild 10.11b und c) sind gleichartig strukturiert. Zunächst wird der Befehl WS bzw. RS zum Befehlsregister geschickt. Ist der Befehl akzeptiert worden (BUSY aktiv), so muß der Datenrequest (DRQ) abgewartet werden, um dann das Datenbyte vom Speicher (Pointer HL) zur Diskette bzw. umgekehrt zu transportieren. Dieser Vorgang wiederholt sich so oft, wie das BUSY-Bit auf Grund der Formatierung der Diskette aktiv bleibt. Der Pointer zum RAM-Speicher wird bei jedem Transport weitergezählt.

10.4.2 Schreiben und Lesen der Diskette

Das Makroprogramm SCHREIBEN in **Bild 10.12** schaltet zunächst das Laufwerk ein und veranlaßt mittels Unterprogramm POSSEK den Controller, den Schreib/Lesekopf auf die gewünschte Spur zu setzen. Dadurch sind Spur- und Sektornummer-Register gesetzt, so daß nur noch der Pointer (HL) für den RAM-Bereich geladen werden muß.

Das Basisprogramm WDISK überträgt dann die Daten aus diesem Speicherbereich auf die Diskette.

Das Makroprogramm LESEN in **Bild 10.13** arbeitet genau so wie das Makroprogramm SCHREIBEN. Nach dem Abarbeiten des Basis-Programms RDISK wird noch das CRC-Bit des Statusregisters untersucht. Ist dieses Bit aktiv, so liegt ein Lesefehler vor.

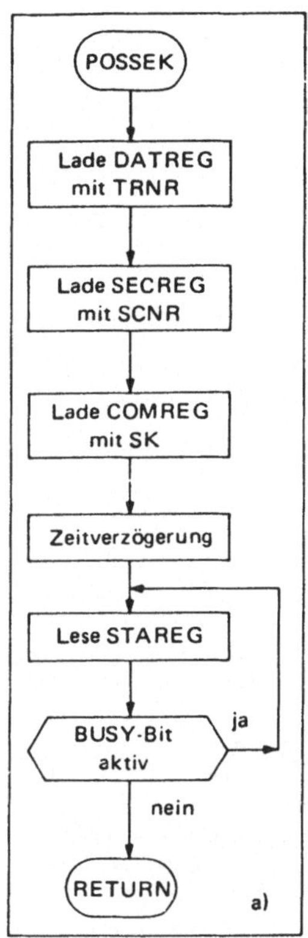

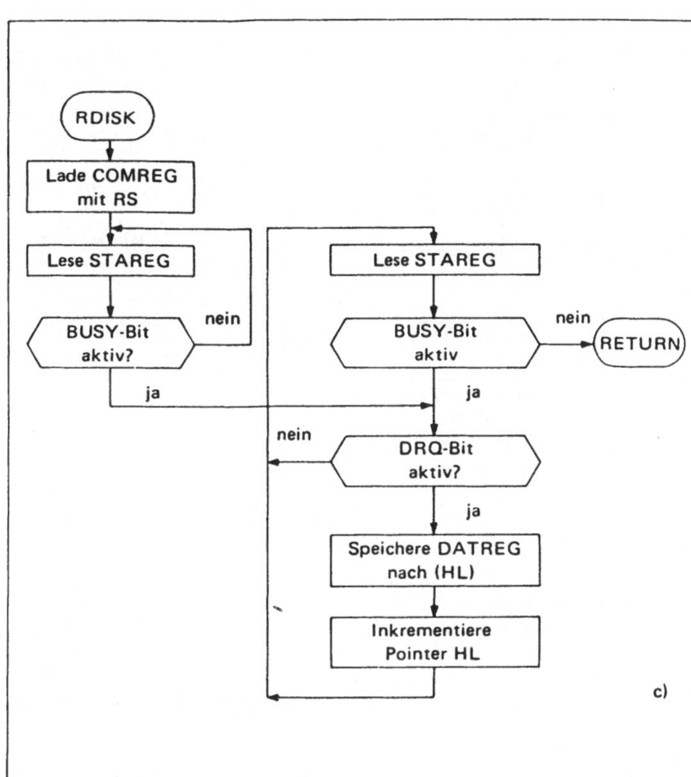

Bild 10.11

Flußdiagramme der
Basisprogramme

a) Positionieren von Spur
   und Sektor
b) Schreiben eines Sektors
c) Lesen eines Sektors

Dabei ist

HL — Pointer zum
     RAM-Speicher
COMREG — Befehlsregister
STAREG — Statusregister
DATREG — Datenregister
SECREG — Sektorregister
WS — Schreibbefehl
RS — Lesebefehl
SK — Seek-Track-Befehl
TRNR — Spurnummer
SCRN — Sektornummer

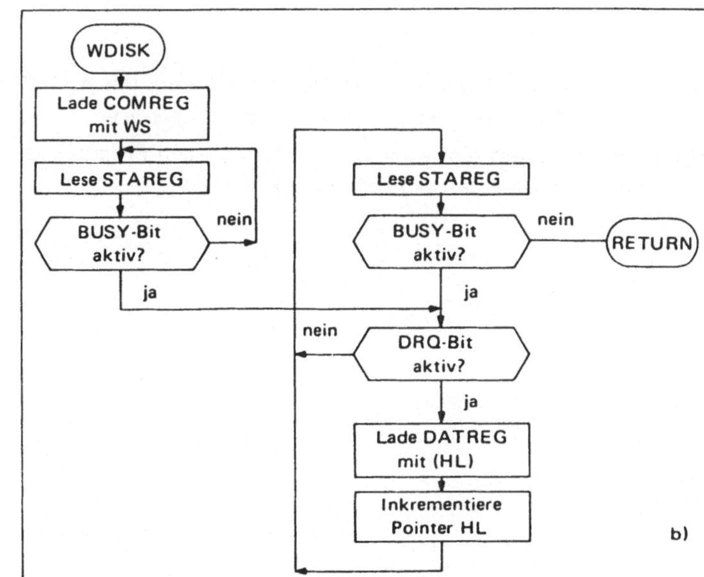

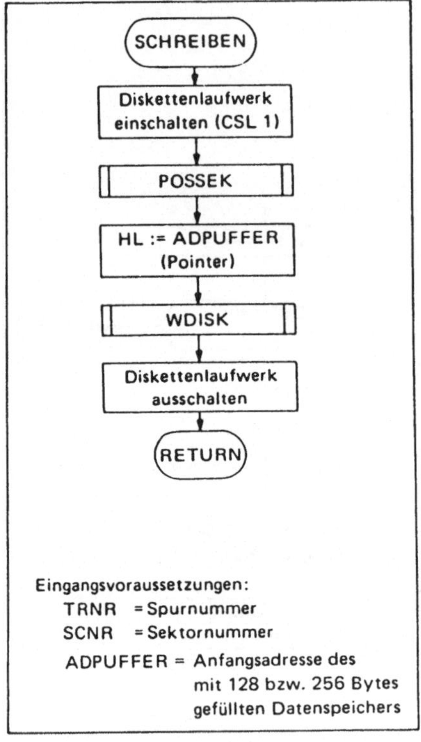

Bild 10.12 Makroprogramm SCHREIBEN zum Schreiben eines Sektors

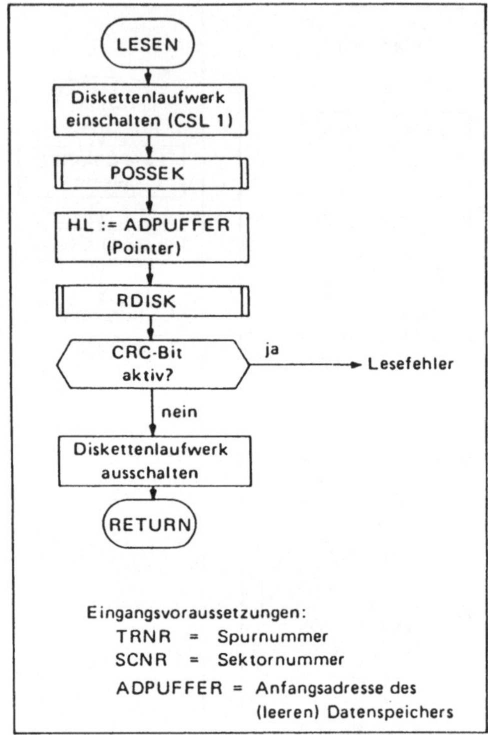

Bild 10.13 Makroprogramm LESEN zum Lesen eines Sektors

Das Programm LESEN kann auch benutzt werden, um nach SCHREIBEN zu kontrollieren, ob der Schreibvorgang ordnungsmäß abgelaufen ist.

Die Assemblerlisten der vorstehend besprochenen Programme führen wir hier nicht auf. Sie stehen dem Leser auf Anfrage zur Verfügung.

11 Der Mikrocomputer im Verbund mit dem Großrechner

11.1 Einleitung

Es bedarf keiner weiteren Begründung für den Wunsch, Mikrocomputer (hier besser PCs genannt), an vorhandene Großrechner (Hosts) anzuschließen, wo immer beide vorhanden sind: Schule, Hochschule, Unternehmen. Das lokale Netz (LAN) ist hier sternförmig, die Netzverwaltung wird vom Großrechner übernommen. Dabei sind zwei Betriebsarten zu unterscheiden:

— der PC als intelligentes Terminal des Großrechners, und
— der PC als eigenständiger Rechner mit Datenaustausch mit dem Großrechner.

Wir beschreiben hier exemplarisch den ersten Fall, der zweite ist eine softwaremäßige Ausbaustufe davon. Um von speziellen PC-Typen unabhängig zu sein, ist die vorgestellte Interface-Software in UCSD-Pascal geschrieben.

11.2 Der Großrechner (Host)

In unserem Beispiel ist der Hostcomputer (Wirt-Computer) eine Großrechenanlage DEC 10 [11.1]. An diesem System sind ca. 145 Peripheriegeräte, meist Terminals VT 100, angeschlossen. Unser PC soll ein weiteres Peripheriegerät werden, das mit einer seriellen, asynchronen V.24-Schnittstelle an diesen Rechner angeschlossen wird. Wir simulieren ein VT 100 dergestalt, daß die DEC unseren PC gar nicht als solchen erkennt [11.2].

11.3 Übergabeprotokoll

Jedes Datenbyte wird als ASCII-Zeichen übertragen, zuzüglich ein Paritybit und 2 Stopbits (letztere vom USART). Eine Paritätskontrolle findet auf keiner Seite statt, ebensowenig eine direkte Quittierung (handshake) der übertragenen Bytes. Eine Regulierung des Sendeflusses erfolgt in beiden Richtungen mit den Kontrollzeichen XON und XOFF (ASCII: DC1 = 17 und DC3 = 19 dezimal).

Deshalb wird vereinbart: Der Host sendet eine Zeile, beendet durch CR (= 13) und BEL (= 7) und wartet dann auf Freigabe durch XON vom PC für das Senden der nächsten Zeile. Der PC liest BEL und antwortet darauf zu gegebener Zeit mit XON als Freigabe für die nächste Zeile. Die einlaufenden Zeichen werden im Terminalbetrieb direkt auf den Schirm geschrieben. Ist der Bildschirm voll, erfolgt ein automatisches SCROLL, wie im normalen Terminalbetrieb.

Umgekehrt, bei der Datenübertragung vom PC zum Host, wird vom PC immer erst geprüft, ob der Host gerade sendet. Wenn ja, ist das Empfangsregister des USART voll und sein Inhalt wird vom PC vorrangig übernommen. Sendet der Host gerade nicht und ist er im Zustand XON, so gibt der PC seinerseits das durch eine Taste aktivierte Byte auf die

Leitung. Der Host empfängt das Byte und gibt es kommentarlos als Echo an den PC zurück, der es auf dem Schirm protokolliert. Damit erfolgt eine automatische Übertragungskontrolle.

Es mag verwundern, daß Senden und Empfangen nicht symmetrisch verläuft. Der Grund dafür ist, daß der Host-Computer schneller ist, weil er mit Interrupt und FIFO-Puffer arbeitet (Baudrate bis 2400), während der PC mit Abfrage (Polling) arbeiten muß, da das benutzte Pascal keinen Interrupt kennt. Dies reduziert die Übertragungsrate auf 150 Baud (bei unserem 2,5 MHz-Z80), was aber bei normalem Betrieb ausreicht.

11.4 Das Hardware-Interface

Das Hardware-Interface ist relativ einfach aufgebaut, wie **Bild 11.1** zeigt. Es arbeitet im Vollduplexbetrieb und besteht aus drei Komponenten:

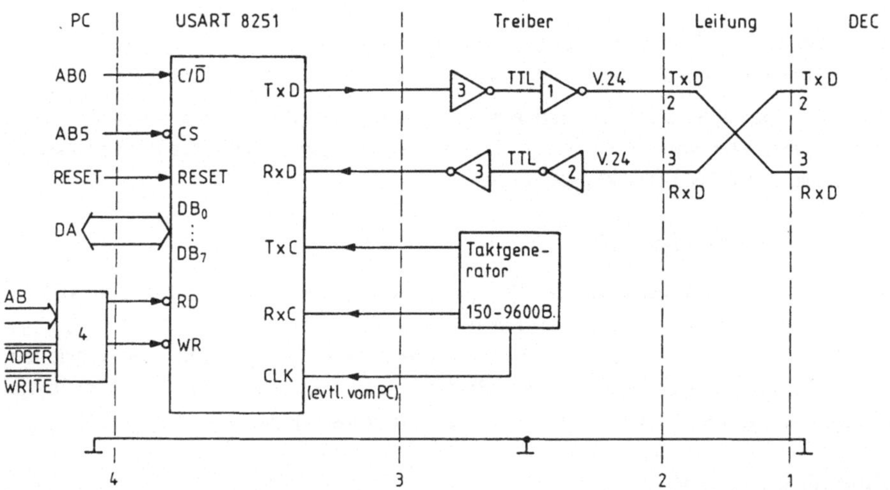

Bild 11.1 Das hardware-Interface für Vollduplexbetrieb. Die Adressierung des USART ist nur als Beispiel zu verstehen.
IC1: 75 188, IC2: 75 189, IC3: 4049 o. ä., IC4: 74 138

11.4.1 Der Parallel/Seriell-Wandler

Der USART 8251 wird durch den PC über den Adreßbus, WRITE und ADPER angesteuert und über den Datenbus auf den gewünschten Betriebszustand eingestellt (vgl. Abschn. 9.2.2). Er enthält u. a. ein Parallelregister, in dem das empfangene bzw. das zu sendende Datenbyte zwischengespeichert wird.

11.4.2 Der Taktgenerator

Dem USART 8251 müssen von außen 3 Taktsignale zugeführt werden:

- Der Systemtakt CLK. Dieser Takt steuert die inneren Abläufe des Bausteins; er muß zwischen 751 kHz und 3.125 MHz liegen. Die äußeren Signale hängen nicht vom CLK ab.

— Der Sendetakt TxC. Der Bitwechsel am Ausgang TxD erfolgt, je nach Programmierung, mit jeder 1., 16. oder 64. fallenden Flanke des Sendetaktes TxC.
— Der Empfangstakt RxC. Die Abtastung des einlaufenden Bits erfolgt mit der ansteigenden Flanke des Empfangstaktes RxC etwa in der Bitmitte.

Wir wünschen die Übertragungsrate 150 Baud und wählen das Verhältnis Taktfrequenz/Baudrate = 16 (vgl. **Bild 11.2**).

Damit wird

TxC = RxC = 16 * 150 Bit/s = 2400 Hz.

Diese Frequenz muß der Taktgenerator liefern.

| Taktfrequenz | TxC bzw. RxC | |
Baudrate	min	max
1	0	64 kHz
16	0	310 kHz
64	0	615 kHz

Bild 11.2 Taktfrequenz TxC bzw. RxC und Baudrate beim USART 8251.

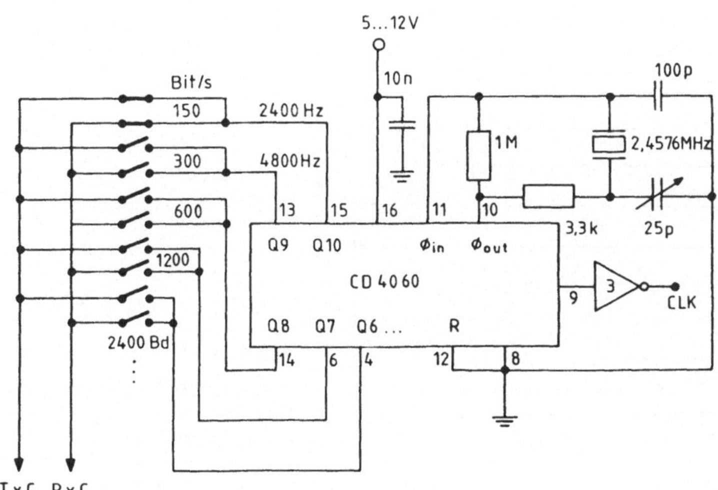

Bild 11.3 Einstellbarer Taktgenerator

Ein geeigneter, einstellbarer Generator ist in **Bild 11.3** dargestellt. Nach unserer Erfahrung muß der Generator quarzstabilisiert sein. Verwendet man einen Quarz mit 2,4576 MHz, so kann man mit dem 14 bit-Zähler 4060 alle genormten Taktraten ab 150 Baud aufwärts einstellen. Wir arbeiten aus den oben erwähnten Gründen mit 150 Baud.

11.4.3 Die Leitungstreiber

Es muß der TTL-Pegel der Sendedaten auf den von der V.24-Norm geforderten Pegel umgesetzt werden, bzw., umgekehrt, es muß der V.24-Pegel der Empfangsdaten auf TTL-Pegel umgesetzt werden. Ersteres erledigt der Baustein 75188, letzteres der Baustein 75189 (vgl. Bilder 3.14 und 5.2). Diesen beiden Leitungstreibern sind aus Polaritätsgründen Inverter vor- bzw. nachgeschaltet.

Die tatsächliche Schnittstelle zwischen PC und Interface liegt je nach Ausbaustufe des PC an Stelle 2, 3 oder 4 der Schaltung.

11.5 Das Software-Interface

11.5.1 Grundlagen des Programms

Das Pascal-Programm behandelt sowohl Bildschirm und Tastatur, als auch das sendende und empfangende USART als Peripherieeinheiten (hier Nr. 1, 2, 7, 8, die Zuordnung ist

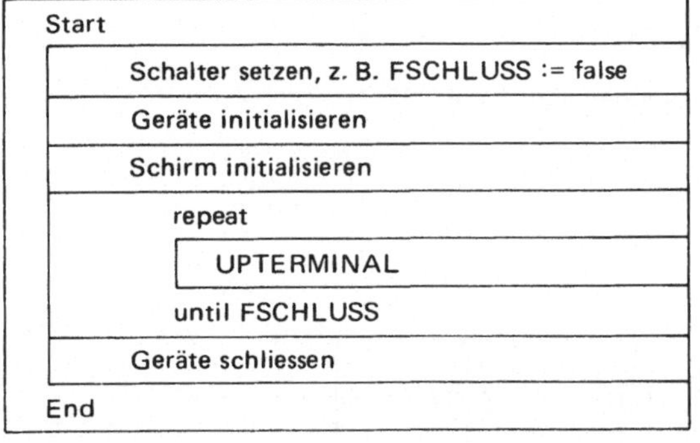

Bild 11.4
Struktogramme des Software-Interface
a) Hauptprogramm (setzt Schalter und ruft UPTERMINAL auf)
b) Unterprogramm UPTERMINAL (Schleifenprogramm zur Kontrolle des USART)

betriebssystemspezifisch). Die Notierung der jeweiligen Zustände des Dialogs geschieht über Software-Schalter (flags).

Die Schalter werden im Hauptprogramm beim Start in den Anfangszustand gesetzt (vgl. **Bild 11.4a**).

Der Schalter FREMIN beispielsweise wird vom Programm gesetzt, wenn es entdeckt, daß im USART ein vom Host gesendetes ASCII-Zeichen „CH" steht (not unit busy UREMIN). FCRVOR: Vorhergehendes Zeichen war „CR".

FXON: Erlaubnis vom Host, daß PC senden darf.

FBELL: Das Zeichen „BEL" wurde gesendet.

11.5.2 Das Unterprogramm UPTERMINAL

Dieses Unterprogramm (**Bild 11.4b**) läuft während der ganzen Übertragung in der Schleife. Es prüft andauernd, ob ein fremdes Zeichen im USART steht (UPREMIN, **Bild 11.5a**).

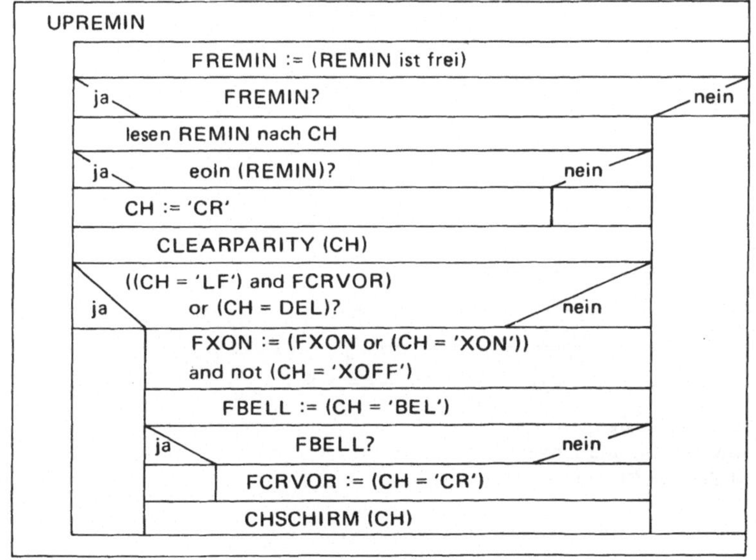

a)

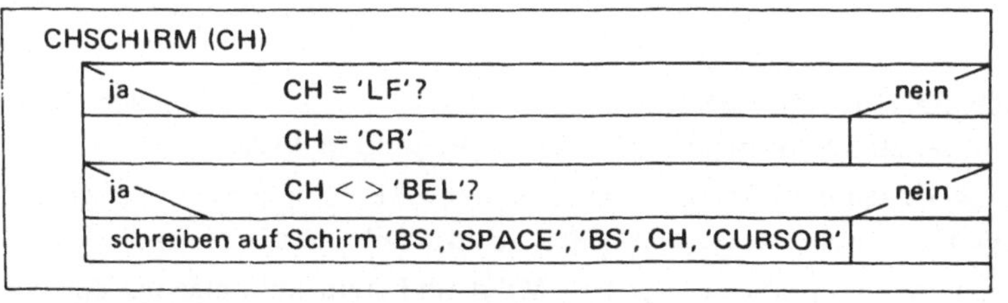

b)

Bild 11.5 Struktogramme des software-Interface
a) UPREMIN frägt USART nach Zeichen ab
b) CHSCHIRM schreibt empfangenes Zeichen zum Schirm

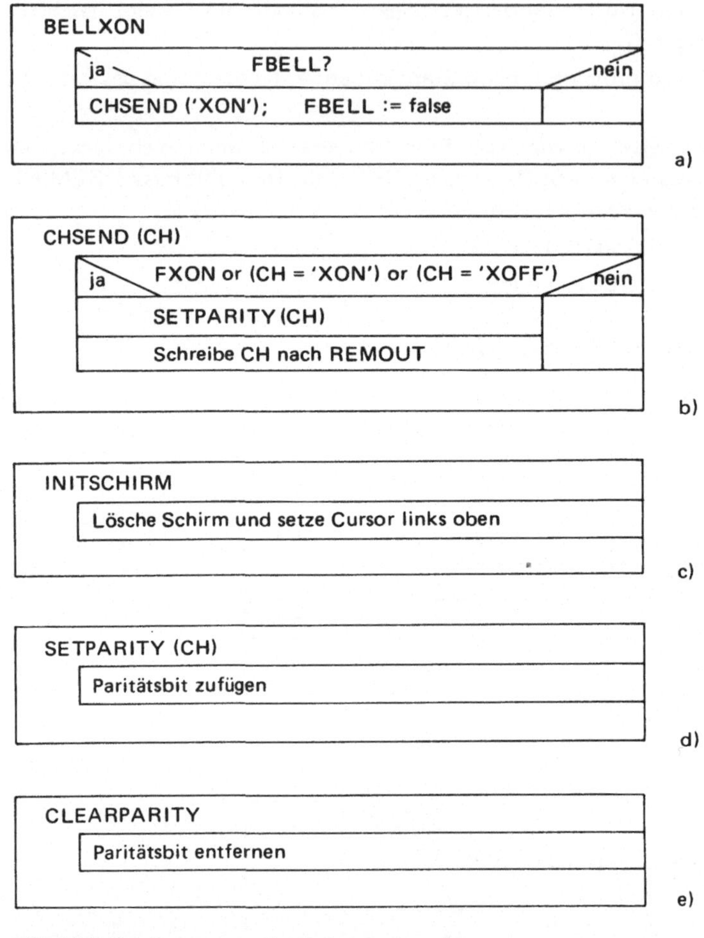

Bild 11.6 Struktogramme des Software-Interface
a) BELLXON prüft Schalter FBELL und sendet XON
b) CHSEND sendet ASCII-Zeichen CH zum USART
c) INITSCHIRM
d) SETPARITY
e) CLEARPARITY

Wenn ja, wird der Schalter FREMIN gesetzt und UPREMIN wertet das Zeichen „CH"
aus. Gegebenenfalls wird es zum Schirm gebracht (CHSCHIRM, **Bild 11.5b**).

In der Prozedur BELLXON (**Bild 11.6a**) wird der Schalter FBELL abgefragt. Bei gesetz-
tem Schalter wird XON als Antwort mittels CHSEND (**Bild 11.6b**) gesendet.

Wurde kein fremdes Zeichen empfangen (not FREMIN) und steht kein eigenes Zeichen
im USART (REMOUT frei), so wird die Tastatur abgefragt: Read (KEYBOARD, TASTE).
Das jeweils gedrückte Zeichen TASTE wird mit einem Paritätsbit versehen (SETPARITY)
und durch CHSEND zum USART gegeben.

11.5.3 Die Programmliste

Einen Ausdruck des im Vorangehenden beschriebenen Pascal-Programms findet man nachfolgend. Erläuternd erwähnt sei hier die Zuordnung der „Dimensionen" Zeichen (character) A und der zugehörigen integer-Zahl 65 nach ASCII:

   A = chr (65),

oder, umgekehrt: ord(A) = 65.


```
program TERMINAL(keyboard,output);


const
        (*    Nummern der Peripherie-units *)
       UOUTPUT   = 1;      (*  Bildschirm *)
       UKEYBOARD = 2;      (*  Tastatur   *)
       UPRINT    = 6;      (*  Drucker   *)
       UREMIN    = 7;      (*   USART    *)
       UREMOUT   = 8;

        (*    ASCII-Codes   *)
       BELL      = 7;
       BS        = 8;
       LF        = 10;
       FF        = 12;
       CR        = 13;
       XON       = 17;
       XOFF      = 19;
       SPA       = 32;
       DEL       = 127;
       PARITYBIT= 128;
       CURSOR    = 170;


var
    FSCHLUSS,FCRVOR,FREMIN,
    FXON,FBELL,QUPT   : boolean;

    TASTE,CH : char;

    PRINT : text;
    REMIN,REMOUT : interactive;

procedure SETPARITY( var CH : char );
 var C : integer;                    (* even parity *)
 begin
 C := ord(CH);
 if odd(C)  then CH := chr(C+PARITYBIT)
 end;

procedure CLEARPARITY( var CH : char );
 var C : integer;
 begin
 C := ord(CH);
 if C )= PARITYBIT  then CH := chr(C-PARITYBIT);
 end;
```

```
procedure INITSCHIRM;
 begin
 write(output,chr(FF),chr(CURSOR))
 end;

procedure CHSCHIRM(CH : char);
 begin
   (* Cursor loeschen , CH auf Schirm , Cursor setzen *)
   if CH=chr(LF) then CH := chr(CR);
   if CH<>chr(BELL)
     then write(output,chr(BS),
                       chr(SPA),chr(BS),CH,chr(CURSOR));
 end;

procedure CHSEND(CH : char);
 begin
 if FXON or (CH = chr(XON)) or (CH = chr(XOFF))
   then begin
      SETPARITY(CH);
      write(REMOUT,CH)
      end
 end;

procedure BELLXON;
 begin
 if  FBELL
   then begin
      CHSEND(chr(XON));
      FBELL := false
      end
 end;

procedure UPREMIN;    (* CH global *)
 begin
 FREMIN := not unitbusy(UREMIN);
 if FREMIN
   then begin
    read(REMIN,CH);
    if eoln(REMIN)  then CH := chr(CR);
    CLEARPARITY(CH);
    if ((CH=chr(LF)) and FCRVOR) or (CH=chr(DEL))
      then       (* LF nach CR eliminiert ,
               DEL ignoriert  *)
      else begin
        FXON := (FXON or (CH=chr(XON)))
              and not (CH=chr(XOFF));
        FBELL :=  (CH=chr(BELL));
        if not FBELL then FCRVOR := (CH=chr(CR));
        CHSCHIRM(CH)
        end
    end
 end; (* UPREMIN *)
```

```pascal
procedure UPTERMINAL;
 begin
 QUPT  := false;
 repeat
   UPREMIN;
   BELLXON;
   if not FREMIN
     then begin
       if not unitbusy(UREMOUT)
         then begin
         if not unitbusy(UKEYBOARD)
           then begin
             read(KEYBOARD, TASTE);
             if eoln(KEYBOARD)
               then TASTE := chr(CR);
             CHSEND(TASTE)
             end
         end
       end
 until QUPT
 end;   (* UPTERMINAL *)


(*  START  *)
begin
 (* Schalter setzen *)
 FSCHLUSS := false;
 FCRVOR := false;
 FXON := true;
 FBELL := false;

 (*  USART und Drucker initialisieren *)
 rewrite(REMOUT,'REMOUT:');
 reset(REMIN,'REMIN:');
 rewrite(PRINT,'PRINTER:');

 INITSCHIRM;
 repeat
   UPTERMINAL;
 until FSCHLUSS;
 close(REMIN);
 close(REMOUT);
 close(PRINT)
 end.
```

12 Das Video-Interface

12.1 Der Monitor

12.1.1 Vom Fernseher zum Datensichtgerät

Der Monitor, d. h. das Datensichtgerät eines Computers, ist im Prinzip ein Fernsehgerät ohne Hf-Teil.

Bekanntermaßen setzt sich ein Fernsehbild aus 2 Halbbildern mit je 312 bzw. 313 Zeilen zusammen, die um eine Zeile und um 0,02 s verschoben sind. Bei den stehenden Bildern, wie sie normalerweise bei Monitoren vorkommen, verzichtet man normalerweise auf das zweite Halbbild (= non interlace) und überträgt 50 mal je s das erste Halbbild.

Die Zeit pro Zeile ist dann wie beim Fernsehen

$$0,02 \text{ s} / 312,5 = 64 \text{ } \mu s.$$

Daraus folgt hier wie dort eine Zeilenfrequenz von 15625 Hz. Das Verhältnis Bildbreite/ Bildhöhe ist hier wie dort 4/3. Fordert man etwa gleiche Bildschärfe horizontal wie vertikal, so sind horizontal 625 * 4/3 Schwarz/Weißwechsel aufzulösen. Denkt man sich einen Schwarz/Weißwechsel als eine Sinusperiode, so ergibt das eine maximale Übertragungsfrequenz von 6,51 MHz. Handelsübliche Fernsehgeräte liegen darunter (ca. 5 MHz), handelsübliche Monitore darüber (10 — 15 MHz). Letztere haben also horizontal wesentlich schärfere Bilder.

12.1.2 Der Schirm und die Zeichen

Gehen wir aus von einem Zeichen (Buchstabe oder Zahl, character) in der Matrixdarstellung 5 $\times$ 7 Punkte. Horizontal sei ein Bildpunkt Zwischenraum, vertikal seien deren 5 angenommen. Dann braucht ein Zeichen 6 $\times$ 12 Bildpunkte. Horizontal seien 625 * 4/3 Schwarz/Weißwechsel, also 416 Bildpunkte, auflösbar. Dies ergibt 416/6 = 69 Zeichen/ Zeile. Da man rechts und links einen Rand haben möchte, wählt man z. B. 64 Zeichen/ Zeile.

Vertikal hat man 625 Schwarz/Weißwechsel, also sind 312 Bildpunkte auflösbar. Dies ergibt 312/12 = 26 Zeilen/Bild. Da man einen oberen und unteren Dunkelrand wünscht, fallen einige Zeilen weg.

12.1.3 Das Videosignal (BAS-Signal)

Das Videosignal hat dem Monitor sämtliche Informationen für das Schirmbild zu übermitteln. Es ist die Summe von 4 Einzelsignalen:

- Bildsignal B,
- Austastsignal A,
- Synchronsignal HS für die Zeile und
- Synchronsignal VS für das Bild.

Das Bildsignal B beinhaltet die Bildinformation. Es steuert die Helligkeit der Zeile. Dabei hat Weiß einen Pegel von 100 %, Schwarz einen solchen von 25–30 % (amerikanische Norm). Bei der Datendarstellung gibt es nur diese beiden Zustände.

Das Austastsignal A steuert den Strahl dunkel zu Beginn und am Schluß der Zeile.

Der zeitliche Verlauf einer Zeile (vgl. **Bild 12.1**) beginnt mit der vorderen Schwarzschulter. Diese bewirkt den linken, dunklen Rand des Schirmbildes. Nun folgt die Helligkeitsmodulation der Zeile. Es schließt sich die hintere Schwarzschulter für den rechten, dunklen Rand und den Rücklauf des Leuchtpunktes zur nächsten Zeile an.

Das Synchronsignal S steuert den Zeilensprung (horizontale Synchronisation) und den Bildwechsel (vertikale Synchronisation). Es ist S = HS und VS.

Horizontale Synchronisation HS: Zu jeder Zeile gehört abschließend ein Zeilensynchronisationsimpuls. Er hat den Pegel 0 % (amerikanische Norm) und dauert 4,75 μs.

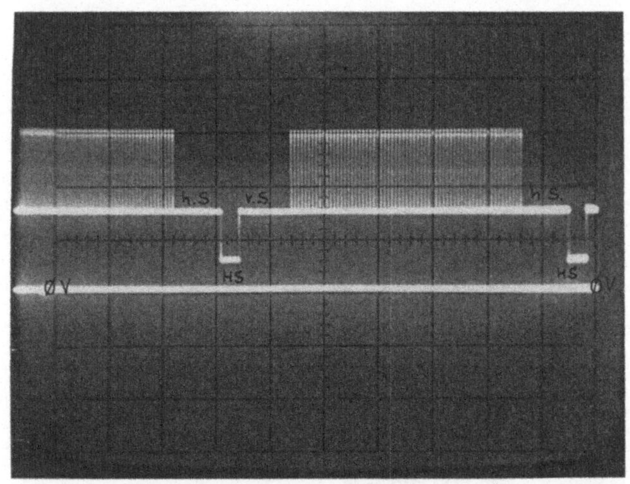

Bild 12.1
BAS-Signal für eine Zeile. Das dargestellte Zeichen ist das invertierte Leerzeichen. Periodendauer 64 μs (1 Einheit: 10 μs/ 0,5 V)

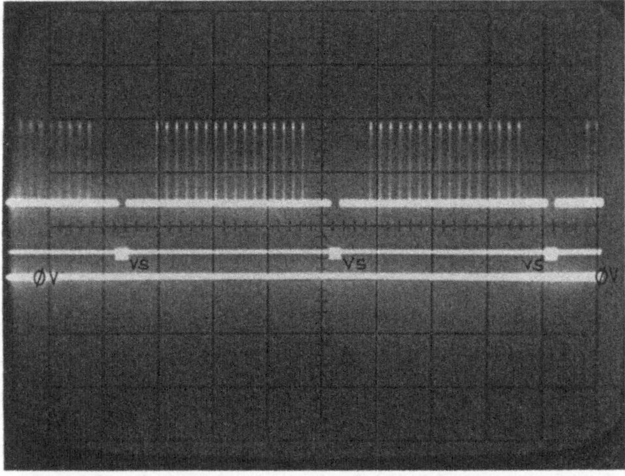

Bild 12.2
BAS-Signal für ein Schirmbild mit 16 Zeilen. Der Schirm ist mit „A" gefüllt. Periodendauer 20 ms. (1 Einheit: 5 ms/0.5 V)

Vertikale Synchronisation VS: Im Abstand von 20 ms folgt jeweils ein Bildsynchronisationsimpuls. Er hat ebenfalls den Pegel 0 % und dauert 0,19 ms. Seine 40 mal längere Dauer dient zur Unterscheidung vom HS.

Bild 12.2 zeigt das Oszillogramm eines Schirmbildes. Man erkennt die 16 Nadeln der 16 Zeilen und die dazwischen liegenden Schwarzschultern. Die jeweiligen Horizontalimpulse HS verschwimmen zu einer Linie mit Nullpegel. Der Vertikalimpuls VS alle 20 ms ist gut sichtbar.

12.1.4 Die Speicherung der Zeichen

Der Vorrat der möglichen Zeichen ist in einem Festwertspeicher, z. B. EPROM, abgelegt (Zeichengenerator, character generator). Jedes Zeichen darin wird mittels seines ASCII-Kodes angewählt. Dieser Vorgang sei beispielhaft für das Zeichen B (ASCII-Kode 102 oktal) erläutert (**Bild 12.3**).

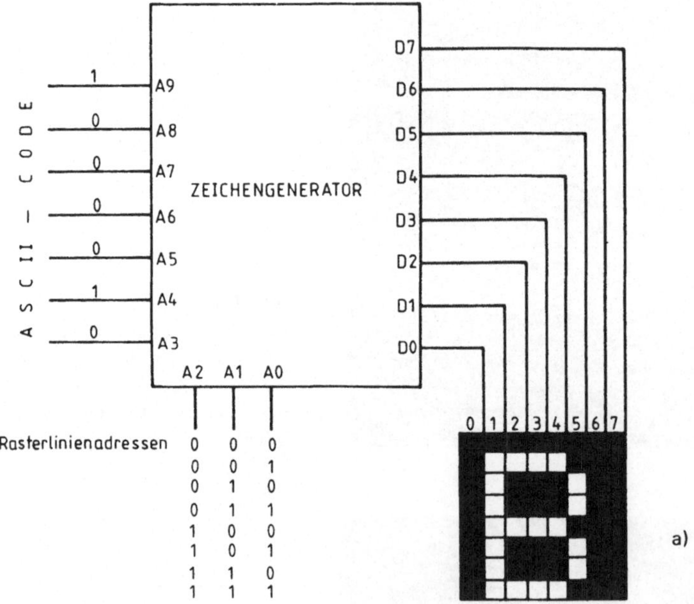

	ASCII-CODE									LINIE			BITMUSTER				
A9	A8	A7	A6	A5	A4	A3	A2	A1	A0	0	1	2	3	4	5	6	7
1	0	0	0	0	1	0	0	0	0	0	0	0	0	0	0	0	0
1	0	0	0	0	1	0	0	0	1	0	1	1	1	1	0	0	0
1	0	0	0	0	1	0	0	1	0	0	1	0	0	0	1	0	0
1	0	0	0	0	1	0	0	1	1	0	1	0	0	0	1	0	0
1	0	0	0	0	1	0	1	0	0	0	1	1	1	1	0	0	0
1	0	0	0	0	1	0	1	0	1	0	1	0	0	0	1	0	0
1	0	0	0	0	1	0	1	1	0	0	1	0	0	0	1	0	0
1	0	0	0	0	1	0	1	1	1	0	1	1	1	1	0	0	0

b)

Bild 12.3 Zeichengenerator ZG   a) Ansteuerung des ZG   b) Punktmusteradressen des „B"

Der Kode 102 des B stellt die oberen 7 Bit A3—A9 der 10 Bit breiten Adresse dar, mit der der Zeichengenerator ZG zwecks Ausgabe des B adressiert wird. Die unteren drei Adressenbits A0—A2 sind die Linien- oder Rasteradressen. Sie werden von 0 bis 7 hochgezählt und enthalten jeweils das Bitmuster der jeweiligen Zeile des Zeichens.

Die 8 Datenbits, die der ZG pro Adresse als Zeileninformation liefert, werden von einem Schieberegister serialisiert und gehen als B-Signal an den Monitor (1 = weiß).

Bei einer Buchstabenzeile wird von allen Zeichen zuerst die oberste Linie, dann die nächsttiefere Linie usw. dargestellt.

Die Frage ist jetzt, woher der ZG seine Adressen bekommt. Bei dem hier vorgestellten Verfahren erhält er die Adressen A3—A9, die dem ASCII-Kode entsprechen, von einem Zwischenspeicher, dem VideoRAM, auch Bildwiederholspeicher genannt. In diesen hat der μC zuvor den darzustellenden Text eingeschrieben. Die zyklisch ablaufenden Linienadressen A0—A2 erhält der ZG vom Video-Interface-Baustein CRTC (cathode ray tube controller).

Ergänzend sei noch angefügt, daß das andere mögliche Verfahren anstelle des VideoRAM den Arbeitsspeicher des μC benützt, auf den mittels DMA zugegriffen wird.

12.2 Die Schaltung des Video-Interface

12.2.1 Der Controller-Baustein

Es gibt, wie wir sahen, eine ganze Reihe zyklisch ablaufender Funktionen in einem Video-Interface:

- Ansteuerung des VideoRAM,
- Ansteuerung des Zeichengenerators ZG,
- Erzeugung des Horizontal- und Vertikalsynchronimpulses,
- Cursorsteuerung.

Diese Funktionen überläßt man zweckmäßigerweise einem zentralen Steuerbaustein, dem CRTC (cathode ray tube controller, Kathodenstrahlröhren-Steuerbaustein). Er ist im Grunde eine komplexe Anordnung voreinstellbarer Zähler. Der Markt bietet mehrere solcher CRTC-Bausteine an, z. B.:

- 9364A von Thomson-Efcis [12.1].
  Er hat ein festes Bildschirmformat 64 Zeichen × 16 Zeilen.
- 6567 VIC von Commodore.
  Er erlaubt neben Text- auch Graphikdarstellung.
- 9412 CRTC von Fairchild.
- 8257 von Intel/Siemens [12.2].
  Er arbeitet mit DMA statt VideoRAM.
- 6845 von Motorola, Rockwell, Hitachi [12.3].
  Er ist in allen Parametern einstellbar.
- 7220 von NEC [12.4].
  Er erlaubt neben Text- auch Graphikdarstellung. VideoRAM oder DMA sind möglich.

Wir betrachten im folgenden exemplarisch den 6845. Sein Betriebsverhalten wird durch den Inhalt seiner 18 Befehlsregister festgelegt. Sie werden angewählt durch CSlow = 0, RS = 1 und den Inhalt des Adreßregisters AR. Dieses seinerseits wird angewählt durch CSlow = 0, RS = 0, vgl. **Bild 12.4**. Eine Tabelle der einzelnen Register zeigt **Bild 12.5**. Dazu geben wir folgende Erläuterungen:

In RO steht die Gesamtzahl der Zeichen pro Zeile. Bei 12 MHz Punktfrequenz und 8 Punkten pro Zeichen sind dies bei 64 μs Zeilenzeit n = 96 Zeichen. Abgespeichert wird $n - 1$.

In R1 steht die Zahl der tatsächlich sichtbaren Zeichen.

In R2 steht die Position des horizontalen Synchronsignales HS. Für gleichen Bildrand rechts und links wählen wir als Inhalt:

$$(96 + 64 - HS)/2 = 78.$$

Abgespeichert wird $n - 1$.

In R3 steht im unteren Halbbyte die Breite von HS, im oberen Halbbyte die Breite von VS. Es gilt: Optimieren durch Probieren.

HS: Gewählt 4 (d. h. 4 Zeichentakte);

VS: Gewählt 1 (d. h. 1 Zeilentakt).

In R4 steht die Gesamtzahl der Zeichenzeilen. Bei 50 Hz Bildwechselfrequenz und 14 Linien pro Zeichen und 64 μs Zeilenzeit ergibt dies

$$20 \text{ ms}/(14 * 64 \text{ } \mu\text{s}) = 22{,}32 \text{ Zeilen.}$$

Wir schreiben 22.

In R5 wird die in R4 begangene Ungenauigkeit korrigiert. Für 22 Zeilen brauchen wir

$$22 * 14 * 64 \text{ } \mu\text{s} = 19{,}71 \text{ ms.}$$

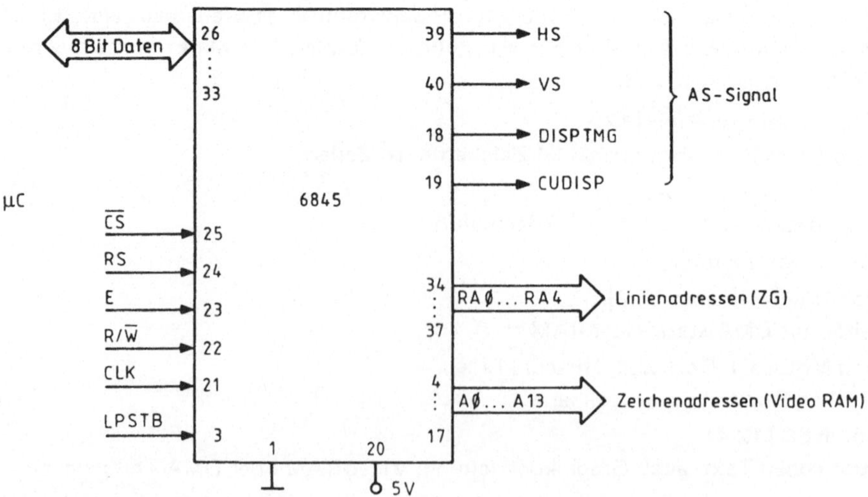

Bild 12.4 Der Video-Interface-Baustein CRTC 6845 [12.3]

Adr.	Register	Zweck	Inhalt (dez.)
0	horizontal, total	mögl. Zeichen pro Zeile	95
1	horiz., angezeigt	angezeigte Zeichen pro Zeile	64
2	horiz. Synchron	Position des horizontalen Synchron-impulses H (Bildrand)	78
3	Synchr. Breite	Breite der H- und V-Impulse	20
4	vertikal, total	mögl. Zeilen pro Schirm	22
5	Feineinstellung vertikal	Anpassung an Bildwiederholrate	5
6	vert., angezeigt	angezeigte Zeilen pro Bildschirm	16
7	vert. Sync. Position	Position des vertikalen Synchronimpulses V	18
8	Interlace	mit/ohne Zeilensprung	0
9	max. Rasteradresse	Linien pro Zeichenzeile	13
10	Cursor Startraster	obere Begrenzung des Cursors	74
11	Cursor Endraster	untere Begrenzung des Cursors	11
12	Startadresse, high	Startadresse des Video-RAM (höherwertiges Byte)	0
13	Startadresse, low	Startadresse des Video-RAM (niederwertiges Byte)	0
14	Cursor, high	Position des Cursors auf dem Schirm (hw. B.)	0
15	Cursor, low	Position des Cursors auf dem Schirm (nw. B.)	0
16	Lichtgriffel, high	Adresse des Zeichens, über dem der Lg. steht	X
17	Lichtgriffel, low	s. o.	X

Bild 12.5 Register des Monitor-Controllers CRTC 6845. (Die angegebenen Registerinhalte sind Beispiele.)

Der Zeitfehler ist also

20 ms − 19,71 ms = 0,29 ms.

Dies entspricht einer Korrektur von

290 μs/64 μs = 4,5.

In R6 steht die Anzahl der angezeigten Zeilen pro Bildschirm.

In R7 steht die Position des vertikalen Synchronimpulses VS. Wir legen ihn in die Mitte des Austastsignales

(R4 + R6)/2 = 19.

Abgespeichert wird n − 1.

In R8 schreiben wir 0, da wir kein Zeilensprungverfahren wünschen (non interlace mode).

In R9 steht die Anzahl der Linien pro Zeichenzeile.

7 Zeichenlinien + 2 Unterlängen + 5 vertikale Abstände ergibt n = 14, vgl. **Bild 12.6**. Abgespeichert wird n − 1.

In R10 steht in den Bits 0 − 4 die oberste Linie des Cursors, vgl. Bild 12.6. Mit den Bits 5 und 6 wird die Art der Cursoranzeige festgelegt. Soll er 16mal langsamer als die Bildfrequenz blinken, so muß dort eine 2 stehen.

In R11 steht die unterste Cursorlinie, vgl. Bild 12.6.

Rasterlinienadresse

1	0	0	0	0	0	0	0	0	——	Zwischenraum
2	0	1	1	1	1	0	0	0		
3	0	1	0	0	0	1	0	0		
4	0	1	0	0	0	1	0	0		Zeichen
5	0	1	1	1	1	0	0	0		
6	0	1	0	0	0	1	0	0		
7	0	1	0	0	0	1	0	0		
8	0	1	1	1	1	0	0	0		
9	0	0	0	0	0	0	0	0	——	Zwischenraum
10	1	1	1	1	1	1	1	1	——	obere Cursorlinie
11	1	1	1	1	1	1	1	1	——	untere Cursorlinie
12	0	0	0	0	0	0	0	0		
13	0	0	0	0	0	0	0	0		Zwischenraum
14	0	0	0	0	0	0	0	0		

Bild 12.6 Lage von Zeichen und Cursor im Rastermaß (Beispiel „B")

In R12 und 13 steht die Anfangsadresse des VideoRAM, die der CRTC anwählen soll.

In R14 und R15 steht die Adresse des Cursors auf dem Schirm. Diese beiden Register sind schreib- und lesbar.

In R16 und 17 stünde die Adresse der Position des Lichtgriffels, wenn wir einen solchen angeschlossen hätten.

Betrachten wir nun die Signale des 6845 (Bild 12.4). Der CRTC 6845 liefert das vertikale (VS) und das horizontale (HS) Synchronsignal für den Monitor. Das Austastsignal ist das invertierte DISPTMG (display timing). Die zyklisch aktivierten Linien- bzw. Rasteradressen für den ZG sind RA0 — RA4. Mit den Zeichenadressen A0 — A13 wird das VideoRAM veranlaßt, seinen Inhalt an den ZG auszugeben. Der Cursor wird nicht vom ZG, sondern vom CRTC gebildet. Sein Signal CUDISP (cursor display) wird dem B-Signal hinzuaddiert.

12.2.2 Die Schaltung

Das Zusammenwirken des CRTC-Bausteins mit VideoRAM und ZG zeigt **Bild 12.7** [12.5]. Das VideoRAM wird adressiert über einen Multiplexer entweder vom Mikrocomputer (dann erhält es den darzustellenden Text über den Datenbus überspielt) oder vom CRTC (dann gibt es den gespeicherten Text über den Datenbus ab). Für den Mikrocomputer stellt das VideoRAM einen Speicher dar, der nur beschrieben wird.

Bestimmen wir dessen notwendige Kapazität. Ein ASCII-Zeichen wird durch 7 Bit dargestellt. Nehmen wir noch das 8. Bit für eine eventuelle Invertierung hinzu. Bei 64 Zeichen pro Zeile und 16 Zeilen pro Schirm erhält man dann einen Speicherbedarf von

$$64 * 16 * 8 \text{ Bit} = 1 \text{ K} \times 8 \text{ Bit}.$$

Alle 1024 Plätze des VideoRAM werden vom CRTC der Reihe nach abgefragt. Jeder Platz enthält ein ASCII-Zeichen, das über den Datenbus zu den Adresseneingängen A4 — A10 des ZG geht. Die 14 Linien einer Zeichenzeile werden — wie besprochen — über die Adressen A0 — A3 hochgezählt, pro Zeile sich stets wiederholend. Dies besorgt

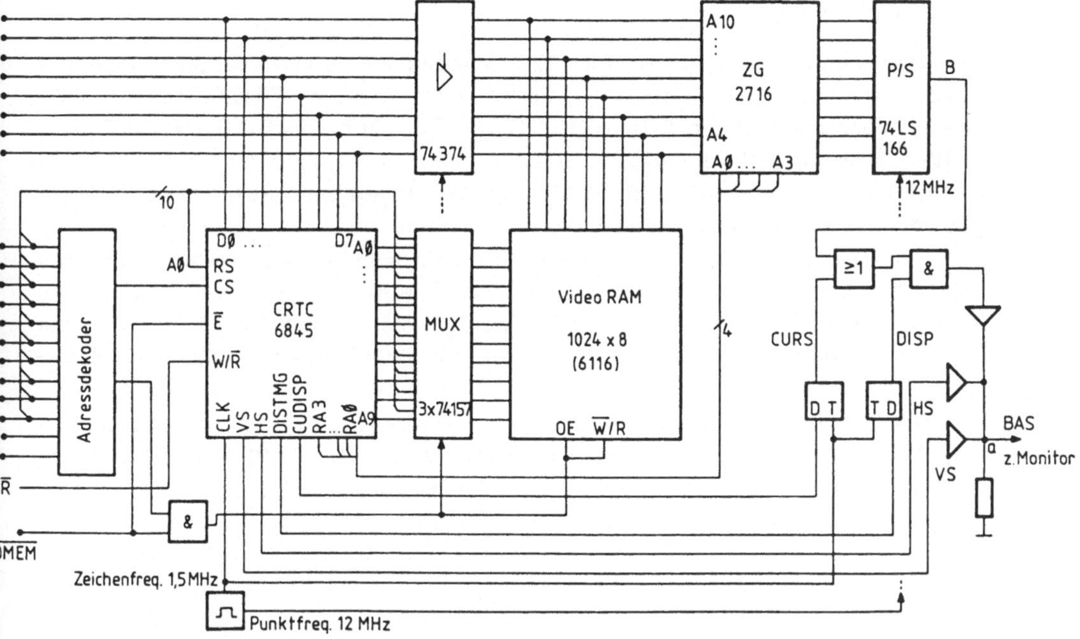

Bild 12.7 Vereinfachte Schaltung des Video-Interface

ebenfalls der CRTC. Das vom ZG darauf abgegebene Datensignal (also die 8 waagerecht angeordneten Punkte einer Zeichenlinie) wird durch ein Schieberegister parallel/seriell umgesetzt und als B-Signal dem Summationspunkt a zugeführt. Die zeitweise notwendige Dunkeltastung des Strahles erfolgt durch das CRTC-Signal DISPTMG. Es wird (genauso wie das Cursorsignal CUDISP) um einen Zeichentakt verzögert, um die Laufzeitdifferenz zum B-Signal auszugleichen.

Die beiden Signale HS für die horizontale, und VS für die vertikale Synchronisation werden direkt vom CRTC zum Summationspunkt a geführt. Im Punkt a findet eine Stromaddition statt, welche wegen des Widerstandes eine Addition der verschiedenen Spannungen ergibt.

12.3 Die Ansteuerung des Video-Interface

Für die programmtechnische Ansteuerung des Video-Interface nach Bild 12.7 benötigen wir zwei Programmeinheiten. In einer Initialisierungsphase müssen die Register des CRTC entsprechend der Tabelle in Bild 12.5 geladen werden und das Video-RAM muß in einen Anfangszustand gebracht werden. Der laufende Betrieb geht dann (abgesehen von einer Bedienung des Cursors und evtl. des Lichtgriffels) automatisch, d. h. ohne weiteres Eingreifen des μC vonstatten. Der μC versorgt das Video-RAM wie einen normalen Speicher. Für einen möglichst raschen Ablauf des Programmes ist es nämlich vorteilhaft, das Video-Interface nicht — wie sonst üblich — als Peripheriegerät aufzufassen, sondern als Speicher, der mittels ADMEM aktiviert wird. Die im Video-RAM gespeicherten Zeichen werden auf dem Bildschirm angezeigt.

12.3.1 Initialisierung

Zur Ansteuerung der Schaltung in Bild 12.7 werden zwei Adressen benötigt, die durch den Adressendekoder dekodiert werden: Für das Ansteuern des CRTC (d. h., die Initialisierung) werden die Adressen AR = ADCRTC (mit RS = 0) bzw. RFILE = ADCRTC + 1 (mit RS = 1) benötigt. Im Programm CRTCINIT haben wir willkürlich ADCRTC = 1776 gewählt. Das Flußdiagramm in **Bild 12.8** zeigt den Ablauf der Initialisierung. Geladen werden die Werte der Tabelle in Bild 12.5.

Für die Ansteuerung des Video-RAM durch den μC benötigen wir die Anfangsadresse VIDEORAM. Bei einer Speicherkapazität von 64 * 16 Byte lautet die letzte Adresse dann VIDEORAM + (64 * 16 − 1). (Vom CRTC werden die Video-RAM-Plätze durch die Adressen 0000 bis 1777 (oktal) angewählt.) Im Programm haben wir willkürlich VIDEORAM = 6000 gewählt.

Um zu Beginn einen leeren Bildschirm zu garantieren, hängen wir an die Initialisierung des CRTC ein Programm zum Löschen des Schirmes an (**Bild 12.9**). Dieses Programm schreibt den Schirm einmalig mit Leerzeichen (SPACE) voll.

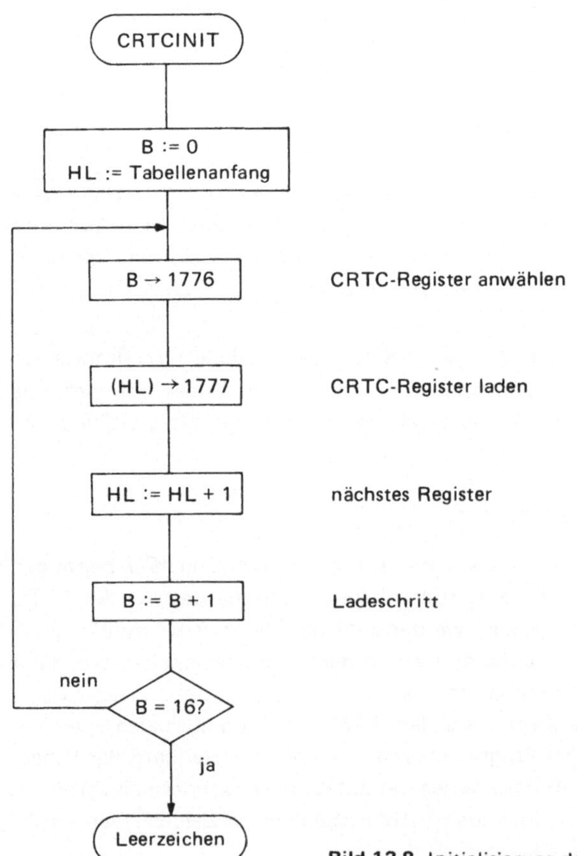

Bild 12.8 Initialisierung des CRTC 6845 (Flußdiagramm CRTCINIT)

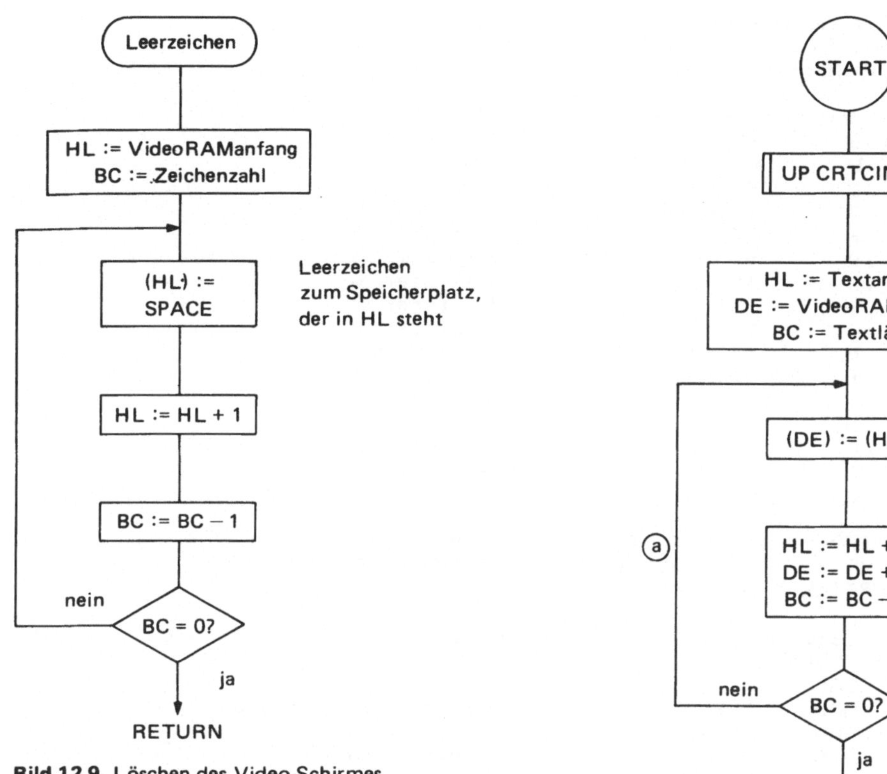

Bild 12.9 Löschen des Video-Schirmes (Flußdiagramm)

Bild 12.10 Hauptprogramm zum Schreiben des Textes „Dies ist ein Video-Testprogramm"

12.3.2 Testprogramm

Das Testprogramm ist unser Hauptprogramm. Es ruft das Unterprogramm CRTCINIT auf und übermittelt anschließend den Text: „Dies ist ein Video-Testprogramm" ins Video-RAM. In **Bild 12.10** ist das Flußdiagramm des Hauptprogrammes zu sehen. Die Schleife a wird durch den Makrobefehl LDIR des Z80 erledigt.

Um das ordnungsgemäße Funktionieren des Video-Interface zu testen, kombinieren wir die Monitoranzeige mit dem sehr zeitkritischen Tonprogramm. Wir laden mit den zuvor beschriebenen Programmen zunächst das Video-RAM und erzeugen anschließend einen Dauerton. Wenn weder Auge noch Ohr Unregelmäßigkeiten feststellen, sind hard- und software in Ordnung.

Die Liste des Assemblerprogramms zeigen **Bild 12.11** und **12.12**.

```
; gewählte Adressen
        ADCRTC   =      1776
        VIDEORAM =      6000

; Inhalt der Register des CRTC
INITTAB:.B      96.-1                   ; Register 0
        .B      64.                     ; Register 1
        .B      78.-1                   ; Register 2
        .B      1*16.+4                 ; Register 3
        .B      22.                     ; Register 4
        .B      5                       ; Register 5
        .B      16.                     ; Register 6
        .B      19.-1                   ; Register 7
        .B      0                       ; Register 8
        .B      14.-1                   ; Register 9
        .B      2*32.+10.               ; Register 10
        .B      11.                     ; Register 11
        .B      0                       ; Register 12
        .B      0                       ; Register 13
        .B      0                       ; Register 14
        .B      0                       ; Register 15

        SPA      =          40          ; Leerzeichen
        AR       =      ADCRTC          ; Adressen CRTC
        RFILE    =      ADCRTC+1

; Initialisierung des Video-Interface
CRTCINIT: LOAD  B,#0
        LOAD    HL,#INITTAB
1$:     LOAD    A,B                     ; Adressregister laden
        LOAD    AR,A                    ;    mit Adresse
        LOAD    A,(HL)                  ;    mit Inhalt
        LOAD    RFILE,A
        INC     HL
        INC     B
        LOAD    A,B
        COMP    A,#16.
        JUMP,NE 1$
; VideoRAM mit Leerzeichen füllen
        LOAD    HL,#VIDEORAM
        LOAD    BC,#64.*16.             ; Anzahl Zeichen
2$:     LOAD    (HL),#SPA
        INC     HL
        DEC     BC
        LOAD    A,B                     ; BC auf 0 testen
        OR      A,C
        JUMP,NE 2$
        RET
```

Bild 12.11 Assemblerprogramm Z80 für das Video-Interface

```
; gewählte Adressen
        LAUTSPR =           3
        ADCRTC  =        1776
        VIDEORAM =       6000


TEXT1:   .ASCIZ   "Dies ist ein Video-Testprogramm"

START:   CALL     CRTCINIT

; Text zum VideoRAM umspeichern
        LOAD      HL,#TEXT1
        LOAD      DE,#VIDEORAM
        LOAD      BC,#START-TEXT1
                  ; Anzahl der Zeichen in TEXT1
        LDIR

; Ton erzeugen
1$:      LOAD      A,#200              ; willkürliche Tonhöhe
        LOAD      $LAUTSPR,A
2$:      DEC       A
        JUMP,NE 2$
        JUMP      1$

        .END      START
```

Bild 12.12 Testprogramm für das Video-Interface

13 Öffentliche Netze

Öffentliche Netze sind Einrichtungen, die von der Post zur Informationsübertragung zur Verfügung gestellt werden. Wir betrachten im folgenden nur Netze, die digitale Informationen übermitteln. Sie werden im Gegensatz zu lokalen Netzen, den LANs, auch WANs (wide area networks) genannt.

Anschlüsse, Vermittlungsverfahren und Protokolle der WANs sind durch hinreichend viele Normen und Empfehlungen national und international festgelegt. Wir beschränken uns hier auf die Nennung der Empfehlungen des CCITT (Comité consultatif international télégrafique et téléfonique). Sie werden nach folgendem Buchstabenschlüssel eingeteilt (x steht für Ziffern):

> Datenübertragung: V.xx,
> Neue Datennetze: X.xx,
> ISDN: I.xxx.

13.1 Das Telefonnetz

Das Telefonnetz ist primär ein analoges Netz und mit rund 28 Millionen Teilnehmern das am weitesten verbreitete Netz. Über dieses Netz werden in beträchtlichem Umfang auch digitale Daten übertragen. Die Übertragungsrate kann wegen des übertragenen Frequenzbandes von 300 Hz bis 3400 Hz nicht sehr hoch sein.

13.1.1 Datenübertragung durch Modems

Diese Übertragungsart ist weit verbreitet: In der BRD gibt es z.Z. etwa 130000 Teilnehmer.

Man unterscheidet zwei Methoden:

● Die digitale Nachricht wird in akustische Signale umgeformt und über den Telefonhörer übertragen (Akustikkoppler). Beim Empfänger wird das akustische Signal wieder in digitale Pulse umgesetzt. Diese primitive Methode kommt ohne Eingriffe in das Netz aus.

● Die digitale Nachricht wird unter Umgehung des Telefonhörers direkt ins Fernsprechnetz eingespeist.

In beiden Fällen übersetzt ein Modem (Kunstwort aus Modulator/Demodulator) die digitale Information in quasianaloge Signale (vgl. **Bild 13.1**). Die Betriebsart der Modems ist durch CCITT-Empfehlungen festgelegt. In der Tabelle (**Bild 13.2**) findet man die einschlägigen Normen für Modems am Fernsprechwählnetz (Zweidrahtbetrieb). Die Kodierung erfolgt entweder durch Frequenzmodulation (FSK, frequency shift keying) oder durch Phasenmodulation (PSK). Die beiden Modulationsarten sind in **Bild 13.3** veranschaulicht.

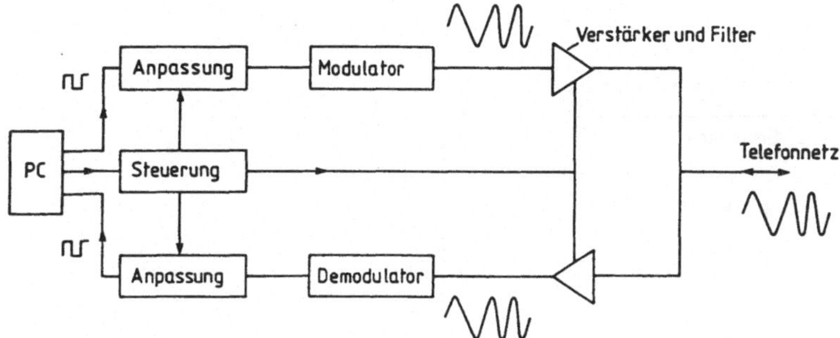

Bild 13.1 Modem am Fernsprechwählnetz

CCITT	Bitrate bit/s	Modulation	Übertragung	Betrieb
V.21	300	FSK	asyn.	duplex
V.22	1200	FSK	asyn.	duplex
V.23	1200	FSK	asyn./syn.	halbdupl.
V.26 bis	2400	PSK	syn.	halbdupl.
V.27 ter	4800	PSK	syn.	halbdupl.

Bild 13.2 CCITT-Empfehlungen für Modems an Fernsprechwählnetzen

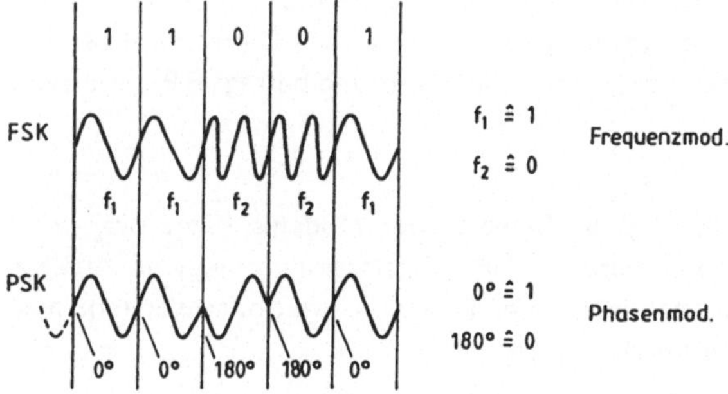

Bild 13.3 Frequenz- und Phasenmodulation

Als Beispiel der Frequenzmodulation ist in **Bild 13.4** die Frequenzverteilung bei der Norm V.21 gezeigt.

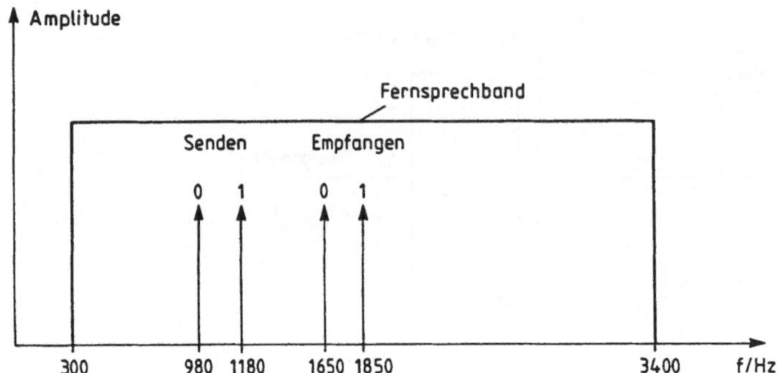

Bild 13.4: Frequenzmodulation gemäß V.21.
Diese Frequenzaufteilung gilt für den Anrufenden (master), beim Angerufenen (slave) sind Sende- und Empfangsfrequenz vertauscht.

13.1.2 Bildschirmtext

Dieses Angebot der Post fand in der BRD bisher nicht die erhoffte Resonanz beim breiten Publikum (1987: ca. 100 000 Teilnehmer). Der Teilnehmer verfügt dabei über Tastatur und Bildschirm (Fernseher) und kann graphische oder alphanumerische Information abfragen bzw. absetzen. Die Übertragung geschieht über Modems mit 1200 bit/s gemäß Norm V.23. Der Aufbau eines Bildes benötigt etwa 8 s.

13.1.3 Telefax

Der Telefax-Dienst (Fernkopierer) wird ebenfalls über das Fernsprechwählnetz abgewickelt. Etwa 100 000 Teilnehmer nutzen in der BRD bisher diesen Dienst der Post. Die Übertragung einer DIN A4-Seite benötigt etwa 1 min, die Auflösung beträgt 8 Punkte/mm.

13.1.4 Temex

Temex ist ein Fernwirkdienst, bei dem digitale Signale über Modems (Data-over-voice Modem) auf Telefonleitungen übertragen werden. Die Trägerfrequenz liegt im 40 kHz-Bereich, also weit oberhalb des Sprachbandes. Unter Fernwirkfunktionen versteht man solche, die direkt auf ortsferne Geräte einwirken, also

- Fernüberwachen,
- Fernsteuern,
- Fernmessen.

Beispiele: Ablesen von Strom-, Wasser- und Gaszählern. Auslösen von Gerätefunktionen aus der Ferne (Alarme, Heizung usw.).

13.2 Spezielle digitale Netze

13.2.1 Telex-Netz

Das Fernschreibnetz ist das älteste und weltweit am weitesten verbreitete digitale Netz
(ca. 170 000 Teilnehmer in der BRD). Das Netz arbeitet leitungsvermittelt, d.h., nach
Eingabe der Rufnummer wird vom Sender zum Empfänger eine quasigalvanische Verbindung (halbduplex) aufgebaut. Die Übertragungsrate ist mit 50 bit/s sehr langsam.
Die Kodierung der Nachricht erfolgt über das internationale Alphabet Nr. 2 (ITA2,
Baudot-Kode, 5-Kanal-Kode, Lochstreifenkode), das in **Bild 13.5** gezeigt ist. Dieser Kode
wurde bereits 1932 durch das CCITT genormt.

Kanal	A	B	C	D	E	F	G	H	I	J	K	L	M	N	O	P	Q	R	S	T	U	V	W	X	Y	Z	Wagenrücklauf	Zeilenvorschub	Buchstabe	Ziffer	Zwischenraum
(Ziffern)	–	?	:	+	3				8	⌐	(	)	.	,	9	0	1	4	'	5	7	=	2	/	6	+					
5		O					O	O				O	O		O	O	O			O		O	O	O	O	O			O	O	
4		O	O	O		O	O			O	O		O	O	O			O				O		O			O		O	O	
3			O			O		O	O		O		O	O		O	O		O		O	O		O	O				O		O
Transportspur	•	•	•	•	•	•	•	•	•	•	•	•	•	•	•	•	•	•	•	•	•	•	•	•	•	•	•	•	•	•	•
2	O		O				O		O	O	O	O				O	O	O			O	O	O					O	O	O	
1	O	O		O	O	O				O	O						O		O		O		O	O	O	O			O	O	

Bild 13.5 Fernschreibkode (ITA 2) auf einem Lochstreifen.

13.2.2 Datex-L Netz

An das Datex-L Netz (data exchange, leitungsvermittelt) sind etwa 20 000 Teilnehmer in
der BRD angeschlossen. Es bestehen Querverbindungen zu entsprechenden Datennetzen
anderer Länder in und außerhalb Europas. Datex-L hat eine Datenübertragungsrate bis
zu 64 kbit/s, je nach Anspruch und Leistungsfähigkeit des Teilnehmers.

Die Übertragung erfolgt synchron und kodetransparent, d.h., jede Bitkombination ist
erlaubt. Die Schnittstelle, das Übertragungsprotokoll und der Verbindungsaufbau sind
nach X.21 genormt (**Bild 13.6**). Die Sicherung obliegt dem Teilnehmer.

Über das Datex-L Netz wird auch der Teletex-Dienst (2400 bit/s) abgewickelt.

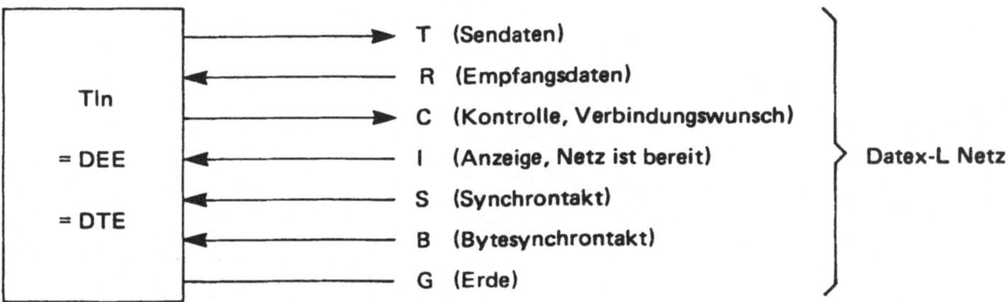

Bild 13.6 Die Datex-L-Schnittstelle nach X.21

13.2.3 Datex-P Netz

Das Datex-P Netz (data exchange, paketvermittelt) hat ca. 30 000 Teilnehmer in der BRD. Es bestehen Querverbindungen zu entsprechenden Datennetzen anderer Länder in und außerhalb Europas. Paketvermittelt heißt, daß jede abgehende Information vom Sender mit der Empfängeradresse versehen ins Netz gegeben wird. Im Netz wird dann die Information entsprechend ihrer Adresse weiterbefördert, ähnlich einem Paket bei der Paketpost. Je nach Teilnehmer können Übertragungsraten bis 64 kbit/s realisiert werden. Der Zugang zum Datex-P Netz erfolgt wie bei Datex-L über eine Schnittstelle gemäß X.21. Das Format der Daten muß der Empfehlung X.25 entsprechen. Ist dies nicht der Fall, so muß über einen PAD (Paket Assembler/Dissassembler) eine Formatanpassung vorgenommen werden (vgl. **Bild 13.7**). Dort besteht zwischen den Teilnehmern 1 und 4 eine normgerechte Verbindung, während die Teilnehmer 2 und 5 jeweils einen PAD benötigen. In **Bild 13.7** sind auch die einschlägigen CCITT-Empfehlungen eingetragen.

Ein Verbindungsaufbau geht gemäß X.25 folgendermaßen vonstatten (Ebene 3 des OSI-Modells):

Der anrufende Teilnehmer (DEE, Datenendeinrichtung, bzw. DTE, data terminal equipment), z.B. Teilnehmer 1, sendet ein CALL REQUEST-Paket ins Netz, in dem die Adresse des anzurufenden Teilnehmers, z.B. Teilnehmer 4, enthalten ist. Das Netz liefert dieses Paket als INCOMING CALL beim Teilnehmer 4 ab. Wenn dieser der Verbindung zustimmt, antwortet er mit CALL ACCEPT, was Teilnehmer 1 als CALL CONNECTED-Paket erhält. Damit ist eine virtuelle Verbindung aufgebaut, über die Daten ausgetauscht werden. Ist die Datenübertragung beendet, so sendet Teilnehmer 1 ein CLEAR REQUEST-Paket ins Netz. Das Netz antwortet mit CLEAR CONFIRMATION und informiert den Teilnehmer 4 entsprechend.

Virtuelle Verbindungen werden im Datex-P Netz über logische Kanäle aufgebaut, die zeitlich gemultiplext werden. Die Empfehlung X.25 sieht 4096 Kanäle vor.

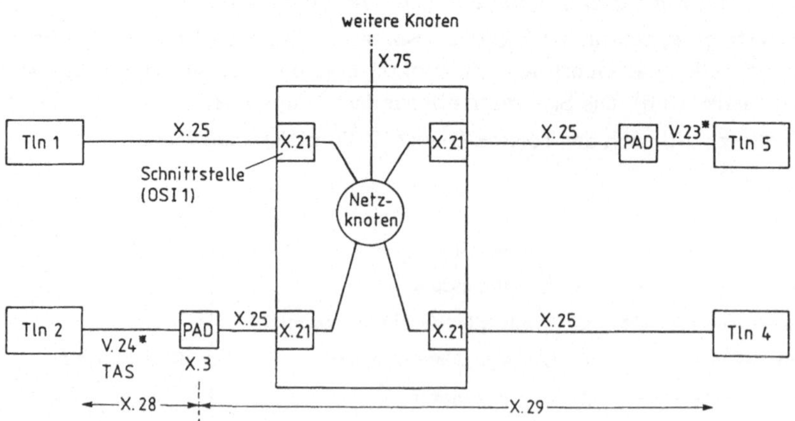

*Beispiele

Bild 13.7 Datex-P Netz

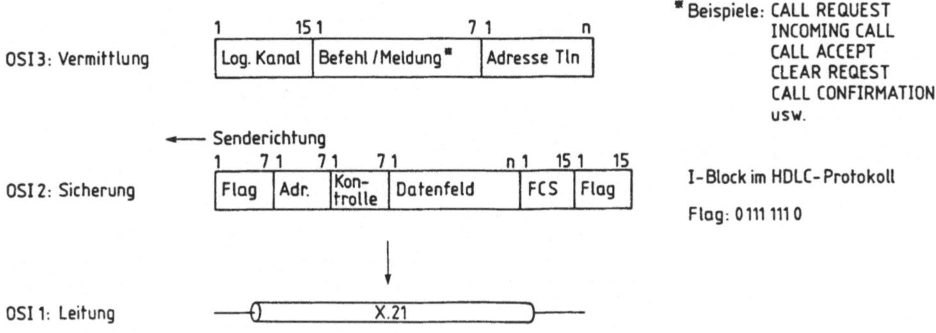

Bild 13.8 Die Implementierung von HDLC im X.25-Protokoll bei Datex-P

Betrachten wir nun das Übertragungsprotokoll entsprechend der OSI-Schicht 2 (**Bild 13.8**). X.25 empfiehlt hier das HDLC-Protokoll (high level data link control), welches ähnlich dem IEC-Bus aus einem Industriestandard, dem SDLC (synchronous data link control) der Firma IBM, hervorging. Dem folgt die Norm DIN 66221.

HDLC hat folgende Eigenschaften:

- bitorientiert,
- synchron,
- kodetransparent (kodeunabhängig),
- gesicherte Übertragung.

Der Datenaustausch zwischen den Teilnehmern geschieht mittels Blöcken (frames, Rahmen) im Halbduplexbetrieb (NRM, normal response mode) oder im Vollduplexbetrieb (ARM, asynchronous response mode, bzw. ABM, asynchronous balanced response mode).

In der OSI-Ebene 2 findet man einerseits U- und S-Blöcke (unnumerierte und numerierte Steuerblöcke) und andererseits I-Blöcke, die die Daten beinhalten. Jeder I-Block beginnt mit einem 8 Bit-Flag (vgl. **Bild 13.8**). Dieses Flag-Byte signalisiert Blockanfang und -ende. Dabei kann das Endeflag des ersten Blocks gleichzeitig Anfangsflag des zweiten Blocks sein. Gleichzeitig dient dieses Flag zur Datensynchronisierung.

Um Adress- und Kommandofeld zu verstehen, betrachten wir die einfache Punkt-zu-Punkt-Übertragung in **Bild 13.9**. Die Primärstation P ist in der Übertragungshierarchie der master und sendet Daten, „Befehl" genannt, an die Sekundärstation S, den slave. Der Befehl trägt die Adresse des Empfängers, normgemäß eine „1". Die Sekundärstation antwortet mit einer „Meldung", die mit ihrer eigenen Adresse versehen ist, also ebenfalls eine „1".

Wäre die Sekundärstation auch master (z.B. bei kombinierten Stationen), so würde sie ihren Befehl an den slave-Teil der Primärstation mit „3" kennzeichnen. Die Sekundärstation antwortet ebenso mit der Adresse „3".

Im Kontrollfeld befinden sich die Sequenznummern N (S) und N (R) von Sender und Empfänger (receiver). Sie numerieren die Informationsblöcke, damit deren korrekte

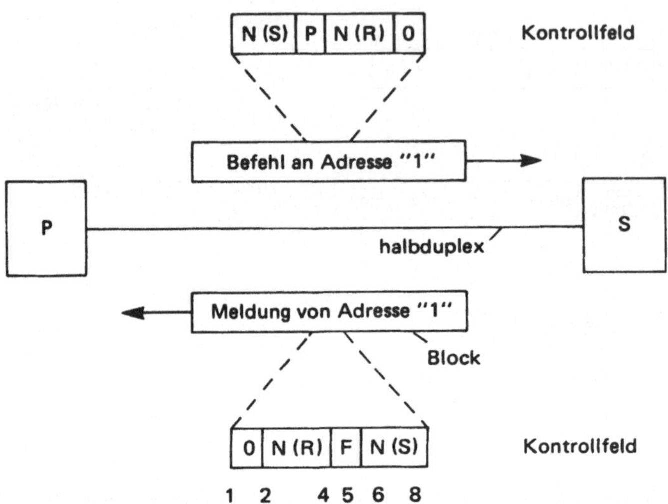

Bild 13.9 Punkt-zu-Punkt-Übertragung bei X.25; OSI-Schicht 2

Reihenfolge kontrolliert werden kann. Es wird allerdings nur von 0 bis 7 gezählt und beginnt dann wieder von vorne.

Das Bit P/F (poll, final) dient bei Halbduplexbetrieb zur Richtungsumkehr.

Das Datenfeld enthält die Datenbits in beliebiger Kombination und Länge. Sollte zufällig eine Folge erscheinen, die dem Flag entspricht, wird automatisch nach der fünften 1 eine Null eingeschoben, die später wieder entfernt wird (Bitstopfen). Die Reihenfolge der Bits im Datenfeld wird vom Teilnehmer festgelegt.

Die Blocksicherung FCS (frame checking sequence) dient zur Kontrolle der korrekten Übertragung der Daten, einschließlich Adress- und Kontrollfeld. Man verwendet den CRC (vgl. Abschnitt 8.5.4), wobei das Prüfpolynom lautet:

$$G (X) = X^{16} + X^{12} + X^5 + X^0 .$$

Datex-P und Datex-L benützen dieselben Übermittlungseinrichtungen (Leitungen, elektronische Verteilstellen). Die drei Netze Telex, Datex-L und Datex-P werden manchmal unter dem Begriff IDN (integriertes Text- und Datennetz) zusammengefaßt.

13.3 ISDN

Die Grundidee des ISDN (Integrated services data network) ist einfach und überzeugend: Alle existierenden öffentlichen digitalen Netze werden mit dem digitalisierten Telefonnetz zu einem einzigen Netz, dem ISDN, zusammengefaßt. Daraus folgt eine Vereinheitlichung und z. T. eine Leistungssteigerung des Netzes. Vereinfachend gesagt:

IDN + digitales Telefon = ISDN.

Die flächendeckende Einführung soll in den 90er Jahren erfolgen.

13.3.1 Die Leitung

Versuche haben ergeben, daß man über normale zweiadrige Telefonleitungen digitale Signale bis über 160 kbit/s übertragen kann, sofern die Leitungen nicht zu lang sind. Bei 0,4 mm dicken Kupferadern kommt man auf ca. 4 km Reichweite, bei 0,6 mm dicken Adern auf etwa 8 km. Da 99 % aller Teilnehmer weniger als 8 km von ihrer Ortsvermittlungsstelle entfernt sind, können sie über die bestehende Ortsverkabelung an ISDN angeschlossen werden. Es ist allerdings eine aufwendige Teilnehmerschaltung erforderlich: Eine Gabelschaltung mit Echokompensation (**Bild 13.10**). Ab der Ortsvermittlung erfolgt dann eine Hochleistungsverbindung über modernisierte Leitungsnetze.

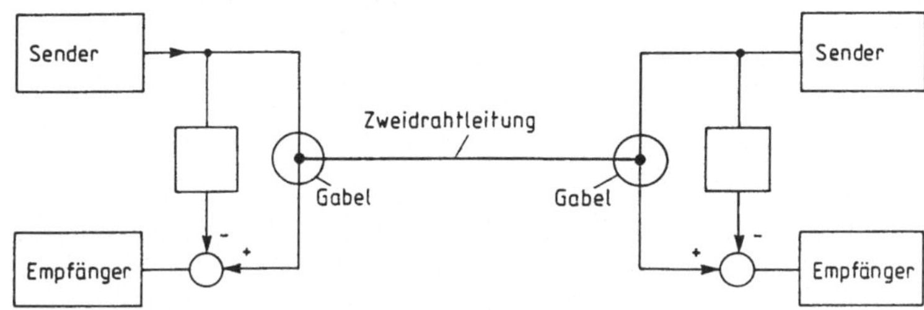

Bild 13.10 Prinzip der Echokompensation

13.3.2 Digitalisierung des Fernsprechsignals

Zur Digitalisierung des analogen Fernsprechsignals tastet man dieses in gleichen Zeitabständen Δt ab. Nach dem Abtasttheorem der Nachrichtentechnik muß für eine befriedigende Rekonstruktion des Analogsignals gelten:

$$\Delta t = \frac{1}{2 * f_{max}} \, .$$

Bei $f_{max} = 3400\,Hz$ ist also $\Delta t = 147\,\mu s$. Festgelegt wurde $\Delta t = 125\,\mu s$, d.h. eine Abtastrate von 8000/s.

Die Amplituden an den jeweiligen Abtastzeitpunkten setzt man mit einem 8-Bit-A/D-Wandler in Binärwerte um. Man erhält dann 8000 * 8 zu transportierende Bits je s, also eine Übertragungsrate von 64 kbit/s für das digitalisierte Telefonsignal.

Das beschriebene Verfahren nennt man Pulscodemodulation (PCM).

13.3.3 Die Kanäle und ihre Kodierung

Man überträgt bei ISDN zwei Kanäle zu je 64 kbit/s (B1 und B2) und einen Hilfskanal mit 16 kbit/s (Basisanschluß, **Bild 13.11**). Diese Kanäle werden synchron im Zeitmultiplexverfahren übertragen, so daß die Leitung netto 144 kbit/s leisten muß.

Die Bits in jedem Kanal werden mit der invertierten AMI-Kodierung (alternating mark insertion) dargestellt (**Bild 13.12**). Dies ist ein sogenannter ternärer Kode, d.h., er hat

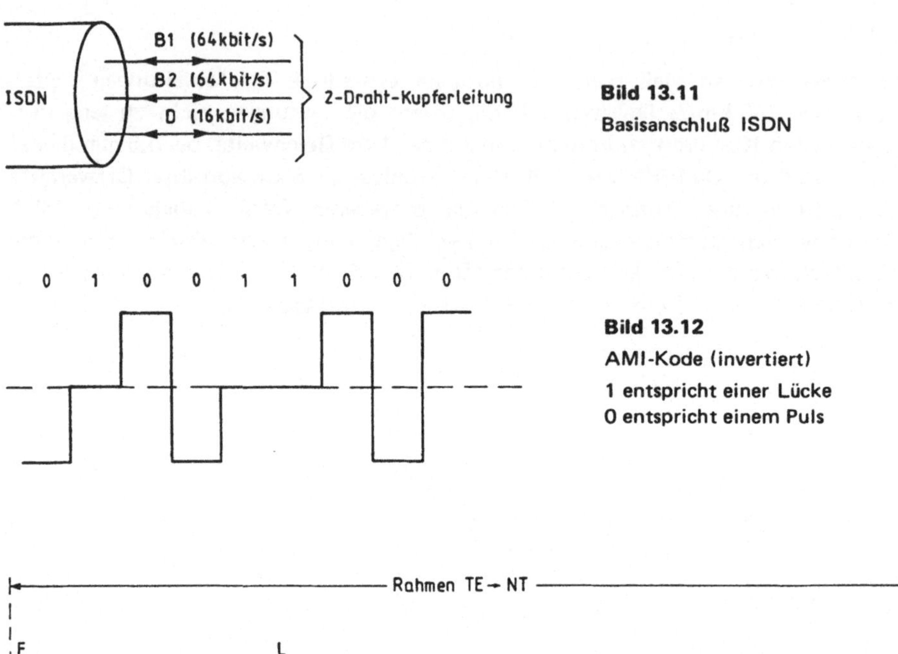

Bild 13.11

Basisanschluß ISDN

Bild 13.12

AMI-Kode (invertiert)

1 entspricht einer Lücke

0 entspricht einem Puls

Bild 13.13 Rahmenstruktur beim Basisanschluß.

F und F_A werden unmittelbar durch entsprechende L-Bits gleichstromkompensiert.

die drei Zustände +, −, 0. Eine „1" entspricht 0 Volt, eine „0" wird durch einen +/− oder einen −/+ Übergang dargestellt. Die Summe der Pulse wird so im Mittel gleichstromfrei.

Die Rahmenstruktur, mit der die drei Kanäle gemultiplext über die Zweidrahtleitung gehen, ist in **Bild 13.13** zu sehen. Dazu bedarf es einiger Erläuterungen:

1. Es folgen jeweils 8 Bit des Kanals B1, 1 Bit des Kanals D und 8 Bit des Kanals B2 aufeinander.

2. Jedes Kanaloktett wird jeweils mit einem Ausgleichsbit L versehen, das einen evtl. Gleichstromanteil kompensiert.

3. Die Synchronisation erfolgt über die F/L- und F_A/L-Kombination. Diese beiden Kombinationen stellen (alleine oder zusammen) eine Verletzung des AMI-Kodes dar und können dadurch vom Empfänger entdeckt und zur Synchronisation herangezogen werden (vgl. Beispiel in **Bild 13.14**).

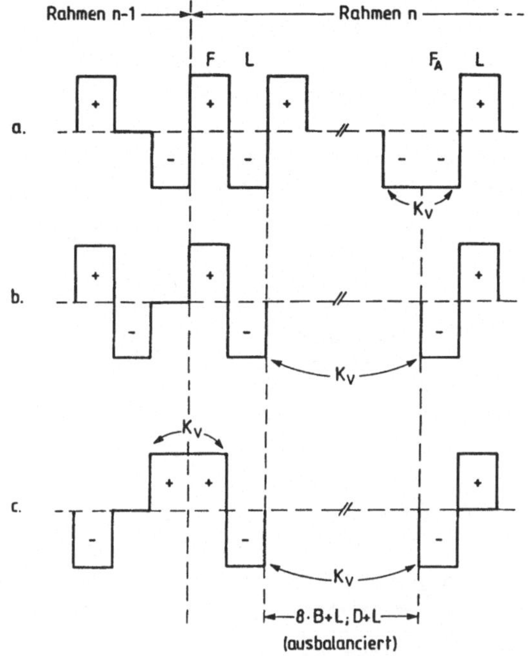

Bild 13.14

Kodeverletzungen beim AMI-Kode (Kv).

a) 2 neg. Pulse folgen direkt aufeinander
b) 2 neg. Pulse folgen aufeinander
c) 2 pos. Pulse folgen direkt aufeinander.

Es werden 48 Bit in 250 μs übertragen. Dies entspricht einer Bruttoübertragungsrate von 192 kbit/s.

13.3.4 Der Teilnehmeranschluß

Jedem Teilnehmer stehen an seiner Anschlußdose, die, unabhängig vom Dienst, unter einer Rufnummer anwählbar ist, alle ISDN-Dienste zur Verfügung (**Bild 13.15**).

Diese Anschlußdose ist, wenn der Teilnehmer TE (terminal equipment) ISDN-gerecht ist, die Schnittstelle S. An dieser Schnittstelle S können bis zu 8 Endgeräte TE1 gleichzeitig angeschlossen werden (passiver Bus), sofern sie der Empfehlung I.412 entsprechen.

Beispiele für TE1: ISDN-Datendienst, ISDN-Telefax, ISDN-Teletext.

Geräte TE2, die andere Anschlüsse oder Protokolle als ISDN haben, benötigen einen Terminaladapter TA. Folgende Übergänge zu ISDN sind vorgesehen:

        X.21 und X.21 bis: I.461
        Datex-P: I.462
        V.xx-Modems: I.463.

Beispiele für TE2: Telefon, bisheriges Telefax-Gerät.

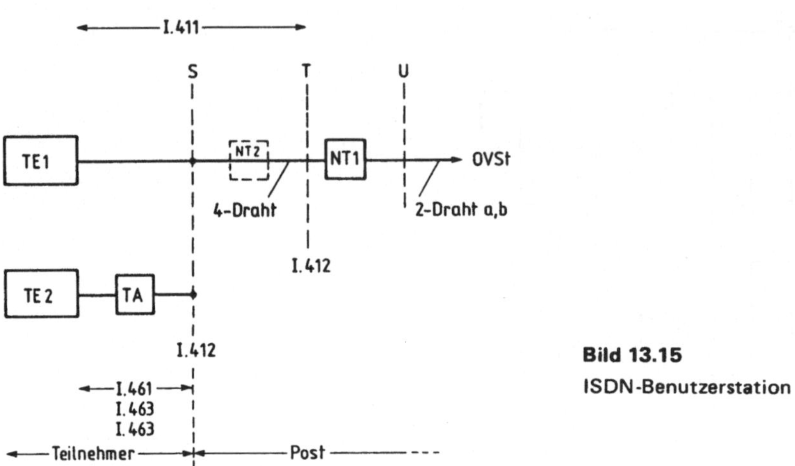

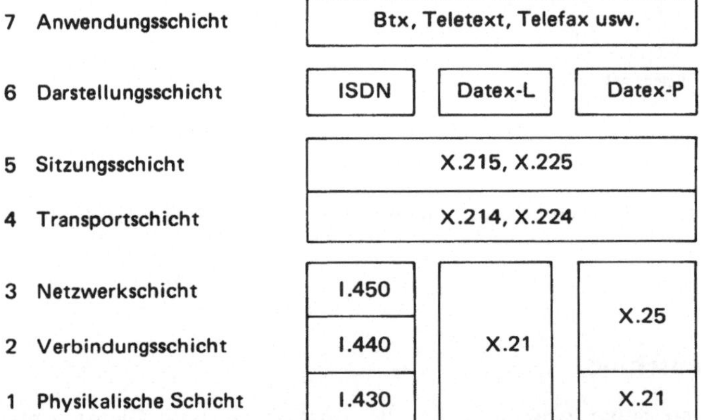

Bild 13.16 Übersicht einiger CCITT-Empfehlungen, welche dem OSI-Siebenschichtenmodell entsprechen

Der Netzanschluß NT.. (network termination) übernimmt die Ankopplung der Endgeräte TE an das Netz. Der Netzabschluß NT1 ist das Bindeglied zwischen dem von CCITT international genormten ISDN-Anschluß einerseits und den national evtl. unterschiedlichen Vermittlungsnetzen (Schnittstelle U) andererseits.

Der ergänzende Netzabschluß NT2 ist bei normalem Betrieb (8 oder weniger Teilnehmer am passiven Bus) nicht erforderlich. Dann fallen Schnittstelle S und T zusammen.

Beispiel für NT2:   Nebenstellenanlage.

In Bild 13.15 sind auch einige einschlägige CCITT-Empfehlungen aufgeführt. Ergänzend dazu zeigt **Bild 13.16** synoptisch solche Empfehlungen, die dem OSI-Siebenschichtenmodell entsprechen.

Literaturverzeichnis

[0.1] *Schnell, G.:* Eine gemeinsame Sprache für alle Mikroprozessoren? Taschenrechner + Mikrocomputer Jahrbuch 1981, S. 110 ff., Braunschweig 1980.

[2.1] *Schnell, G.* und *K. Hoyer:* Mikrocomputerfibel; vom 8-Bit-Chip zum Grundsystem. Braunschweig 1981.

[3.1] *Schnell, G.:* Elemente der Elektronik. München 1978.

[3.2] *Dokter, F.* und *J. Steinhauer:* Digitale Elektronik, Band 1. Hamburg 1972.

[3.3] *Lesea, A.* und *R. Zaks:* Mikroprozessor-Interface-Techniken. Markdorf 1979.

[3.4] Harris Semiconductor: HD-6409 CMOS Manchester Encoder-Decoder, Melbourne, USA 1980

[4.1] ITT: Integrated Circuits, TTL 74 ... series. Manual 1975.

[5.1] *Tafel, H.* und *A. Kohl:* Ein- und Ausgabegeräte der Datentechnik. München 1982.

[5.2] *Schumny, H.:* Aufzeichnungsverfahren für magnetische Datenträger. Taschenrechner + Mikrocomputer Jahrbuch 1980, S. 155 ff. Braunschweig 1979.

[5.3] Mikropolis: Maintenance Manual Floppy Disk Subsystem. Canoga Park, USA 1979.

[5.4] *Nicoud, J. D.:* Private Mitteilung.

[6.1] *Burton, D.* und *A. Dexter:* Microprozessor-Systems Handbook. Analog Devices. Norwood, USA 1977.

[6.2] Intersil: AD7521/7531 12 Bit Monolithic Multiplying D/A Converter. Cupertino, USA 1979.

[6.3] Interstil: ICL 7109 12 Bit Binary A/D Converter for Microprocessor Interfaces. Cupertino, USA 1979.

[6.4] Taschenrechner + Mikrocomputer Jahrbuch 1983: Liste „Analog E/A". Braunschweig 1982.

[8.1] hewlett-packard: Standardisierter Interface-Bus. Frankfurt 1979.

[8.2] *Ullrich, J.:* Diplomarbeit. FH Frankfurt 1981.

[8.3] NEC Microcomputer Inc.: Intelligent GPIB Interface Controller uP 7210. Wellesley, USA 1981. Ebenso: NEC Europa: Katalog. Düsseldorf 1982.

[8.4] Texas Instruments: TMS 9914 GPIB Adapter. Preliminary Data Manual. Freising 1979.

[8.5] Motorola: Microcomputer Components. Katalog. München 1979.

[8.6] Intel: 8291 GPIB Talker/Listener. 8296/8297 GPIB Bus Transceiver. Santa Clara, USA 1979/80.

[8.7] *Sieber, R., Schwarz, R.* und *K. Sindelar:* Diplomarbeiten. FH Frankfurt 1982 und 1983.

[8.8] Valvo: The HEF 4738V IEC Bus Interface Circuit. Hamburg 1978.

[8.9] Fairchild: 96LS488 GPIB Circuit. Und: Microprocessor — GPIB Interfacing with the 96LS488. Mountain View, USA 1981 und 1980.

[8.10] Motorola, Mostek, Philips/Signetics: VMEbus Specification Manual, Oct. 1981.

[8.11] *Rudyk, M.:* VME-Bus. Modulares Konzept für μC-Karten im Europaformat. Elektronik 10, 1982.

[8.12] P896 Working Group: IEEE-P896, a proposed Standard Backplane Bus Specification for Advanced Microcomputer Systems. Feb. 1982.

[8.13] *Stoll, D.:* Nachrichtentechnik. Frankfurt a.M. 1978.

[8.14] *Crane, R.:* Softwarepack and Controller link DEC Computers in an Ethernet. Electronics, Dec 15, 1981.

[8.15] *Peterson, W.* und *Weldon:* Error correcting codes. Cambridge, USA 1972. Deutsch von *K. Wallner:* Prüfbare und korrigierbare Codes. München 1967.

[8.16] Intel: Multibus II Bus Architecture Specification Handbook. Santa Clara 1983, Kalifornien.

[8.17] Advanced Micro Devices: The Am 7990 Family Ethernet Node. Sunnyvale 1982, Kalifornien.

[8.18] Texas Instruments: TMS 380 LAN Adapter Chipset. 1985.

[9.1]   Commodore Büromaschinen: Hardware Handbuch Mikrocomputer Familie MCS 6500. Neu-Isenburg.

[9.2]   Intel: SBC 80/20 Single Board Computer. Hardware Reference Manual. Santa Clara, USA 1976.

[9.3]   Siemens: Datenbuch Mikrocomputerbausteine. Bd. 3: Peripherie. München 1979.

[10.1] Micropolis Corp.: Maintenance Manual Floppy Disk Subsystem. Canosa Park, USA 1979.

[10.2] Western Digital Corp.: FD 179X Application Notes. USA, Nov. 1980.

[10.3] Siemens AG: SAB 179X FD Formatter/Controller Family. München Jan. 1983.

[10.4] NEC Electronics (Europe): uPD765A Single/Double Density FD Controller. Düsseldorf 1982.

[10.5] Standard Microsystems Corp.: FDC 9229 Floppy Disk Interface Circuit. New York, bzw. Tekelec Münschen.

[10.6] Western Digital Corp.: WD 279X-02 Formatter/Controller Family. USA, Nov. 1982.

[10.6a] Siemens AG: SAB 279X Floppy Disk Formatter/Controller Family. München, April 1984.

[10.7] *Giers, B.,* und *S. Kossbu:* Anschluß einer Floppy Disk mit doppelter Zeichendichte an Mikro-computer. Diplomarbeit Fachhochschule Frankfurt, 1984.

[10.8] *Schneider, W.:* Beschreibung der wichtigsten Kommandos des CP/M-Betriebssystems. μP Jahr-buch 1984. Braunschweig: Vieweg 1983.

[11.1] DEC: DEC System 10. Technical Summary. Digital Equipment Corporation, Maynard, Massa-chusetts.

[11.2] DEC: VT100 User Guide. Maynard 1979.

[12.1] Thomson-Efcis: EF 9364 CRT Controller. Datenblatt. Velizy, Frankreich 1981.

[12.2] Siemens: Mikrocomputer Bausteine. Katalog Bd. 3: Peripherie. München 1979/80.

[12.3] Hitachi: Microcomputer Handbook. München.

[12.4] NEC: 1982 Catalog. Düsseldorf.

[12.5] *Hang, T.,* und *R. Ucal:* Diplomarbeit an der Fachhochschule Frankfurt 1985.

Weitere empfehlenswerte einschlägige Fachliteratur, auf die aber im Text nicht ausdrücklich Bezug genommen wurde:

Peatman, J.: Microcomputer-Based Design. New York 1977. Breit angelegtes Lehrbuch.

Zschocke, J.: Mikrocomputer, Aufbau und Anwendung. Arbeitsbuch zum 6800. Braunschweig 1982.

Zschocke, J.: Der Mikroprozessor 6809, Braunschweig 1986.

Richard, B.: Datenverarbeitung mit Mikroprozessoren, Teil 1: Hardware, München 1979. Breit angeleg-tes Lehrbuch

Piotrowski, A.: IEC-Bus. München 1982.

Rembold, U., Armbruster, K. und *W. Ülzmann:* Interfacetechnologie für Prozeß- und Mikrorechner. München 1981.

Schumny, H. (Hrsg.): Taschenrechner + Mikrocomputer Jahrbuch 1980, 1981, 1982, 1983. Braun-schweig 1979, 1980, 1981, 1982.

Schumny, H. (Hrsg.): Mikrocomputer Jahrbuch 1984 und 1985, Braunschweig 1983 und 1984.

Schumny, H. (Hrsg.): PC Praxis, Braunschweig 1985.

Schumny, H.: Mikroprozessoren, Braunschweig 1983.

Nicoud, J.-D.: Calculatrices, Traité d'Electricité, Vol. XIV. Lausanne 1983. Breitangelegtes Lehrbuch.

Bocker, P.: ISDN. Das Dienstintegrierende Nachrichtennetz. Berlin, 1987.

Elektronik Sonderheft: Datenkommunikation. München, 1985.

Martin, H. E.: Kommunikation mit ISDN. München, 1988.

Rosenbrock, K. H. u. *G. Hentschel:* ISDN Praxis. Ulm, 1988.

Schicker, P.: Datenübertragung und Rechnernetze, Stuttgart, 1988.

Sachwortverzeichnis

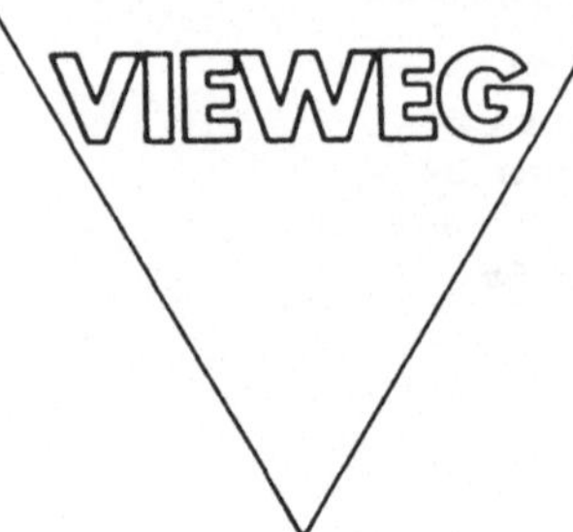

Gerhard Schnell und Konrad Hoyer

Mikrocomputerfibel

Unter Mitarbeit von Burkhard Kours. Vom 8-bit-Chip zum Grundsystem. 2., durchges. Aufl. 1983. X, 231 S. 16,2 X 22,9 cm. Kart.

Das Buch wendet sich an alle, die in der Ausbildung, von Berufs wegen oder als Amateure Zugang suchen zum Bereich der Mikrocomputer. Ihnen bietet das Buch infolge seiner Konzeption eine hervorragende Hilfe: Die Hard- und die Software werden sehr ausgewogen dargestellt entsprechend der Erkenntnis, daß für einen Computer beides gleich wichtig ist. Der Grund dieser Ausgewogenheit ist wohl u.a. die Tatsache, daß als Autoren ein Mathematiker mit langjähriger Programmiertätigkeit und ein erfahrener Elektroniker gleichberechtigt am Werke waren.

Vorteilhaft ist, daß in dem Buch fast alle gängigen 8-bit-Mikroprozessor-Typen ausführlich behandelt werden. Damit wird bewußt die Gefahr vermieden, dem Leser zu suggerieren, es gäbe eigentlich nur diesen einen Typ, den der jeweilige Verfasser nun eben aus seiner Arbeit besonders gut kennt. Alle Programmierbeispiele werden für alle behandelten Mikroprozessoren angegeben, angefangen von einfachen Addierprogrammen bis zu dem nützlichen Uhrenprogramm, mit dem das Mikrocomputer-System als Synchronuhr mit Wecker betrieben werden kann.

In der geschickten, fundierten Darbietung des Stoffes spiegelt sich die langjährige einschlägige Lehrerfahrung der Autoren wider.

Die eingestreuten Aufgaben wurden von einem Studenten betreut, der die spezifischen Lernschwierigkeiten kennt. Zusammenfassend kann man sagen, daß die Mikrocomputerfibel zum Besten gehört, was im Bereich der Mikrocomputer-Technik als Lehrbuch angeboten wird.